CMP BOOKS

机工IT

计算机前沿技术丛书

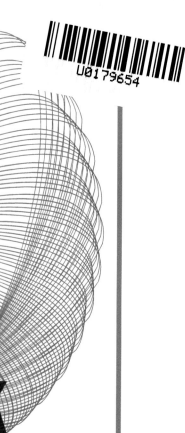

Jetpack Compose实战

面向未来的大前端式客户端开发体验

郭效江 庞立 / 编著

机械工业出版社

CHINA MACHINE PRESS

本书从 Compose 项目背景介绍开始，到开发环境搭建、基础知识储备，再到基本使用方式、高阶用法展开讲解，结合示例，使读者从零开始逐步掌握 Compose 的使用。通过原理解析、最佳工程实践，以及创新性的 Compose + Web3 实战项目，读者可更进一步深入了解和夯实 Compose 知识，循序渐进，由浅入深。

本书为读者提供了全部案例的源代码下载和高清学习视频，读者可以直接扫描二维码观看。

本书适合零基础或者有一定移动端开发经验，特别是 Android 开发经验的开发者、爱好者，另外也适合所有前端开发工程师、相关院校师生，以及所有对 Compose 声明式开发范式有兴趣的读者。

图书在版编目（CIP）数据

Jetpack Compose 实战：面向未来的大前端式客户端开发体验/郭效江，庞立编著 . —北京：机械工业出版社，2024.1（2025.1 重印）
（计算机前沿技术丛书）
ISBN 978-7-111-74101-5

Ⅰ . ①J… Ⅱ . ①郭… ②庞… Ⅲ . ①移动终端–应用程序–程序设计 Ⅳ . ①TN929.53

中国国家版本馆 CIP 数据核字（2023）第 201578 号

机械工业出版社（北京市百万庄大街 22 号 邮政编码 100037）
策划编辑：李培培　　　　　　　　　　　　责任编辑：李培培
责任校对：张昕妍　牟丽英　韩雪清　　　　责任印制：单爱军
北京虎彩文化传播有限公司印刷
2025 年 1 月第 1 版第 2 次印刷
184mm×240mm · 22 印张 · 539 千字
标准书号：ISBN 978-7-111-74101-5
定价：129.00 元

电话服务　　　　　　　　网络服务
客服电话：010-88361066　机　工　官　网：www.cmpbook.com
　　　　　010-88379833　机　工　官　博：weibo.com/cmp1952
　　　　　010-68326294　金　书　网：www.golden-book.com
封底无防伪标均为盗版　机工教育服务网：www.cmpedu.com

前 言

PREFACE

Jetpack Compose（以下简称 Compose）是一种全新的声明式 UI 编程框架，可为以 Android 开发者为代表的移动端开发者更高效地构建现代化的应用。随着 Compose 的逐步成熟和普及，相信会有越来越多的开发者学习和使用这项技术。

在这样的背景下，本书应运而生。本书的目的在于帮助读者在对 Compose 的产生背景有了解的基础下，快速入门和上手实践，并掌握一些高阶用法，以便搭建出丰富多彩的 UI 页面。本书采用直观易懂的方式讲解 Compose 的核心概念和技术，并提供了大量示例代码和图例等。最后还会通过一个较完整的 Compose + Web3 相结合的实战项目来帮助读者深入理解和应用这些知识。

本书的目标读者是客户端或前端开发者，以及对移动端开发有兴趣的学生等。本书中有少量对 Compose 和 Android 传统视图做对比的内容，如果你不是有过传统 Android 开发经验的开发者，或者对这样的对比无兴趣，可直接跳过这些内容。Compose 是以 Kotlin 语言为基础的，但如果读者不具备 Kotlin 知识，本书在第 3 章开头部分会有 Compose 方面 Kotlin 背景知识的储备内容。

本书共分 11 章，其中：

第 1 章整体介绍 Compose 项目。从产生背景、使命、优势，以及当前的发展阶段，到声明式 UI 的概念，再到与传统 Android View 体系的对比，最后介绍 Compose 的整体分层结构，比较全面地把 Compose 的整体样貌介绍给读者。

第 2 章手把手带领读者一起搭建 Compose 的开发环境，介绍相关工具的使用，在此基础上带读者通过 Compose 版的 "Hello World" 来小试牛刀。

第 3 章在前两章对 Compose 有了宏观认知并具备了开发条件之后，在系统性学习如何使用 Compose 进行开发之前，对学习 Compose 应该具备的 Kotlin 知识储备、Compose 的编程思想，以及什么是 Composable 函数、什么是副作用这些比较重要的知识储备进行了介绍。有了这些知识储备，后续的学习会更加顺利。

第 4 章正式开始 Compose 框架系统学习，这一章着重讲解和演示了 Compose UI 编程中主题和基础控件的使用，这些基础控件是几乎每一个应用中都需要使用到的，如文字、按钮、图片。

第 5 章单独讲解 Compose 的布局，包括布局使用的组件、布局修饰符、布局模型，以及自定义布局、自适应布局和约束布局等高阶使用，最后讲解了应用中常用的动态内容列表容器，以及其他 Material 的设计范式。

第 6 章演示如何在 Compose 中通过绘制的方式自定义视图组件，可通过 Compose 中提供的"画布"和"画笔"，轻松实现多种多样的视图形式。

第 7 章的内容是动画和手势。动画对于现代应用越来越重要，丰富生动的动画对于用户交互体验来说有锦上添花的效果。Compose 让动画变得简单易用，开发者可轻松实现多种多样的动画效果，也可以结合手势做出更多有创意又好用的功能。

第 8 章开始属于进阶内容，在具备 Compose 开发知识之后，如果读者想更进一步知其所以然，可以通过本章内容对 Compose 的运行原理、智能重组的实现、修饰符和生命周期，以及 Compose 组件的渲染流程有更进一步的认知。

第 9 章重点讲解了 Compose 中的数据和状态管理，介绍状态、数据流在 Compose 中的运作流程，以及如何合理地管理状态，可以帮助开发者设计出更加合理、无异常、高性能的技术架构。

第 10 章从工程实践的角度，列举了 Compose 在项目中一般结合哪些工具包，特别是 Jetpack 中经典的工具包，在不同场景下这些工具的使用方式，以及如何在 Compose 中实现无障碍，如何做单元测试。

第 11 章是实战项目，通过一个较完整的"技术圈子"App 的例子，复习巩固之前所学的 Compose 知识，包括常用 Composable 组件的使用、路由跳转、动画、视频播放、富文本等。值得一提的是，技术圈子 App 并不是传统意义上的 App，而是一款 DApp（Decentralized Application，去中心化 App）。因此本章除了带读者实践巩固 Compose 基础知识之外，还会为大家简单介绍 Web3 领域 DApp 的相关知识。

由于 Compose 当前在移动端主要应用平台是 Android，因此本书也是以 Android 为基础进行讲解和演示的。但是 Compose Multiplatform 是可以跨平台的——Android、Web、Desktop 都可支持，iOS 平台的 Compose 也刚刚发布了 Alpha 版本。幸运的是，在以 Android 为基础进行学习之后，其他平台需要极小的一些配置成本即可，可实现一码多端。

或许读者认为当前大环境下，大多数企业不太想去尝试这样一种新的技术栈，这也确实是现实。笔者认为，这恰好是个"先机"，我们更应把握住，若等市场迫切需要时再学，也许就不占优势了。乔布斯曾在斯坦福那场著名的"Stay Hungry, Stay Foolish"演说中讲到关于自己的一个故事：他因觉得大学学习课程没有价值而辍学后，在里德学院找到了他更感兴趣的美术字课程，出于自己的直觉和好奇，他参加了这个课程，但在当时他并不知道这个课程将来会有什么用途。但正是因为这个机会，他学到了精美的字体设计，丰富了自己的艺术美感。回过头看，他在设计 Mac 系列产品的时候把这些知识和经验发挥得淋漓尽致，并且通过产品造福了无数人。所以，在面对一项看起来比较新潮的技术时，最好的办法就是去了解，拥抱它，或许你当前只是觉得它有趣，但是在不久的将来，它会在更广阔的范围内产生非常深远的影响。

在书稿编写过程中，机械工业出版社的策划编辑李培培给出了非常专业详细的修改优化建议，从我们有这个题材想法开始，到最后得以出版，编辑老师们付出了巨大的努力。感谢他们的专业和付出。本书在创作过程中参考了大量的谷歌官方教程以及国内外先行者们的研究和分享，感谢巨人们提供的肩膀。另外作为本书第一作者，感谢第二作者庞立老师在工作和学业如此繁忙之际，还由于志趣相投，一起参与编写了本书核心的控件、布局、自定义视图、动画和手势等部分的内容。本书诞生的过程持续了很久，我作为第一作者在这不到两年时间里也经历了很多，有惊喜也有巨大的挑战，在此由衷地感谢家人们给予的无条件支持。

本书在创作过程中尽可能地确保内容的准确性和实用性，但限于个人能力，错漏之处在所难免，欢迎广大读者批评指正。

书中涉及的示例代码可以在以下链接中获取：

https：//github. com/guoxiaojiang/awesome_compose/tree/main/DemoApp

实战项目可在如下链接中获取：

https：//github. com/guoxiaojiang/awesome_compose/tree/main/awesome_compose_techcircle

郭效江

目录 CONTENTS

CHAPTER 1

第 1 章

认识Compose

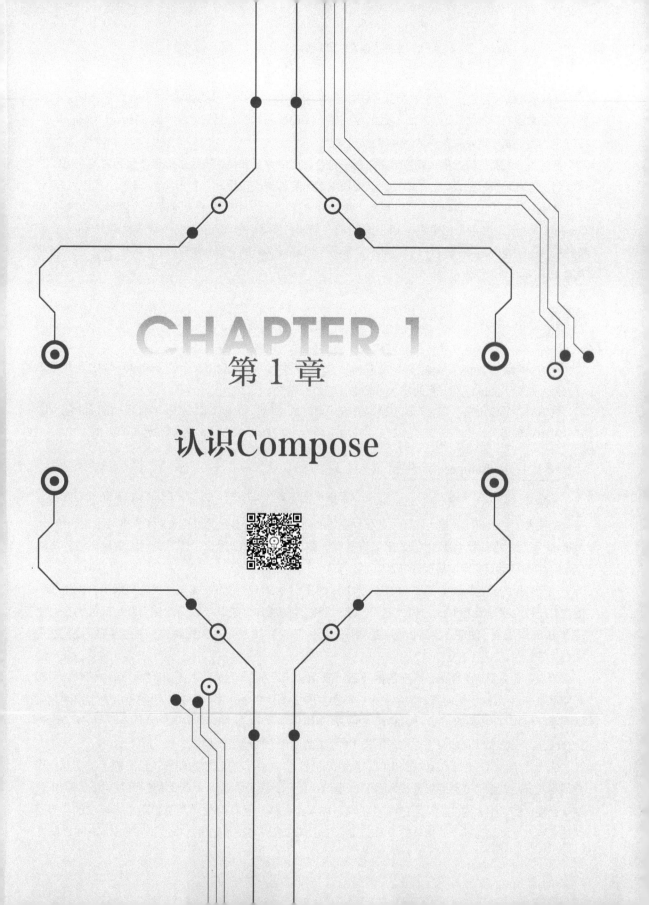

在过去的 10 年中，从开发者角度来讲，移动端 Android 领域的开发体验并不是非常友好：开发者常常被太多的样板代码所困扰，和近些年前端领域的开发体验比起来尤为明显。Jetpack Compose 产生的很大一个原因就是要解决这个问题。

在学习一门新的技术框架或者语言之前，对它的产生背景和目标进行了解是很有必要的，可以让开发者更容易理解框架设计者的思路，从而使用起来更加得心应手。

本章首先介绍 Compose 产生的背景、使命和优势，以及目前的发展阶段，让读者朋友先了解 Compose 是什么，然后介绍声明式 UI 这样目前在前端和移动端全面拥抱的开发模式，再对 Android 系统传统 View 和 Compose 进行一系列对比，最后介绍 Compose 的分层结构以及每层的作用，让读者朋友对 Compose 有个整体直观认知。

1.1 Compose 是什么

Compose 全称 Jetpack Compose，是 Google 在 2019 年的 I/O 大会上发布的 Android 声明式 UI 工具包，完全使用 Kotlin 编写，可使用 Kotlin 语言的所有特性。

官方给它的定位是，用它可以更快地开发出更好的应用。使用它可以简化并加快 Android 的视图开发，使用更少的代码、更强大的工具、更直观的 Kotlin API，得以创造出栩栩如生的应用。

▶▶ 1.1.1 Compose 产生背景

2008 年谷歌发布了第一款 Android 智能手机，距今已有十多年。这十几年也恰好是移动互联网从实验室走入千家万户的辉煌十几年。在移动端，Android 始终与 iOS 分庭抗礼：iOS 得益于封闭统一，Android 伟大之处在于开源自由。二者各有利弊。截至 2020 年 12 月，中国手机网民数量已达到 9.86 亿（《中国移动互联网发展报告（2021）》）。

由于当年的特定环境，Android 使用了 Java 代码 + XML 布局的方式来构建应用程序；使用 Java 语言有一种说法是因为 Java 的热火朝天，作为开放性的操作系统，可以天然地借助社区的力量。使用 XML 布局是为了使前台界面和业务逻辑区分开，保证 MVC 的一个架构模式。这在当年来说自然是明智之举。

潮流总是在发生着变化，特别是在遵循"摩尔定律"的信息技术方面。随着前端的一个"引领式变革"——React、Vue 等时代的到来，前端主流技术从命令式 UI 变成了声明式 UI，客户端也应声而变，出现了 ReactNative、SwiftUI、Flutter 等等。谷歌也在 2019 年的 I/O 大会上发布了作为 Jetpack 其中一员的 Compose。这些声明式 UI 框架的使用方式也极其相似。

这十几年，用户对于移动端的 UI 期望也今非昔比。如果没有酷炫的动画、丝滑的手势交互，用户很难对产品有眼前一亮的感觉。如图 1-1、图 1-2 所示，像微信这种大家日常使用的应用，其 UI 和交互已经发生了很大的变化。而这些"高阶"需求，在移动互联网技术发展初期是不存在的。为了快速、高效地创建这样一些精美的页面，迎接实际需求被现有技术拖累的挑战，谷歌 Android 团队在

Jetpack 引入了 Compose。相对于其他 Jetpack 组件对现有 Android 体系的补充或封装来说，Compose 是对现有技术的颠覆式革新。

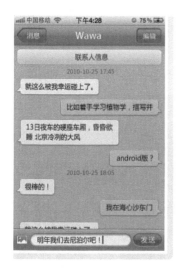

● 图 1-1　早期微信聊天界面⊖

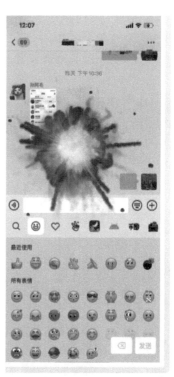

● 图 1-2　如今的微信聊天界面

Jetpack Compose 就是这样一个现代化的 UI 工具包，它从使用者的角度借鉴已经在前端领域实践并大获成功的声明式 UI 开发方式，以开发效率高、功能强大且直观等优势，全方位协助开发者心无旁骛地打造更加漂亮和易用的现代 App，有助于开发者更专注于自己的业务领域，获得成功。

▶▶ 1.1.2　Compose 的使命

从 2008 年谷歌正式发布 Android 系统后，一直到 2019 年推出 Jetpack Compose，Android 系统在长达十多年的发展过程中，谷歌针对不同的问题都做过了很多调整，但是在 UI 构建方面，除了陆续推出 RecyclerView、CardView、ConstraintLayout 等高级 UI 控件外，Android 系统最初的那一套 View System 一直沿用到今天，UI 构建体系几乎没有做任何改变，View.java 已经超过 3 万行代码了。谷歌官方也清楚 View 系统越来越庞大，并且存在一些问题，但现实情况是不能轻易修改现有的 View 类，因为有很多应用都依赖这些 API。

Jetpack Compose 在上层直接抛弃了 View、ViewGroup 的那一套东西，从渲染机制、布局机制、触

⊖　图 1-1 来源于 https://baijiahao.baidu.com/s？id=1689211964174337791&wfr=spider&for=pc。

摸算法到 UI 的具体写法都是全新的方式，它受到 React、Litho、Vue.js 和 Flutter 的启发，完全采用 Kotlin 开发，实现声明式 UI。

从这个角度来说，Jetpack Compose 的一个使命就是推陈，推陈的目的是出新。

这些年各种前端的框架可谓大放异彩，如上文提到的一些框架，它们之所以发展得如此之快，离不开一个理念——声明式 UI，对于开发者来说，这种方式相对于旧有的方式很"好用"，恰恰证明了这是更加先进的开发方式。

Jetpack Compose 于 2021 年 7 月 29 日正式推出了 1.0 版本，这是 Android 的现代原生 UI 工具包，它的诞生就是为了让开发者更快、更轻松地打造更好的原生 Android 应用。通过完全的声明式方式，开发者只需描述用户界面，剩下的都交由 Compose 来处理。随着应用状态的变化，UI 会随之自动更新。这使得快速构建 UI 变得更加简单。同时，直观的 Kotlin API 可以帮助开发者用更少的代码构建出功能更强大且更漂亮的应用。如图 1-3 所示，是一个典型的图文混排 Compose 编程实例。

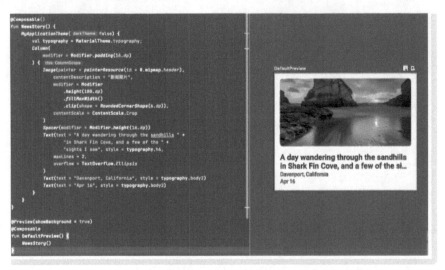

● 图 1-3　一个图文混排的 Compose 编程实例

▶▶ 1.1.3　Compose 的优势

和传统 UI 开发方式相比，Jetpack Compose 在代码量、难易程度、开发速度、功能丰富度等方面都有绝对的优势。这也是为什么大家要拥抱和学习这样一种新的开发框架。这些优势可大致概括为如下几条。

1. 更少的代码

使用更少的代码实现更多的功能，容错率高，从而使代码简洁且易于维护。

作为开发工程师来说，大多数情况下希望有更多时间来写业务逻辑，而不是把精力花在诸如动画、颜色变化、主题切换等事情上。读者朋友如果有类似需求经历不妨回想一下，是不是有类似的

"痛苦"体验。而 Jetpack Compose 为开发者提供了许多开箱即用的 Material 组件和动画等，可以用极少的代码去实现酷炫的效果。

2. 直观易用

开发者只需要描述界面，Compose 就负责处理剩余的工作。数据或者状态发生变化时，页面会自动更新。利用 Compose，开发者可以创建不和 Activity 或者 Fragment 绑定的各种"独立"组件，可以无缝复用，并且很容易扩展和维护。

在 Compose 中，由于状态的单一可信来源，在组件之间的传递，开发者无须处理太多数据相关的东西。

3. 快速开发

可复用性极强，Compose 本身组件是可以轻松复用的。另外 Compose 和现有 View 也是可以互相兼容的，对现有的库，比如 Navigation、ViewModel、Kotlin 协程，都是有友好支持的，可以直接使用。

另外，借助 Android Studio 支持的 preview 实时预览功能，可以快速开发迭代，极大节省开发时间。

4. 功能强大

Compose 内置了丰富的 API，支持 Material Design、主题切换、动画等，可方便快捷地创建精美应用。

无论是否使用 Material Design 来设计构建应用，Compose 都可以灵活实现产品所需的设计，这是因为 Compose 从设计层面和 Material Design 是分层的，可以选择性使用。

▶▶ 1.1.4 Compose 的发展阶段

2019 年 5 月谷歌在 I/O 大会上公布了 Jetpack Compose 开发框架，Compose 从第一次面世以来就备受关注，谷歌 Compose 团队更是精心研发了两年多时间才发布第一个正式版本，足见谷歌对 Compose 的规划和设计非常重视。图 1-4 简要说明了 Compose 第一个正式版本的迭代开发过程。

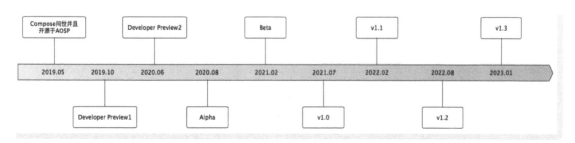

● 图 1-4　Jetpack Compose 发展线路图

根据官方开发团队的解释，Compose 的出现是为了解决 Android View 系统太庞大的问题，这是 Compose 框架很明确的目标。与此同时，Compose 诞生在一个跨平台技术火热的时代，市面上出现了多种跨平台技术方案。如果说跨平台技术是对原生系统开发技术的革新，Android 作为移动端占领市场份额非常大的一个系统平台，无疑将受到强大革新力量的冲击。所以 Compose 库除了要实现对 Android 原生 View 的重新设计，利用声明式的界面开发提高 Android 原生界面开发效率，其设计理念和架构还兼具帮助 Android 实现跨平台解决方案的能力，当然 Compose 现阶段的目标重点尚不在于实现跨平台方案。

Compose 官方 API 库 androidx.compose 由 6 个 Maven 组 ID 构成，表 1-1 简要介绍了 Jetpack Compose 库的各个组。

表 1-1　Compose 库的 Maven 组说明

Maven 组 ID	说　明
compose.animation	在 Jetpack Compose 应用中构建动画，丰富用户的体验
compose.compiler	借助 Kotlin 编译器插件，转换 @Composable functions（可组合函数）并启用优化功能
compose.foundation	使用现成可用的构建块编写 Jetpack Compose 应用，还可扩展 foundation 以构建自定义的设计系统元素
compose.material	使用现成可用的 Material Design 组件构建 Jetpack Compose UI。这是更高层级的 Compose 入口点，旨在提供与 www.material.io 上描述的组件一致的组件
compose.runtime	Compose 的编程模型和状态管理的基本构建块，以及 Compose 编译器插件针对的核心运行时
compose.ui	与设备互动所需的 Compose UI 的基本组件，包括布局、绘图和输入

自 2021 年 7 月发布 release 1.0 版本以来，Compose 库仍然在持续迭代开发中。表 1-2 说明了截至本文写作时 Compose 库各个组最新的稳定版本及开发版本。

表 1-2　Compose 库当前版本

Maven 组 ID	最近更新时间	当前稳定版	Alpha 版
compose.animation	2023 年 1 月 11 日	1.3.3	1.4.0-alpha04
compose.compiler	2023 年 1 月 17 日	1.4.0	1.4.0-alpha02
compose.foundation	2023 年 1 月 11 日	1.3.1	1.4.0-alpha04
compose.material	2023 年 1 月 25 日	1.3.1	1.4.0-alpha05
compose.runtime	2023 年 1 月 25 日	1.3.3	1.4.0-alpha05
compose.ui	2023 年 1 月 11 日	1.3.3	1.4.0-alpha04

Jetpack Compose 目前的 release 版本为 1.3，官方开发团队规划的未来版本将重点关注以下方面：

- 性能提升。
- 高级体验用例。
- Material 3 支持。
- 工具链。
- 多平台支持。

1.2　声明式 UI

如果读者近些年接触过前端开发，会很容易发现前端在 UI 方面的开发模式和传统的移动端开发有很大的区别：移动端一直以来更习惯以命令式 UI 的方式开发，而前端则是声明式 UI 开发。

事实上，前端本身也是经历过这样的变革才发展成如今这样，至少在 JQuery 时代，它和现在的移动端是如出一辙的，属于命令式 UI。到了 React 和 Vue 的时代，它变革成为声明式 UI。纵观整个大前端，包含客户端，这种趋势和潮流都是不可阻挡的。

那么，到底什么是命令式 UI 和声明式 UI？

▶▶ 1.2.1　什么是命令式 UI

在维基百科中，命令式编程的定义是：通过使用改变程序状态的语句，来实现某些功能和效果。声明式编程的定义是：在不描述其控制流程的情况下表达计算的逻辑。用大白话来解释就是：命令式编程需要告诉系统每一步要做什么，具体该怎么做，通过这样的一种流程实现开发者想要的功能。相对于声明式 UI，命令式 UI 需要由开发者来通过代码主动控制刷新操作。

这里举一个常见的购物车例子：购物车中没有消息时，绘制一个空的购物车，如果有商品，则购物车图标换为有物品的图标，并且右上角显示商品数量；当购物车被选中时，需要高亮显示，如图 1-5 所示。

● 图 1-5　购物车的不同状态

在这里定义以下几种状态：

1）当有商品时，购物车中显示物品。

2）当商品数量大于 0 时，显示商品数量气泡。

3）当购物车被选中时，高亮显示。

使用命令式 UI 写出来的代码大致如下：

```
fun updateCart(count: Int) {
    if (count > 0 && !hasNotEmptyIcon()) {
        addNotEmptyIcon()
    } else if (count == 0 && hasNotEmptyIcon()) {
        removeNotEmptyIcon()
    }
    if (cartSelected()) {
        updateToSelected()
    } else {
        updateToNormal()
    }
    if (count > 0) {
        if (!hasBubble()) {
            addBuble()
```

```
        }
        if (count <= 99) {
            setCountText("$count")
        } else {
            setCountText("99+")
        }
    } else {
        if (hasBubble()) {
            removeBuble()
        }
        if (hasCountText()) {
            removeCountText()
        }
    }
}
```

过往经历告诉我们，命令式 UI 容易出现一些问题。

1. UI 维护成本高

不难看出，通过命令式 UI 的形式，整体的 UI 展现，具体什么时候，怎么改变，统统需要开发者在代码中去处理，工作量大。可以回想一下，大家在过往的项目开发经历中，是不是很多时候都在处理各种 UI 的展示和刷新。

2. UI 和数据会不一致

假如项目中有一份数据决定了 UI 的展示，但是在实际开发中，这个数据和 UI 是需要分开处理的，一部分代码刷新数据，另外一部分代码刷新 UI。尽管开发者可能考虑得面面俱到，但是在大型项目中，特别是多人合作时，UI 刷新逻辑的遗漏还是挺常见的。所以，UI 和数据的不一致性是有很大可能性的。

3. 增加出错概率

实际项目中，需要刷新 UI 的时机很多，比如下拉刷新、用户操作、网络问题导致的加载错误、其他模块变更引发的 UI 联动变更等，大多数情况需要开发者人为处理 UI 的刷新，出错的概率当然也增加了很多。

4. 容易带来性能问题

大多数时候，开发者在更新 UI 时，会选择更新这组组件中可操作的所有 UI，除非使用像 RecyclerView 这种本身封装了很好的局部更新能力的视图组件（事实上，Android 推出这些组件的 API 正是为了在一定程度弥补全部更新带来的性能问题）。

开发者一般不会对比前后数据，来判断组件内部单元哪些需要更新。如果这样做，成本和出错率也是很大的挑战。

▶▶ 1.2.2　什么是声明式 UI

相对命令式 UI，声明式 UI 隐藏了"怎么做"这个流程，开发者只需要操作一些基本元素，通过组合方式，把想要的效果搭建出来即可。

声明式 UI 就是告诉系统做什么，具体怎么做开发者不用关心。其实它是将"怎么做"这部分做了封装，让开发者专注于"做什么"，也就是系统的业务逻辑。

早期声明式 UI 可追溯到 2006 年，微软发布的页面开发框架 WPF，基于 Windows 的用户界面框架，数据驱动 UI。后来诺基亚的 Qt Quick，也采用了声明式，开发者只需要 QML 就可以实现数据绑定、模块化等特征，实现简单带交互的原型应用。

声明式 UI 真正普及和发展是在 Web 前端领域，以 React 为代表的声明式 UI 框架，引领了声明式 UI 的潮流。

在 Compose 中，动态的 UI 是和数据绑定的，当数据发生变化的时候，可以自动更新 UI 的状态，完全不需要手动更新，即使 UI 很复杂，开发者也只需要专注于数据的更新逻辑。

从 UI 的构建到 UI 的刷新，其实都是一个由复杂变简单的过程，让开发者可以更专注于业务逻辑的开发。

Jetpack Compose 是声明式的 UI 框架，UI 组件本身是相对无状态的，不会对外提供 getter/setter 方法，实际上声明式 UI 组件不是对象，而是通过更新参数调用同一个 Composable 函数来更新 UI。在 Compose 框架中一切都是函数，并且都是顶层函数，Composable 函数响应快速，具有幂等性且没有副作用。幂等性是指使用同一参数多次调用此函数时它的行为方式相同。用一组函数来声明 UI，一个 Composable 函数可以嵌套另一个 Composable 函数，并且只能被 Composable 函数调用。

Compose 充分利用 Kotlin 的 DSL 等特性，使开发者以一种可读性更高、更简洁和易维护的方式来声明 UI。

用声明式 UI 写上述购物车 UI 示例代码，则会是如下形式：

```
@Composable
fun ShoppingCart(checked: Boolean, count: Int) {
  if(checked){//selected Image}else{//unselected Image}
  if (count > 0) {
  BubbleCount(count=count)
  }
}
```

这样写的优势也是显而易见的。

1. 极大地减少代码量，降低维护成本

通过示例可以看出，二者代码量差距还是挺大的。同时，使用声明式 UI，项目的维护成本也随之大大减少，整个 UI 构建逻辑更加清晰、易懂。

笔者认为，声明式 UI 这种发展趋势就是一种低代码趋势的体现——开发者组装积木的方式越来越"简单化""傻瓜化"。

2. 减少应用体积

以 Compose 开发方式为例，由于代码量、布局资源文件的减少和移除，实现同样功能，可以有效降低包体积。这里以谷歌开发者官方公众号列举的 Tivi 应用在使用 Compose 前后体积变化为例说明，包体积缩小了 37% 左右，如图 1-6 所示。

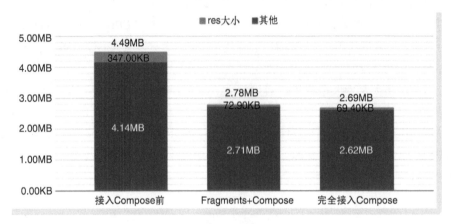

● 图 1-6　Tivi 的 APK 大小和 res 文件夹大小

3. 减少出错机会

在 UI 的刷新层面，传统的 View 体系是通过调用 View 的某些 set 方法来更新 UI 的状态，这是一个手动更新 UI 的过程，这个过程的维护性通常会随着 UI 复杂度的增加而增加，非常容易出错。声明式 UI 的刷新是由系统来实现的，是有可靠性保证的。

4. 极大地提高应用性能

声明式 UI 对数据的映射和刷新是系统在背后处理的，而且其设计不会全量刷新，只更新需要更新的，比如，React 就有一个 diff 算法，保证了只进行必要的刷新，这是非常高效的做法，Compose 是通过 Slot Table，在 Recomposition 时，通过线性数组的比较来进行局部刷新的。这个后面我们会讲到。

5. UI 和数据天然的一致性

在系统的"保驾护航"下，开发者只需关心数据，变更数据。一般情况下并不需要担心数据与 UI 出现不一致的情况。

1.3　传统 View 与 Compose

回到 Android 平台，其传统 UI 体系的基石就是庞大的 View 类簇。View 体系是 Android 界面编程的核心，View.java 是所有 UI 组件的基类，包括 ViewGroup。

此部分的设计思想是面向对象（OOP）的，在面向对象设计中，最常见的组合形式是基于类的继承。ViewGroup 本身就继承自 View。开发者在编写页面时，一般是使用 XML 声明出布局文件，但这里的声明并不是真正的"声明式",因为还需要开发者通过 LayoutInflater 等工具把 XML 表达的结构树转换为视图树,在此过程中还需要处理布局属性等。另外一种方式是直接在代码中生成 View,通过 ViewGroup 的 addView 等一系列方法,可以把这些 View 添加到视图树中。第一种方式看起来有一部分"声明式"的形式,但是 XML 定义的布局最终是需要转换成 Java 或者 Kotlin,通过 findView-ById 的形式。这里面有个隐式的依赖,这样一来某些错误需要在运行时才能暴露出来。而第二种方式更是直接去命令式的,开发者自行操作 UI 组件。这样的机制导致开发者很难写出高内聚的代码,UI 和状态没有办法内聚到一起。而当需要给 UI 绑定数据和更新 UI 时,都需要 setXXX 之类的函数(比如 TextView.setText)来绘制内容和更新。

而在 Compose 中,组件本身相对无状态,不会把组件本身返回给使用者而不提供任何形式的 getter、setter 函数。当需要更新 UI 时,每次都携带最新的状态调用同样的 Composable 函数。这样的机制就很容易使用像 ViewModel 这样的架构,每次数据或者状态更新时,对应的 Composable 函数就负责把最新的状态转换成 UI。

▶▶ 1.3.1 庞大的 View 体系

Android 的 View 体系是开发者实现页面编程的核心,View 类是所有 UI 组件的基类。图 1-7 展示了常用的一些 View 成员和其层次关系。从图中可以看出,View 是所有 View 体系的根基,View 在屏幕上体现出来的是一块矩形区域,它的职责就是负责绘制和事件处理,传统 Android 视图开发中所有交互式 UI 组件(文本、按钮、可编辑文本、图片等)的创建都离不开 View。View 的直接子类有 ViewGroup、ViewStub、TextView、ImageView、SurfaceView、ProgressBar、Space 等。

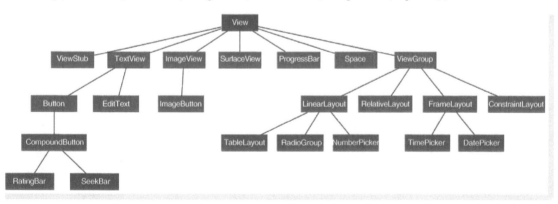

● 图 1-7 Android 传统 View 的主要组成

其中 ViewGoup 是用来实现布局的基类,ViewGroup 本身不承载绘制内容,它的职责是作为其他组件的容器使用,用来承载 View(包含 ViewGroup),并且指定这些 View 的位置和层级关系等属性。ViewGroup 的实现类中有常见的布局方式,如线性布局(LinearLayout)、相对布局(RelativeLayout)、帧布局(FrameLayout),以及后来推出的约束布局(ConstraintLayout,最早存在于 support 包中,现已移至 androidx)。

TextView、ImageView、ProgressBar 等是较常用的视图组件，使用这些组件可以完成文字、图片、进度条/加载器等一些视图内容的呈现。这里读者可能也注意到，Button 的设计有些令人费解，Button 既有可能是文字按钮，也有可能是图片按钮，二者应该都属于"Button"，所以产生了继承自 TextView 的 Button 和继承自 ImageView 的 ImageButton，但是这二者定制性又很小。读者朋友如果有相关的经验可以回想一下，这两个组件是否真正实用。

Android 就是通过这种继承关系组成了庞大的 View 体系。

除了错综复杂的"家族"关系，View 体系的庞大还体现在代码量上。其中典型代表就是 View 类的源代码，以 Android 10 为例（API 级别 29），多达近 3 万行（见图 1-8）。而 TextView 的代码量也达到了 1 万多行。这些代码已经维护了十多年之久，其中有一些历史遗留问题，比如上文提到的两种 Button 的设计，再比如对 ListView 的抛弃等，导致这套 UI 体系维护成本越来越高。

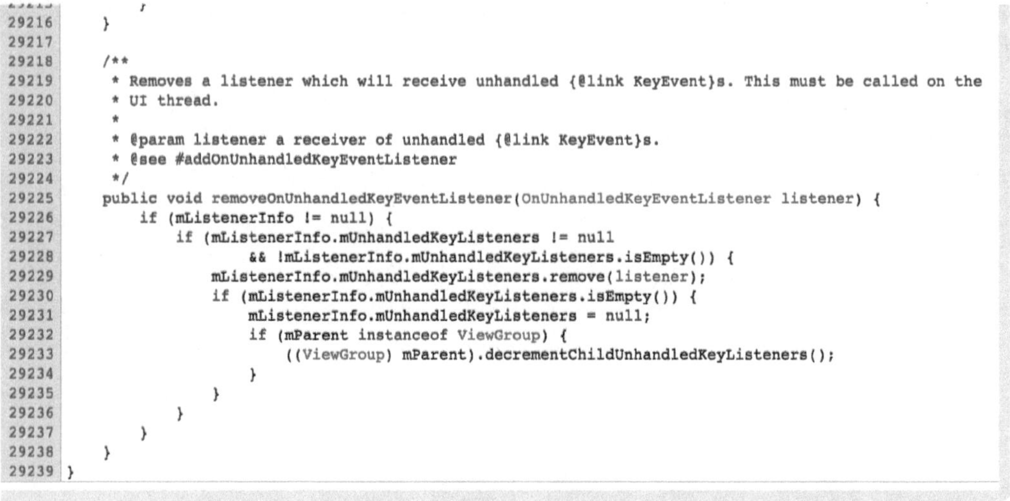

```
29215
29216        }
29217
29218        /**
29219         * Removes a listener which will receive unhandled {@link KeyEvent}s. This must be called on the
29220         * UI thread.
29221         *
29222         * @param listener a receiver of unhandled {@link KeyEvent}s.
29223         * @see #addOnUnhandledKeyEventListener
29224         */
29225        public void removeOnUnhandledKeyEventListener(OnUnhandledKeyEventListener listener) {
29226            if (mListenerInfo != null) {
29227                if (mListenerInfo.mUnhandledKeyListeners != null
29228                        && !mListenerInfo.mUnhandledKeyListeners.isEmpty()) {
29229                    mListenerInfo.mUnhandledKeyListeners.remove(listener);
29230                    if (mListenerInfo.mUnhandledKeyListeners.isEmpty()) {
29231                        mListenerInfo.mUnhandledKeyListeners = null;
29232                        if (mParent instanceof ViewGroup) {
29233                            ((ViewGroup) mParent).decrementChildUnhandledKeyListeners();
29234                        }
29235                    }
29236                }
29237            }
29238        }
29239    }
```

● 图 1-8　View.java 行数

▶▶ 1.3.2　传统 View 绘制和刷新流程

通常，Android 界面应用开发的第一步是声明并编写一个 Activity，然后在 Activity 的 onCreate 生命周期中，通过 setContentView（int layoutResID）或者 setContentView（View view）的形式将布局文件代表的视图树或者视图本身"添加"到 Activity 中，得以最终呈现给用户。

Activity 和 View 的关系如图 1-9 所示。一个 Activity 包含了一个 Window 对象的实现——Phone-Window，PhoneWindow 把 DecorView 作为整个应用窗口的根 View，DecorView 是一个 FrameLayout，根据开发者的需要（是否显示 ActionBar、TitleView 等），划分出几个区域，其中最核心的部分就是 ContentView，开发者通过 setContentView 添加的布局就是在这里。

setContentView 之后发生了什么？这是一个相对复杂的过程，本书内容重点不在于此，因此仅做简单概述，读者若有兴趣了解细枝末节，可阅读 AOSP 中的 Activity.java、PhoneWindow.java、LayoutInflater.java、WindowManagerGlobal.java 相关源代码。

Activity 的 setContentView 会调用 getWindow（）.setContentView
（int layoutResID），这个 getWindow 得到的就是 PhoneWindow 对象，
所以直接看 PhoneWindow.setContentView（int layoutResID），在这里
会先判断 PhoneWindow 的 mContentParent 是否为 null，如果是，则
通过 installDecor 来创建 Decor 和 ContentParent，即图 1-9 中代表的
DecorView 和 ContentView，并将 DecorView 和 PhoneWindow 绑定。
在有了 Decor 和 ContentParent 之后，PhoneWindow 会继续通过调用
mLayoutInflater.inflate（layoutResID，mContentParent），来把解析后的
xml 布局文件添加到 mContentParent（addView）上。

这里笔者想就 LayoutInflater.inflate 进行一下额外说明，LayoutIn-
flater 是一个 "布局填充器"，inflate 操作就是把 xml 布局文件从根
节点开始，递归解析每个节点，创建此节点的视图 View 实例，并解
析与设置属性，把它再添加到它的父节点，最终生成 View 视图树
的过程。最终把包含所有解析好的子 View 的根 View "填充到" 目
标 ViewGroup 上。这个操作有两个地方值得思考：第一个是每次解

● 图 1-9　一个典型的 Activity
中的视图构成

析是否带来额外的性能损耗？第二个是，在 xml 中定义布局再转成 Java 或者 Kotlin 的方式，本身就
有隐式的依赖（见图 1-10），这种隐式依赖对我们写出高内聚低耦合的代码是否产生了很大的阻碍？
（读者想想有没有遇到过 findViewById 找不到组件产生的问题，是不是需要到运行时才会被发现，是
否有带到线上的风险。）

以上过程只是简述了 DecorView、ContentView 以
及布局文件是如何创建并建立起联系的，但要实现
View 绘制到屏幕上，这是远远不够的。比如 Phone-
Window 是怎么来的？此过程是在 setContentView 之
前，在 ActivityThread 创建了 Activity 对象之后，调用
Activity 对象的 attach 时创建的 PhoneWindow 对象，并
且设置了 WindowManager。另外，在 setContentView 之
后还有很多重要的事情要做，这里归纳总结如下：

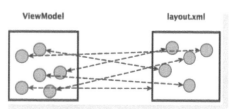

● 图 1-10　Android 布局文件和 ViewModel
之间的隐式依赖

在 ActivityThread 的 handleResumeActivity 里，会把 setContentView 这一步创建的 DecorView 添加到
WindowManager 中，WindowManagerGlobal 在 addView 时会把它与 ViewRootImpl 建立联系。

随后会调用 ViewRootImpl 的 requestLayout，通过 scheduleTraversals（）来 "安排任务"，这个任务
会等待 Choreographer 的 VSYNC 信号，来执行 doTraversal（），最终通过 performTraversals（）函数，开
始整个绘制流程。而在 performTraversals 中，有三个关键步骤：performMeasure（）、performLayout（）、
performDraw（），三个步骤都分别通过遍历 View 树，完成所有 ViewGroup 的 View 测量、布局、绘制
工作。

当视图的内容更新时，如果是常用的视图组件，开发者可以通过已经封装好的函数来主动更新内容，比如 TextView.setText（CharSequence text）；如果是自定义组件，要实现刷新则需要借助 View 的 invalidate 函数和 requestLayout 函数。其实，TextView 等的更新实现其内部也进行了大量的判断和计算，最终还是需要借助 invalidate 或者 requestLayout。

invalidate 会使 View 执行 draw 的过程，从而重绘 View 树，调用 invalidate 会执行 onDraw 方法；而 View 的 requestLayout 会找到 View 树的顶层 View，然后执行它的 requestLayout，requestLayout 被调用之后，会执行到 onMeasure 和 onLayout，但不会执行 onDraw。所以这两个使用场景是，如果我们更新 View 时，仅仅是显示内容发生了变化，而大小和位置没有变化，使用 invalidate；如果是 View 的大小、位置发生了变化，但是内容没变，则使用 requestLayout；如果二者都发生了变化，则都需要调用。

▶▶ 1.3.3　Compose 做了哪些突破

作为开发者，我们应该了解，高内聚、低耦合是软件工程中的一个重要原则，甚至是判断软件设计好坏的标准。耦合是指不同模块之间的依赖关系，不同模块之间互相的影响越少越好；而内聚是指模块内部的功能联系。一个维护性良好的系统，其代码追求的目标应该是最大化内聚和最小化耦合。

如果各个模块耦合得很严重，那么就会导致为了修改一处，同时得修改其他模块的好几个地方。更糟糕的是，耦合经常是隐式的，因为一个看似完全无关的修改会导致无法预料的事情发生。关注点分离是把相关联的代码尽可能组织到一起，这样代码才更容易维护，随着 App 的增长也更容易扩展。模块的耦合和内聚关系示意如图 1-11 所示。

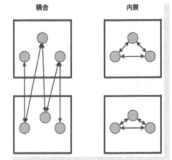

● 图 1-11　模块的耦合和内聚

提高内聚的方法一般有：尽可能多地把相关代码组合在一起；模块只对外暴露最小限度的接口；在对外接口不变的前提下，模块内部修改不应该影响其他模块。

降低耦合的方法有：减少使用类的继承，多面向接口调用；模块尽可能职责单一；使用 MVC、MVP 等方式来降低耦合；避免字节操作或调用其他模块或类。

回到 Android 系统，传统 View 体系中，ViewModoel 或者其他数据管理者对 View 的交互只能直接或间接通过 findViewById 的形式，这就要求其对纯视图部分的 xml 文件内部要足够了解。这就在二者之间建立了非常强的耦合关系。这种依赖关系不仅仅体现在初始化时对 View 组件的"寻找"和数据绑定，而且在后续数据更新带来 UI 更新时都无处不在。

那么 Compose 是如何解决这些问题的呢？它在这些方面做了哪些突破呢？

首先是通过声明式 UI 开发范式，开发者只需描述想要的 UI，不需描述如何随着状态的变化而去更新 UI，只需要指定 UI 当前的状态应该是什么即可。

其次很关键的一点是组合。实现高内聚、低耦合的一个重要手段就是用组合替代继承。Compose

中通过函数式编程，只使用函数而非类来实现视图的"组合"。这一点和传统 View 体系庞大的继承关系截然不同：Compose 从继承转向了顶层函数。

另外，Compose 在封装方面也做得不错。使用者可以根据需要直接使用现成的 Composable 函数来"组合"成自己想要的"组件"函数。开发者提供公共的组件函数时，应该意识到这一点：这里所提供的函数只是集合了一些它所接收到的参数而已，Compose 并不能真正意义地控制它们。Composable 函数还可以管理、创建以及传递状态。

最后，Compose 通过重组的方式来"刷新" UI。Compose 中的重组只会更新需要更新的部分，所以每个 Composable 函数在任何时候都是可以被重新调用的。

▶▶ 1.3.4　为什么选择 Compose

在回答为什么要选择 Compose 这个问题之前，读者可以先思考另一个问题：在移动开发领域，特别是在 Android 平台，为什么需要这样一个新的 UI 开发"工具包"？

这个问题其实上文也提及过，随着硬件设备更新迭代、用户体验需求成长、开发者开发迭代效率诉求等，在历史包袱越来越重的 View 体系中扩展变得更加困难，另外对 View.java "缝缝补补"的成本也日益增加。Google Android 团队的 Anna-Chiara 就曾表示，他们对 View 体系中一些已实现的 API 感到遗憾，因为他们也无法在不破坏功能的情况下收回、修复或扩展这些 API。"不破不立"，因此现在是一个崭新起点的好时机。

那么为什么是 Compose？除了官方声明的代码量少、开发简洁易用、功能强大、快速开发、功能强大这些显而易见的使用优势之外，通过本节内容和 View 的一些明显区别对比，也可以帮助读者来决定和尝试。

上文提到过 Compose 的声明式 UI 特性，对比了传统 View 和 Compose 在使用方式和设计思想上的差异。本节内容在此基础上做一个总结。

传统 View 和 Compose 除了声明式 UI 和命令式 UI 的区别，还在函数式编程、数据源单一性方面不同（如图 1-12 所示）。

函数式编程的概念和 Compose 中的函数式实现细节将在第 3 章中详细阐述，这里先只做大体介绍。其实函数式编程（FP）是要早于面向对象编程（OOP）的。OOP 把原本计算机要解决的一些复杂问题的过程，通过把现实世界的事务抽象成对象、关系抽象成类和继承的方式，帮助人类以更好的方式理解，从而进行设计、分析和编程，同时通过封装等技术方式极大提高了效率。所以以 Java 为代表的 OOP 语言迅速普及开来。

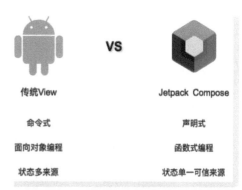

● 图 1-12　传统 View 和 Jetpack Compose 的对比

但是面向对象的三大利器，封装、继承、多态在带来巨大好处的同时，也在有些场景下有负向作用。比如继承带来的最大问题就是很难写出低耦合的代码；再比如基类的任何修改都会影响子类；不可多继承等。另外在封装和多态方面也会有或多或少的局限性，比如对状态的封装（私有内部成员变量），由于完全对外不可见，但在 Java 等语言中，通过引用传递方式又使它与外部有关联，就有影响外部的风险。

在函数式编程中，组合是其扩展功能的唯一手段，通过多个函数的组合来实现各种逻辑。这就倒逼开发者写出更加高内聚低耦合的健康代码。就像 Working with Legacy Code 作者 Michael Feathers 说过的："面向对象的编程通过封装可变动的部分来构造出可让人读懂的代码；而函数式编程则是通过最小化可变动的部分来构造出可让人读懂的代码。"这里的最小化是指函数副作用最小化，一个纯函数不应该有内部维护的状态，函数参数就是唯一参与计算的输入，所有的变化都是可预期的变化，这被称为引用透明。

在状态方面，传统 View 是有多个"可信赖"来源的；而在 Compose 中，状态是显式的，会传递给相应的 Composable 函数，这样的话状态就是具有单一可信赖来源的，这个状态变化就会导致界面的自动更新，所以是更加可靠的。

▶▶ 1.3.5 Compose 与 View 的关联

上文说明了传统 View 和 Compose 的差异，那么 Compose 和 View 是毫无相干的两套独立体系吗？答案是否定的：Compose 在 Android 系统中的实现其实是基于 View 体系的，Compose 视图树的根节点其实最终是需要通过传统 View "嫁接"在传统视图树中的。

具体来说，Compose 通过 ComposeView、AndroidComposeView 来连接 content（FrameLayout）和 Compose 的视图树。其中，ComposeView 是直接作为 content View 的子节点挂在传统视图上的。ComposeView 又有一个唯一子视图 AndroidComposeView，AndroidComposeView 是一个 ViewGoup，同时也是 Compose 视图节点树的具体持有者。ComposeView 则负责对 Android 系统 Window 相关的对接和适配。可以理解为，ComposeView 是一个基础容器，AndroidComposeView 是基于这个基础容器扩展出来的，提供了 Compose 中需要的各种组件。之所以要多分一层，应该是为了支持不同平台而考虑的：当前 Compose Multiplatform 已经支持桌面、Web 等平台了。

Compose 中视图之间的层级关系可以从图 1-13 简单示例的 Layout Inspector 中看出。

● 图 1-13 ComoseView 将 Compose 和 View 关联起来

因此，Compose 在视图树层面的本质原理是自定义 View——AndroidComposeView，通过重写其内部的 onMeasure、onLayout、onDraw 等函数，实现了所有的 Compose 视图树构建、布局、渲染等工作都在此视图内部完成，在此节点就"脱离"了原先的 View 视图树。也就是说开发者通过 Compose 所实现的一个视图树实际可能全都被绘制在了同一个 View 上，并且触摸等事件也都是由同一个 View 来进行识别和控制的。可以这么说，Compose 最终又有一个 View 的入口，但它的布局与渲染还是在 LayoutNode 上完成的，在这个阶段是基本脱离了 View 的。

总结来说，Compose 的可组合项在渲染时并不会转化成传统 View，而是有一个负责桥接的入口 View——AndroidComposeView，当开发者的视图都为 Composalbe 组件时，AndroidComposeView 没有子 View。开发者所声明的 Composalbe 布局在渲染时会转化成 NodeTree，AndroidComposeView 中可以触发 NodeTree 的布局与绘制。其实可以说，在 Android 平台上，Compose 内部的布局与绘制已基本脱离 View 体系，但仍然依赖 Canvas。Compose 的视图节点树如图 1-14 所示。

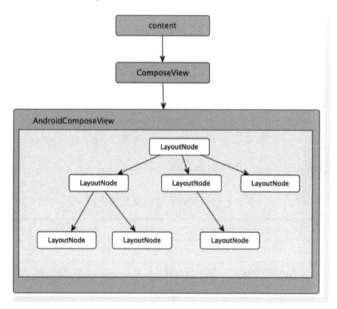

● 图 1-14　Compose 视图节点树

1.4　Compose 分层结构

本节将带领读者了解一些 Compose 的内部设计结构，对其内部组成架构的了解有助于读者更加得心应手、游刃有余地使用 Compose 来构建丰富多彩的 App 页面。

Compose 内部组成可分为六个模块（分四层），如图 1-15 所示。这其中四个核心层别是 Material、Foundation、UI、Runtime，从上到下依次依赖，如图 1-16 所示。

其中 Material 组件模块 compose.material，动画模块 compose.animation，Compose 通用能力库 com-

pose.foundation，以及平台视图基础能力 compose.ui 库都属于平台相关的模块；而底层的 compose.com-
piler 和 compose.runtime 是和平台无关的。正是因为这样的分层设计，Compose 可以在不同的平台使用
同样的方式进行声明式 UI 开发。

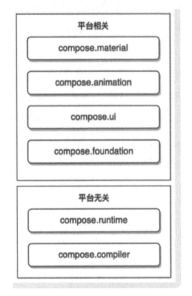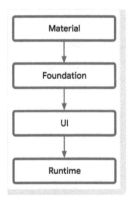

● 图 1-15 Compose 分层架构图   ● 图 1-16 Compose 上层模块依赖下层模块

具体每个模块的作用如表 1-3 所示。

表 1-3 Compose 每个模块的作用

模　　块	作　　用
compose.compiler	Kotlin 编译插件，对@Composable 进行处理生成编译期代码以及优化
compose.runtime	Compose 声明式 UI 的基础运行时，提供了 Compose 节点树和状态的管理
compose.ui	与 Android 平台设备视图基础能力相关的库，比如对 layout、measure、draw、input 等的能力支持
compose.foundation	提供通用能力和 UI 组件，比如 Column、Row 等容器和 Image 组件等
compose.animation	动画能力库
compose.material	提供开箱即用的 Material Design 设计标准的 UI 组件

注：最新的 Compose 中多了一个 compose.material3 的库，是用来支持构建下一代 Material Design 的组件库，包括最新的
主题、动态配色、Material You 等，并且高度适配 Android 12 的视觉风格。这里暂不展开讲述。

接下来我们一起分别学习每个模块的内容。

▶▶ 1.4.1 运行时 Runtime 和编译器 Compiler

compose.runtime 和 compose.compiler 是 Compose 的底层核心，是支撑 Compose 使用声明式 UI 开发

页面的基础。Runtime 提供了通用的 NoteTree 管理的功能，和平台无关，即便是不使用 Compose 构建 UI 组件，compose.runtime 提供的树管理功能也可以单独使用。而 Compiler 通过编译器优化，帮助开发者们以最简洁高效的方式使用 Runtime 提供的能力。虽然在日常开发中，开发者对 Composable 函数直观的感受只是加了一个普通的 @Composable 注解，但其实它并不是一个"普通的"注解，它是一个使用 Compiler plugin 来处理的注解，这部分就是在 compolier 中完成的。

Compose 的 runtime 在 Compose 的基础运行时，提供了 Compose 节点树以及管理状态等能力，其中有一些比较关键的组成部分，这里做一个大致介绍，技术细节部分读者朋友如果感兴趣可以去源码中获取。

@Composable 注解是连接开发者和编译器的关键字。

Appiler 是操作生成的 Node 节点，对 NodeTree 进行管理、更新，Appiler 需要在组合或重组的过程中被调用，遍历树上的节点，从而使得 NodeTree 实现差量的自我更新。

Composer 接口是贯穿所有 Composable 函数的上下文参数，它的实现包含了一个与 Gap Buffer（间隙缓冲区）密切相关的数据结构 SlotTable，这个数据结构的细节将在后面介绍。Composer 是直接操作 SlotTable 和 Applier 的类，它的实现类是 ComposerImpl。

Composition 接口在 runtime 层的实现是 CompositionImpl，用于连接 CompositionContext 和 Composer 的类，它持有 Composable，是 setContent 和 applyChanges 发生的地方。

Effects 提供了一些诸如修改全局变量、读写 I/O 等方法带来的副作用的方式，通过之前的内容读者已经了解到，Composable 方法是无副作用的，所以为了提供副作用的能力，就需要借助 Effects。

Snapshot、State：MutableState、Snapshot 是结合起来使用的，在 Compose 中，通过 State 的变化来触发重组，而 Snapshot 提供了 MutibleState 读写的订阅，可以提供读取观察者和写入观察者，提供所有 State 的"快照"。

SlotTable 是基于 Gap Buffer 的存储结构。

Compose 的 Compiler 其实是 Kotlin 的 Compiler 插件。虽然开发者最常用的@Composable 看起来是一个普通的注解，但是这个注解并不是 APT 来处理的，而是由这个 Compiler 插件处理的，二者还是有很多区别的。APT 会在实际编译之前处理，而插件是在编译期通过分析和修改 AST 而修改字节码，插件的速度会比 APT 快，并且可以获取、处理更多的内容。

Compiler 会通过 @Composable 注解给每个 Composable 函数添加 Composer 参数，使开发者开发起来更方便，不必关注框架层面的一些代码。

Compose 的 Compiler 不仅会处理 @Composable 注解，还有@NonRestartableComposable、@ReadOnly-Composable 等。APT 和 Compiler 的区别总结起来有以下几点：

- APT 的执行是在编译之前，而 Compiler 插件是在运行时调用。
- Compiler 插件速度比 APT 快很多。
- Compiler 插件可以获取或处理更多信息，包括静态的代码检测（idea 输入时的检测），输出 java/IR，且支持多平台。

Compiler 是如何发挥其作用的？其实，对于一个@Composable 方法，Compiler 会注入一个

Composer 和一个 changed，其中 Composer 是直接操作生成节点类的对象，changed 是用来智能跳过未改变部分的一个参数。对于 @Composable 的 lambda 方法，会生成一个固定格式的方法，前面是入参，中间是 Compoesr 和 changed，最后是返回值。

▶▶ 1.4.2　与平台相关的其他层

Compose 的平台相关库是其上层建筑基础，是与平台有关的实现。平台相关库中包含了主题相关 Material、基础（Foundation）、动画（Animation），以及界面层（UI）。

其中 Material 提供了上层面向 material 设计风格的 Composable 组件；Foundation 提供了基础通用组件；Animation 提供了动画相关能力；UI 提供了基于渲染树进行的布局、渲染等机制。下面分开详细介绍。

Compose 的 material 库提供了一系列开箱即用的 material 组件，这些组件均使用 Material Design 的设计规范来设计实现。

material 组件的风格和属性会依赖 MaterialTheme 中提供的值：

```
@Composable
fun MyApp() {
    MaterialTheme {
        // Material Components like Button, Card, Switch, etc.
    }
}
```

常用的 Text、Button、Card、Checkbox、Switch、Dialog 等都囊括在 material 组件库中。这些组件的具体使用规则将在本书第 4 章、第 5 章介绍。

Foundation 库是一些基础的通用组件库，比如 Column、Row、Image 等。Foundation 库允许开发者使用现成的组件，并且可以轻松定制和扩展，来实现自己的设计系统元素。

fandroidx.compose.foundation 中主要的接口有 Indication 和 IndicationInstance，它们负责处理某些交互出现时的视觉效果。另外还有负责绘制边框（BorderStroke）、滚动状态处理（ScrollState）等。在 Foundation 的顶级包中还有非常重要的 Image 组件和 Cnavas，可以帮助开发者绘制出想要的图片或者视图。

Foundation 中还包含了 layout、shape、gestures、selection、lazy、interaction、text 几大子模块，分别对应布局、形状、手势等模块。layout 中有常用的 Column、Row 等布局容器。

Compose 的 Animation 库提供了丰富的动画 API，可以方便地提供一些动画给开发者使用。Animation 相关的依赖库有 androidx. compose. animation：animation、androidx. compose. animation：animation-core、androidx.compose.animation：animation-graphics。

其中 Animation 库提供了 Animatable、AnimatedVisibility、animateContentSize 这几种 Composable 函数和扩展函数。Animatable 是一种基于协程的动画 API，可以单独为某个值添加动画效果，animateXXXAsState 就是基于 Animatable 实现的。AnimatedVisibility 可以为 Composable 组件提供出现/消失的动画效果，可以通过指定 EnterTransition 和 ExitTransition 来自定义过渡的效果。animateContentSize 是

Modifier 的扩展函数，当它的子 Modifier 发生大小变化时，它会为其设置动画，从而实现连续平滑的大小变化过渡效果。此外，Animation 库还提供了诸如 fadeIn、slideOut、expandHorizontally、Crossfade 等入场、出场动画。

animation-core 提供了一系列简单实用的动画封装：animateXXXAsState，比如 animateDpAsState、animateFloatAsState 等，为某个类型的值添加动画效果，开发者只需提供结束值，这一系列 API 就可以从当前值开始向指定的值以动画方式过渡。animation-core 中还提供 rememberInfiniteTranstion 这样支持无限播放的动画 API，在组合开始之后就执行动画，直到被移除。另外 animation-core 还包含 tween、spring、snap、keyframes 等不同 AnimationSpec 类型的自定义动画能力。animation-core 中还内置了多种 Easing 函数，提供不同类型的插值器。它类似于 Android 传统 View 中的 Interpolator，比如 FastOutSlowInEasing、LinearOutSlowInEasing。

animation-graphics 是后抽出来的一个组件库，目前提供 AnimatedImageVector 和相关的 API，AnimatedImageVector 是动画的矢量图，是由 animatedVectorResource 生成 AnimatedImageVector，目前被标注为 ExperimentalAnimationGraphicsApi，代表它是实验性的。

动画库的使用将会在第 7 章中做单独介绍。

compose.ui 是与设备相关的库，包括与设备的交互所需的 Compose 基本组件，以及布局、绘图和输入。androidx.compose.ui 包中有对 Composable 组件组合时添加装饰、布局、行为等非常重要的角色 Modifier，以及一系列 Modifier.composed 扩展函数。还有一系列计算可用空间大小的 Alignment。

androidx.compose.ui.geometry 包中的内容提供了 App 中常用到的几何图形，比如圆形、矩形。androidx.compose.ui.graphics 则支持更灵活的"画笔"来进行屏幕上的绘制。

androidx.compose.ui.platform 赋予 Compose 本平台的各种能力，比如剪切板、软键盘、无障碍、Uri 处理等，和原生 Android View 体系的关联也在这一层体现。

▶▶ 1.4.3 架构分层使用原则

在使用 Compose 进行视图组合时，需要根据实际需求来进行不同层级的 API 使用，总的原则是衡量是否在满足需求的前提下成本小、性能优，且具备单一职责。在不同层级的模块使用时，需要根据诉求考虑可控性、定制性、抽象程度几个维度，按需选择。

在可控性方面，更高级别的组件往往具备更丰富的能力，但是与此同时开发者对它的控制范围就越小。如果开发者想获得更多控制范围，就需要用相对低级别的组件。举一个动画的例子，比如想实现一个组件的颜色从绿色按照简单动画变化成红色，Compose 在 compose.animation 库中提供了非常方便的 animateColorAsState：

```
val color = animateColorAsState(if (condition) Color.Green else Color.Red)
```

但是如果需求是每次发生某个事件时（比如单击），颜色都要从绿色变为红色，上面这行代码就满足不了了；它只能在条件满足之后发生一次带动画的颜色转变，后续状态更新之后，就无法再次发生了。此时就需要用到 animation.core 中的 Animatable 了，它的可控性更高一些，但相对会复杂一些：

```
val color = remember { Animatable(Color.Gray) }
LaunchedEffect(condition) {
    color.animateTo(if (condition) Color.Green else Color.Red)
}
```

事实上，animation 库中较高级别的 animateColorAsState 等动画都是基于 animation.core 中低级别的 Animatable 来实现的。

在定制性方面，可由一些原子级的组件通过组合的方式生成自己需要的自定义组件，这样做远比从零开始完全自定义一个复杂组件成本低。比如在 metrial 库中默认提供了 Button 这一按钮组件，它的实现主体部分代码如下：

```
@Composable
fun Button(
    // ...
    content: @Composable RowScope.()-> Unit
) {
    Surface(/* ... */) {
        CompositionLocalProvider(/* ... */) {
            ProvideTextStyle(MaterialTheme.typography.button) {
                Row(
                    // ...
                    content = content
                )
            }
        }
    }
}
```

从组合结构中可以看出，Button 本身是基于 Surface、CompositionLocalProvider、ProvideTextStyle、Row，以及传入的组件 content 组合而成的，Surface 处理背景、形状和单击等；CompositionLocalProvider 控制 Button 是否可用时不同的样式；ProvideTextStyle 设置了默认的文本样式；Row 为具体的按钮内容提供默认的布局。

不过如果开发者不想局限于当前 Button 的默认实现，则完全可参照 Button 的组合方式实现自定义的按钮，比如由于在 Material Design 中，按钮都是纯色背景，如果开发者需要一个渐变背景，Button 无法满足了，它没有提供这样的样式。在此类情况下，开发者可以参考 Material Button 的实现，来自己定制一个 GradientButton：

```
@Composable
fun GradientButton(
    // ...
    background: List<Color>,
    content: @Composable RowScope.()-> Unit
) {
    Row(
        // ...
```

```
        modifier = modifier
            .clickable(/* ... */)
            .background(
                Brush.horizontalGradient(background)
            )
    ) {
        CompositionLocalProvider(/* ... */) {
            ProvideTextStyle(MaterialTheme.typography.button) {
                content()
            }
        }
    }
}
```

在考虑抽象程度时，同样可以按照需求来选择，Compose 分层的架构设计本身就是为了给开发者更多的选择：每一层中都提供可直接重复使用的组件，但这并不意味着开发者都需要使用抽象程度较高的低级别组件，高级别的组件实现程度高，提供了更多功能，还会自带无障碍功能等。比如开发者如果想要为自定义组件添加手势支持，可以使用 Modifier.pointerInput 从头开始实现需要的手势操作，但还有其他基于此创建的更高层级的组件，例如 Modifier.draggable、Modifier.scrollable 或 Modifier.swipeable，它们可能提供丰富的常规手势功能，如果满足需求，直接使用即可。

▶▶ 1.4.4 多平台支持

Compose 分层架构设计的另一个重要考虑是多平台支持。Compose 基于 KMM（Kotlin Multiplatform），本身就具备跨平台的优势。当前 Compose 除支持 Android 平台外，还支持 Windows、macOS、Linux 不同平台的桌面应用开发；另外还支持 Web 应用开发。

Compose Multiplatform 是由 JetBrains 维护的，它本质上是把 compose-android、compose-desktop 以及 compose-web 进行了整合，开发者可以在单个工程中使用同一套 Artifacts 开发出可运行在 Android、Desktop（Windows、macOS、LInux）以及 Web 等多端的应用程序，工程中可以实现大部分代码的共享，从而达到跨平台开发的目的。

以一个同时支持 Android 和 Desktop 的应用为例，它的项目结构如图 1-17 所示。

Compose Multiplatform 其实是一个扩展了 Jetpack Compose 的跨平台解决方案，其功能包含 Jetpack Compose 的所有内容并增加了跨平台支持。二者共享了大部分核心公共 API，Compose Multiplatform 的很多基础库仍然以 androidx.compose.xxx 作为其包名。这使得已经使用 Jetpack Compose 实现的 Android 应用可以方便地移植到其他平台，并且两者之间具有完美的互操作性。

Compose Desktop 需要借助 JVM，它提供了 SwingPanel 来嵌入使用现有的 Swing 组件，并且在功能上完全可以替代现有的 AWT 和 Swing 框架。在逻辑层（状态管理）和数据层面，代码几乎可完全复用；在表现层，Compose Desktop 可以使用 Compose Android 中常用的一些组件和布局，例如 Text、Button、Column/Row 等。

Compose Web 专门为 Web 开发者提供了 DOM API，实现了常用 HTML 标签的对应 Composable 组

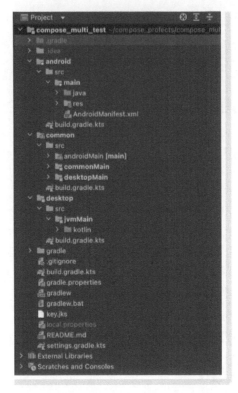

● 图 1-17　同时支持 Android 和 Desktop 的 Compose Multiplatform 项目结构

件，例如 Div 等，并提供了 attrs 方法，以 key-value 形式设置标签属性，同时也有一些常用属性的专属方法。此外，Compose Web 基于 CSS-in-JS 技术，允许开发者基于 DSL 定义样式。Compose Web 具备像 HTML 或 JSX 那样的结构化渲染能力，并且具有响应式状态管理能力，在 Compose Multiplatform 中还可以与桌面和 Android 端使用同样的逻辑层代码。

当前官方还未公布是否支持 iOS 平台，但是理论上借助 KMM 是可以支持的，开发者可以期待一下。

1.5　小结和训练

本章开始我们正式走入了 Jetpack Compose 的世界，本章主要带读者认识 Compose，通过了解 Compose 产生的背景和使命、Compose 的优势和发展阶段让读者有一个宏观认知。然后通过对比命令式 UI，介绍了什么是声明式 UI，继而进一步了解什么是响应式编程。

通过对 Android 系统传统 View 体系的回顾，学习或复习了传统 View 的组成以及绘制刷新流程，进而总结了 Compose 做了哪些突破来解决传统 View 遇到的问题或者优化点——通过声明式 UI、函数式、组合的方式来实现高内聚、低耦合，具备局部刷新的最小化刷新原则，通过组合来灵活复用。和传统 View 对比，Compose 在声明式、函数式编程、状态单一可信来源几个方面具有相对性的优势，所以值得开发者一试。

最后通过 Compose 官方给出的教程系统性地总结了 Compose 编程思想，剖析了声明式编程、Composable 函数、数据和事件与 UI 的关系、动态灵活"组合"，以及在 Compose 中相当重要的一步：重组（Recomposition）。

相信到这里读者对什么是 Compose，以及 Compose 的设计思想有了初步的认知。读者可对照以下的问题再次复习一下重点内容：

1. Compose 有哪些优势？为什么需要 Compose？
2. 目前 Compose 的最新版本是什么？有哪些新特性？
3. 什么是声明式 UI？什么是命令式 UI？
4. Android 传统的 XML 布局方式是声明式 UI 吗？
5. 什么是响应式编程？
6. Android 传统 View 体系的组成是什么样的？绘制流程是怎样的？
7. Compose 和传统 View 比做了哪些改进？
8. Compose 和 传统 View 有什么关联？
9. 使用 Compose 一般需要依赖哪些依赖库？对应的职责和内容是什么？
10. Compose 的架构分层是怎样的？不同层级的组件如何选择使用？

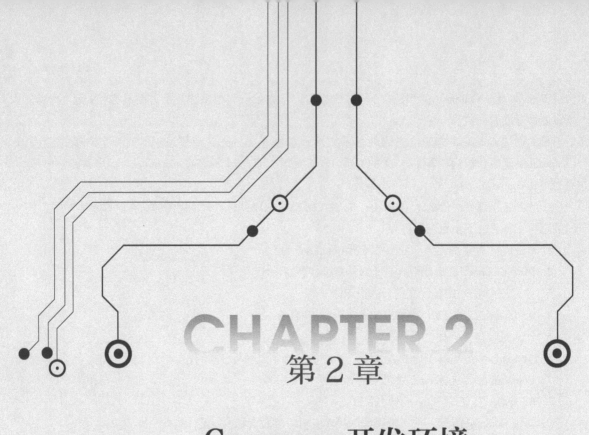

CHAPTER 2
第 2 章

Compose开发环境

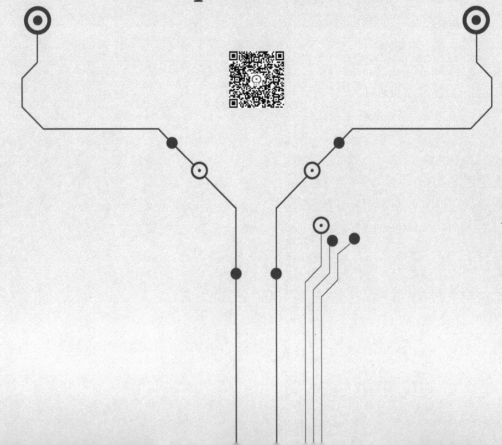

在对 Compose 的概念和优势、产生背景了解之后，下一步就可以开始尝试上手体验简单的 Compose 编程了。学习一门技术，最高效的方式就是从最简单的示例开始上手实践。本章将从 Compose 所需的继承开发环境的配置和使用入手，结合一些便捷提效的工具，带领读者一起上手实践，以最常见的 "Hello World" 为例，手把手带读者入门实践，为后续的系统性学习 Compose 知识打好基础。

2.1　Compose 开发环境的搭建

Android 应用开发者常用的集成开发环境是谷歌官方的 Android Studio，目前包括 Arctic Fox 和 Bumblebee 两个版本。为了在使用 Jetpack Compose 进行开发时获得最佳体验，开发者应下载 Android Studio Arctic Fox 版本或以上版本，它是 Android Studio 的一个主要版本，包含了各种新功能和改进。使用这个版本开发 Jetpack Compose 项目，可以充分利用智能编辑器功能，包括 "新建项目" 模板和即时预览 Compose 界面等。本书中所有示例代码和实战项目均使用开发环境版本 Android Studio Arctic Fox | 2020.3.1 Patch 3。

▶▶ 2.1.1　配置 Android Studio

Android Studio 的构建系统以 Gradle 为基础，并且 Android Gradle 插件（简称 AGP）添加了几项专用于构建 Android 应用的功能。虽然 Android 插件通常会与 Android Studio 的更新步调保持一致，但插件（以及 Gradle 系统的其余部分）可独立于 Android Studio 运行并单独更新。

1. 更新 AGP 和 Gradle 版本

在更新 Android Studio 时，可能会收到将 Android Gradle 插件自动更新为最新可用版本的提示，开发者可以选择接受该更新，也可以根据项目的构建要求手动指定版本。同时，在 Android Studio 更新时也可能会收到一并将 Gradle 更新为最新可用版本的提示，同 AGP 的更新一样，开发者可以选择接受提示更新或者在项目中手动指定版本。

构建 Compose 项目需要 AGP 7.0 以上的版本，并且要求 Gradle 版本为 7.x。开发者可以在 Android Studio 的 File > Project Structure > Project 菜单中指定 AGP 和 Gradle 版本，如图 2-1 所示。

也可以在 Compose 项目的顶级 build.gradle 文件中手动设置 AGP 版本，在 gradle/wrapper/gradle-wrapper.properties 文件中修改 Gradle 分发引用来指定 Gradle 版本，示例代码如下所示：

```
buildscript {
    repositories {
        google()
        ...
    }
    dependencies {
        classpath 'com.android.tools.build:gradle:7.0.3'
```

```
    }
}
...
distributionUrl = "https\://services.gradle.org/distributions/gradle-7.0.2-bin.zip"
...
```

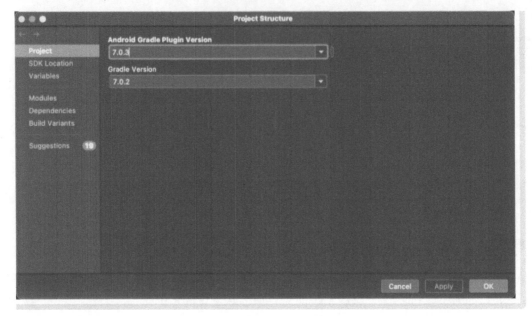

● 图 2-1　AGP 和 Gradle 版本配置

2. 配置 JDK 11

使用 AGP 7.0 构建应用时，需要 JDK 11 才能运行 Gradle，Android Studio Arctic Fox 捆绑了 JDK 11，并将 Gradle 配置为默认使用 JDK 11，这意味着大多数 Android Studio 用户不需要对项目进行任何配置更改。如果需要手动设置 JDK 版本，可以按以下步骤操作：

1）在 Android Studio 中打开项目，然后依次选择 File > Settings…> Build, Execution, Deployment > Build Tools > Gradle（在 Mac 上，依次选择 Android Studio > Preferences… > Build, Execution, Deployment > Build Tools > Gradle）。

2）在 Gradle JDK 下，选择 Embedded JDK 选项。

3）单击 OK。

在 Compose 项目中需要使用 JDK 11 或更高的版本，如图 2-2 所示。

3. 配置 Kotlin 和 Gradle

构建 Compose 项目要求使用 Kotlin 版本为 1.5.10 及以上，同时将应用的最小 API 级别设置为 21 或更高，另外需要在 App 目录下的 build.gradle 文件中启用 compose，设置 Kotlin 编译器插件的版本。

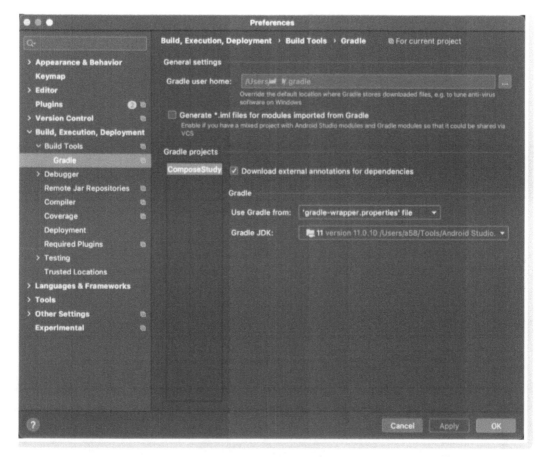

● 图 2-2　配置 JDK 11

```
buildFeatures {
    // Enables Jetpack Compose for this module
    compose true
}
composeOptions {
    kotlinCompilerExtensionVersion compose_version
    kotlinCompilerVersion kotlin_version
}
```

4. 添加 Compose 依赖库

根据项目需要，在 build.gradle 文件中添加项目需要的 Jetpack Compose 工具包。本书中如没有特殊说明，依赖项添加均采用 Groovy 语法。

```
dependencies {
    implementation 'androidx.compose.ui:ui:1.0.1'
    // Tooling support (Previews, etc.)
```

```
    implementation 'androidx.compose.ui:ui-tooling:1.0.1'
    // Foundation (Border, Background, Box, Image, Scroll,
    // shapes, animations, etc.)
    implementation 'androidx.compose.foundation:foundation:1.0.1'
    // Material Design
    implementation 'androidx.compose.material:material:1.0.1'
    // Material design icons
    implementation 'androidx.compose.material:material-icons-core:1.0.1'
    implementation 'androidx.compose.material:material-icons-extended:1.0.1'
    // Integration with activities
    implementation 'androidx.activity:activity-compose:1.3.1'
    // Integration with ViewModels
    implementation 'androidx.lifecycle:lifecycle-viewmodel-compose:1.0.0-alpha07'
    // Integration with observables
    implementation 'androidx.compose.runtime:runtime-livedata:1.0.1'
    implementation 'androidx.compose.runtime:runtime-rxjava2:1.0.1'

    // UI Tests
    androidTestImplementation 'androidx.compose.ui:ui-test-junit4:1.0.1'
    }
```

▶▶ 2.1.2 新建 Compose 工程

如果要创建一个默认支持 Jetpack Compose 的新项目，Android Studio 提供了新项目模板，帮助开发者快速创建 Compose 项目，并在项目中配置了默认的 Compose 开发环境。开发者可按以下步骤操作。

1）如果从 Android Studio 欢迎窗口中创建，直接单击顶部的 New Project 按钮；如果从已经打开的 Android Studio 项目创建新工程，则从菜单栏中依次选择 File > New > New Project。

2）在 Select a Project Template 窗口中，选择 Empty Compose Activity，然后单击 Next，如图 2-3 所示。

3）在项目配置窗口中，执行以下操作（如图 2-4 所示）：

a. 按照常规方法设置 Name、Package name 和 Save location。

b. 在 Language 下拉菜单中，Kotlin 是唯一可用的选项，因为 Jetpack Compose 仅适用于使用 Kotlin 编写的类。

c. 在 Minimum SDK 下拉菜单中，选择 API 级别 21 或更高级别。

4）单击 Finish。

这样，新建的 Compose 项目会按照默认的开发环境进行编译，如果出现编译失败的情况，可以根据 2.1.1 节中描述的配置方法，验证项目的 build.gradle 文件配置是否正确，同时可以配置项目需要的参数。

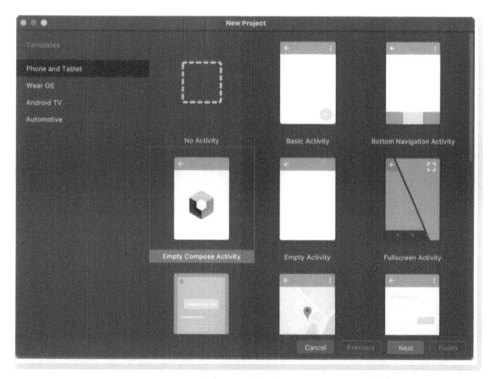

● 图 2-3　选择新建工程模板

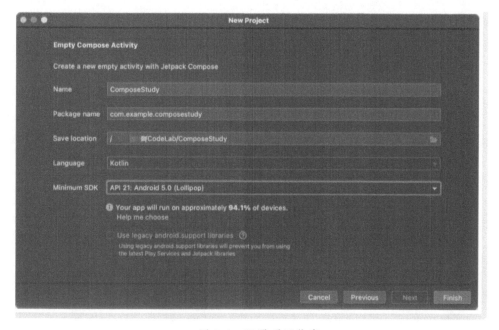

● 图 2-4　配置项目信息

▶▶ 2.1.3 在已有项目中添加 Compose 支持

如果想要在现有项目中使用 Jetpack Compose，则需要为项目配置所需的设置和依赖项，配置方式参见 2.1.1 小节相关说明。

首先，需要在项目的 App 目录下的 build.gradle 文件中启用 Compose 功能，具体做法参见 2.1.1 小节第 3 项配置，即在 android buildFeatures 代码块内将 Compose 标志设置为 true。在 composeOptions 代码块中定义的 Kotlin 编译器扩展版本控制与 Kotlin 版本控制相关联。

然后，使用物料清单的方式将项目所需要的 Compose 库依赖项的子集添加到项目的依赖项中。

```
dependencies {
    def composeBom = platform('androidx.compose:compose-bom:2022.10.00')
    implementation composeBom
    androidTestImplementation composeBom

    // Choose one of the following:
    // Material Design 3
    implementation 'androidx.compose.material3:material3'
    // or Material Design 2
    implementation 'androidx.compose.material:material'
    // or skip Material Design and build directly on top of foundational components
    implementation 'androidx.compose.foundation:foundation'
    // or only import the main APIs for the underlying toolkit systems,
    // such as input and measurement/layout
    implementation 'androidx.compose.ui:ui'

    // Android Studio Preview support
    implementation 'androidx.compose.ui:ui-tooling-preview'
    debugImplementation 'androidx.compose.ui:ui-tooling'

    // UI Tests
    androidTestImplementation 'androidx.compose.ui:ui-test-junit4'
    debugImplementation 'androidx.compose.ui:ui-test-manifest'

    // Optional - Included automatically by material, only add when you need
    // the icons but not the material library (e.g.when using Material3 or a
    // custom design system based on Foundation)
    implementation 'androidx.compose.material:material-icons-core'
    // Optional - Add full set of material icons
    implementation 'androidx.compose.material:material-icons-extended'
    // Optional - Add window size utils
    implementation 'androidx.compose.material3:material3-window-size-class'

    // Optional - Integration with activities
    implementation 'androidx.activity:activity-compose:1.5.1'
    // Optional - Integration with ViewModels
```

```
implementation 'androidx.lifecycle:lifecycle-viewmodel-compose:2.5.1'
// Optional - Integration with LiveData
implementation 'androidx.compose.runtime:runtime-livedata'
// Optional - Integration with RxJava
implementation 'androidx.compose.runtime:runtime-rxjava2'

}
```

如果需要在 Compose 中继承 Android View 系统中可用的主题，而不必从头开始在 Compose 中重新编写自己的 material 主题，则可以添加相关的依赖进行便捷的实现。若在 Android 应用中使用 MDC 库（Material Design Component），则可借助 MDC Compose 主题适配器库（项目地址：https://github.com/material-components/material-components-android-compose-theme-adapter），在可组合项中轻松地重复使用基于 View 的现有主题的颜色、排版和形状主题，这可通过 MdcTheme API 来实现。

如果要在项目中改为使用 AppCompat XML 主题，则需要使用包含 AppCompatTheme API 的 App-Compat Compose 主题适配器（项目地址：https://github.com/google/accompanist/）。

在应用的 build.gradle 文件中添加所需的依赖项，如下所示：

```
dependencies {
    // When using a MDC theme
    implementation "com.google.android.material:compose-theme-adapter:1.0.1"

    // When using a AppCompat theme
    implementation "com.google.accompanist:accompanist-appcompat-theme:0.16.0"
}
```

2.2　Compose 工具

Android Studio 引入了许多专门用于 Jetpack Compose 的新功能。它支持使用代码优先的方法，同时提高了开发者的工作效率，从而使开发者不必在设计界面或代码编辑器之间二选一。而传统的 Android UI 开发方式要求开发者要么在 xml 布局文件中进行界面设计的开发，要么在代码编辑器里开发。

基于视图的 UI 和 Jetpack Compose 之间的一个根本区别在于，Compose 不依赖于视图来呈现其可组合项。通过采用这种架构方法，Android Studio 为 Jetpack Compose 提供了扩展功能，让其不必像 Android View 一样需要打开模拟器或连接到 Android 设备上才能预览其展示效果，从而加快了开发者实现界面设计的迭代过程。

要在 Jetpack Compose 项目中启用 Android Studio 的特定功能，需要在应用 build.gradle 文件中添加以下依赖项：

```
implementation "androidx.compose.ui:ui-tooling:1.0.1"
```

▶▶ 2.2.1 Compose 预览

Android 开发者一定很熟悉开发 Android UI 界面的预览方式。在打开布局文件的编辑框右上角有 Code ︱ Split ︱ Design 三个功能按钮，其中 Split 功能将编辑区分成左右两个区域，左侧是布局的 xml 代码，右侧即是当前布局的预览效果（如图 2-5 所示），在预览区域顶部的菜单栏中可以设置预览的环境和其他配置信息；Design 功能是 Split 中的预览界面的全屏展示，左侧面板中列出当前预览界面的控件树结构，在右侧属性面板中展示当前预览界面中所有 View 的属性，并可以修改（如图 2-6 所示）。

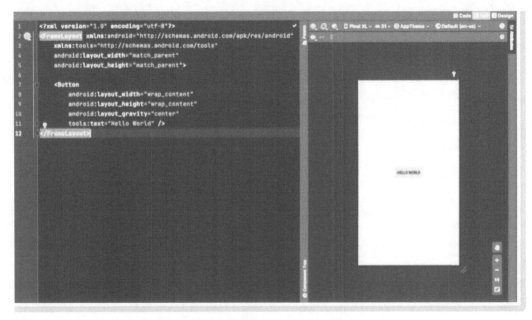

● 图 2-5　Split 模式的布局预览

Compose 的预览功能与 xml 布局的预览类似，通过编辑框右上角的 Split ︱ Design 查看界面设计的预览，只是目前 Compose 的预览功能还不够丰富。要实现对 Compose 可组合项的预览，需要创建一个使用 @Composable 和 @Preview 进行注解的可组合项，并在其中调用待预览的可组合项（如图 2-7 所示）。

@Preview 注解可以接受参数以自定义 Android Studio 呈现其他的预览效果，开发者可以在代码中手动添加参数，也可以单击 @Preview 左侧的边线图标（在 2.2.2 节中有详细介绍）显示配置选择器，以便选择和更改配置参数。

1. 互动模式

使用互动模式，开发者可以采用与在设备上执行操作类似的方式与预览对象进行互动。互动模式被隔离在沙盒环境中（与其他预览对象隔离），在该模式下，开发者可以在预览对象中单击元素并输

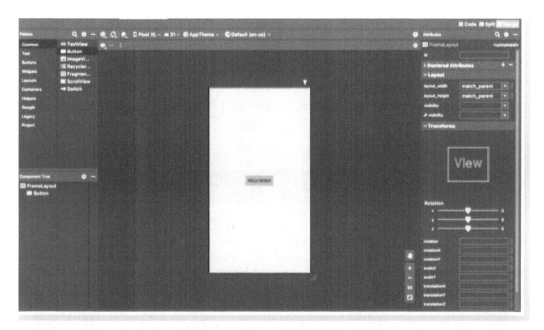

• 图 2-6 Design 模式的布局预览

• 图 2-7 Compose 的预览示例

入；预览对象甚至还可以播放动画。通过使用这种模式，开发者可以快速测试可组合项的不同状态和
手势，例如勾选或清空复选框。

预览互动模式直接在 Android Studio 中运行，并未运行模拟器，因此存在一些限制：

- 无法访问网络。
- 无法访问文件。
- 有些 Context API 不一定完全可用。

这个功能需要开发者手动开启，在 Android Studio 偏好设置内的"Experimental"部分中勾选 Jetpack Compose 的功能，互动模式和动画预览，以及部署预览对象都需要手动开启功能（如图 2-8 所示）。

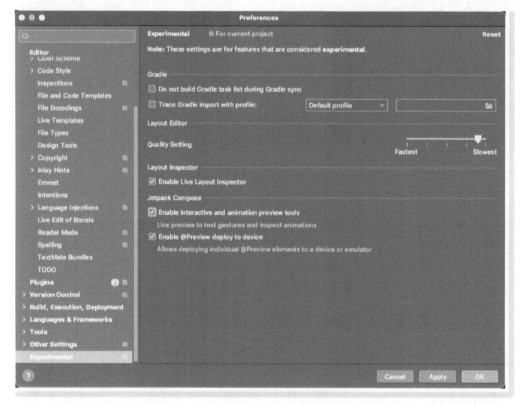

● 图 2-8　开启 Jetpack Compose 的实验性功能

2. 部署预览对象

可以将特定 @Preview 部署到模拟器或实体设备上。预览对象将与新的 Activity 部署在同一项目应用中，因此它具有相同的上下文和权限，这意味着无须编写样板代码，比如在已获得某个权限的情况下请求该权限。

3. 代码导航和可组合项大纲

将鼠标悬停在预览对象上，查看其中包含的可组合项大纲，单击可组合项大纲会触发编辑器视图，导航到可组合项的定义位置。

4. 复制 @Preview 呈现

在已渲染的预览对象上单击右键，将展示一个 Copy Image 的悬浮按钮，单击该按钮可以将当前预览界面保存下来（如图 2-9 所示），这样开发者可以存档开发过程中的预览效果图，以比较不同的 UI 效果。

5. 设置背景颜色

在 @Preview 注解中添加 showBackground 和 background-Color 参数即可为预览界面添加自定义的背景色，默认情况下，预览的可组合项将以透明背景显示。需要注意的是 backgroundColor 参数的值是 ARGB 格式的颜色值，如果只是将 showBackground 设置为 true 而不给 backgroundColor 设置值，默认为白色背景。

6. 设置尺寸

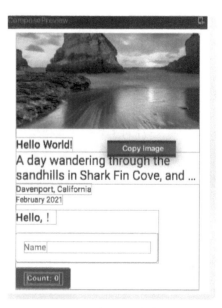

● 图 2-9　复制预览效果图

默认情况下，系统会自动选择 @Preview 尺寸来展示其内容，如需要手动设置尺寸，可以添加 widthDp 和 heightDp 参数，通过它们设置的值都被解释为 dp，开发者不需要特别说明参数值为 dp。

7. 设置语言区域

如果需要测试多语言功能，可以通过添加 locale 参数设置不同的语言区域。

8. 显示系统界面

默认情况下，预览界面中只会展示开发者自己设计的 UI 内容，如需要在预览对象中显示状态栏和操作栏，可以添加 showSystemUi 参数。

9. @PreviewParameter

另外，可以使用 @PreviewParameter 注解添加参数，以将示例数据传递给某个可组合项预览函数。

```
@Preview
@Composable
fun UserProfilePreview(
    @PreviewParameter(UserPreviewParameterProvider::class)user: User
) {
    UserProfile(user)
}
```

创建一个实现 PreviewParameterProvider 类并以序列的形式返回示例数据的类，即可提供预览的示例数据，建议将这个类放到项目 src/debug 软件包内的某个文件中，这样该类将不会包含在发布 build 中。

```
class UserPreviewParameterProvider : PreviewParameterProvider<User> {
    override val values = sequenceOf(
```

```
        User("张三"),
        User("李四"),
        User("王五")
    )
}
```

序列中的每个数据元素都会呈现一个预览，如图 2-10 所示。可以为多个预览使用相同的数据提供程序类。如有必要，可通过设置 limit 参数来限制呈现的预览数量。

● 图 2-10　同时预览多个数据源

```
@Preview(showBackground = true)
@Composable
fun UserProfilePreview(
@PreviewParameter(UserPreviewParameterProvider::class, limit = 2) user: User
) {
    UserProfile(user)
}
```

▶▶ 2.2.2　Android Studio 快捷操作

Android Studio 在编辑器区域提供了一些快捷操作，可以帮助开发者提高使用 Jetpack Compose 的工作效率。

1. 实时模板

Android Studio 添加了下面这些与 Compose 相关的实时模板，开发者可以通过输入相应的模板缩写词来输入代码段，以实现快速插入模板代码：

- comp，用于设置 @Composable 函数。
- prev，用于创建 @Preview 可组合函数。
- paddp，用于以 dp 为单位添加 padding 修饰符。

- weight，用于添加 weight 修饰符。
- W、WR、WC，用于通过 Box、Row 或 Column 容器设置当前可组合项的呈现效果。

举例说明，笔者打算创建一个显示 Hello World 的 Composable 方法，命名为 SayHello（注意：Composable 方法命名要求首字母为大写形式），可以在文件的空白处输入 comp，然后回车，编辑器将自动生成带 @Composable 注解的函数结构，开发者只需要在光标处输入函数名称即可，如图 2-11 所示。

● 图 2-11　快捷生成模板代码

2. 边线图标

边线图标是在边栏中可见的进行上下文操作的工具，位于行号旁边。Android Studio 引入了多个 Jetpack Compose 专用的边线图标，以便开发者更轻松地使用。

（1）部署预览对象

开发者可以直接通过边线图标将 @Preview 部署到模拟器或设备上，如图 2-12 所示。

（2）颜色选择器

无论是在可组合项内部还是外部定义颜色，在编辑区边线上都会显示其预览对象。单击边线上的颜色图标，可以通过颜色选择器实时修改颜色值，如图 2-13 所示。

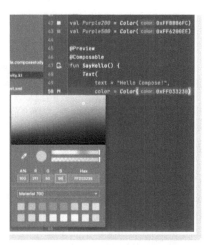

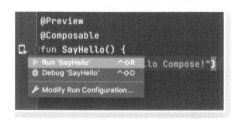

● 图 2-12　通过边线图标部署预览对象　　● 图 2-13　通过边线图标选择颜色

（3）图像资源选择器

无论是在可组合项内部还是外部定义可绘制对象、矢量或图像，在编辑区边线上都会显示其预览对象。单击边线上的图像资源图标，可以通过图像资源选择器实时修改引用的资源文件，如图 2-14 所示。

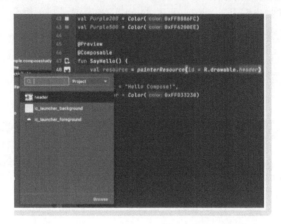

● 图 2-14　通过边线图标选择图像资源

2.2.3　实时更新预览

移动开发者通常需要不断地调试界面内容，使其达到完美的 UI 效果，所以如果集成开发环境能提供实时更新预览的功能，将大大提高应用开发效率。Android Studio 通过提供不需要完整 build 即可检查、修改值以及验证最终结果的工具，支持使用 Jetpack Compose 进行逐步开发。

1. 实时修改字面量

Android Studio 可以实时更新在预览对象、模拟器和实体设备内的可组合项中使用的一些常量字面量，如图 2-15 所示。支持实时更新的类型包括：Int、String、Color、Dp 和 Boolean。

● 图 2-15　预览界面实时更新字面量修改

开发者可以方便地查看那些触发了 UI 实时更新的常量文本，这需要开启实时编辑字面量的功能，如图 2-16 所示，然后启用文本装饰功能，如图 2-17 所示。

启用文本装饰后，代码中的字面量常量内容会显示一个边框，如图 2-18 所示。

2. Apply Changes

Apply Changes 功能可以更新代码和资源，不必将应用重新部署到模拟器或实体设备上，该功能在 Android Studio 右上角工具栏。不过，这项功能需要连接设备才能启用，且仅对 debug 版本有效。

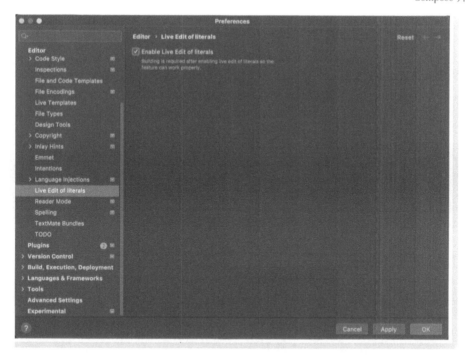

● 图 2-16　开启实时编辑字面量功能

每当有添加、修改或删除可组合项时,只需单击一下该按钮,即可更新应用,而不必重新部署。

● 图 2-17　启用文本装饰功能

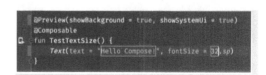

● 图 2-18　查看字面量常量文本

Apply Changes 包括 "Apply Changes and Restart Activity" 和
"Apply Code Changes" 两项,如图 2-19 所示框中的功能按钮。
当 Activity 的主布局没有改变时,只是更新了布局中的子元素,
UI 元素的更新将实时同步到调试设备上。

● 图 2-19　Apply Changes 工具

▶▶ 2.2.4　布局检查工具

借助 "布局检查器" (Layout Inspector),开发者可以在模拟器或实体设备上检查正在运行的应用
中的 Compose 布局。

布局检查器也需要开发者手动开启这一功能才能使用,具体操作见 2.2.1 节中的说明。这个功能需
要更高版本的 Compose ui 库。打开布局检查器,选择正在运行的 Compose 应用进程,如图 2-20 所示。

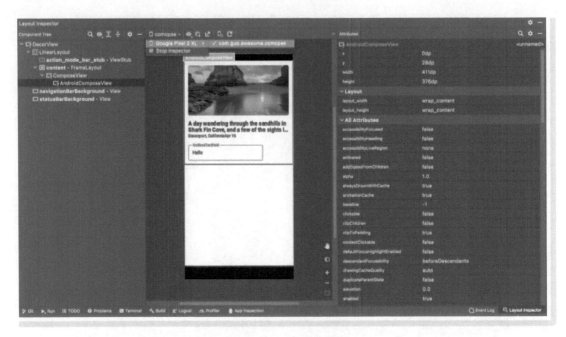

● 图 2-20　布局检查器

1. 查看重组数量

在调试 Compose 布局时，如果能知道可组合函数执行重组或者跳过重组的数量，将帮助开发者更好地理解所开发的 UI 布局是否是合理的实现。如果发现运行时，某可组合函数执行了过多的重组次数，那么该可组合项可能做了一些不必要的工作；相反，如果有可组合项在预期该执行的时候却没有执行，那么可能导致其他意想不到的现象发生。

App 运行在 Android API 29 以上的版本，依赖 Compose 库的 1.2.0-alpha03 以上版本时，使用布局检查器可以实时查看 Compose 应用中运行的可组合项的执行重组和跳过重组的次数，如图 2-21 所示。

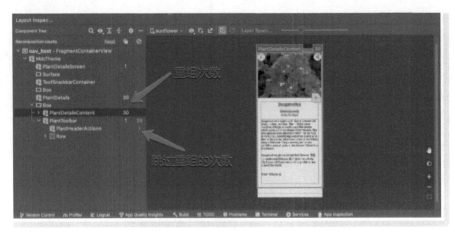

● 图 2-21　查看可组合项的重组次数

这个功能需要在布局检查器面板上的视图选项中勾选"Show Recomposition Counts"功能，如图 2-22 所示，左边一列展示的是可组合项节点的重组次数，右边一列是可组合项节点跳过重组的次数。

2. 查看 Compose 语义

在 Compose 中，语义是一种可供辅助功能服务和测试框架理解的描述 UI 的替代方式。布局检查器提高了可以检查 Compose 布局中的语义信息的功能。当选中一个可组合项节点后，使用 Attributes 面板检查它是否直接声明了语义信息或者是否从它的子节点合并了语义信息，如图 2-23 所示。为了快速地识别哪些节点包含了语义信息，可以在图 2-22 中的视图选项里勾选"Highlight Semantics Layers"，它将高亮显示出 UI 组件树中包含语义信息的节点。

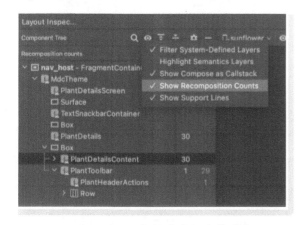

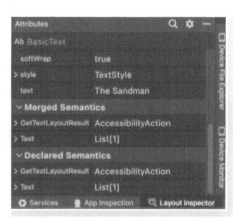

● 图 2-22　开启查看重组次数功能　　　　● 图 2-23　查看布局的语义信息

▶▶ 2.2.5　动画检查工具

Android Studio 通过"动画预览"（Animation Preview）可以帮助开发者检查动画的执行过程，如 2.2.1 节所提到的，此功能需要手动开启。如果在可组合项预览中描述了动画效果，则可以在给定时间检查每个动画值的确切值，可以暂停、循环播放动画、让动画快进或放慢，以便在动画过渡过程中调试动画，如图 2-24 所示。

还可以使用"动画预览"对动画曲线进行图形可视化查看，这有助于确保正确地编排动画值，如图 2-25 所示。

如果有多个动画，可以使用"动画预览"同时检查和协调所有的动画，还可以冻结特定的动画。目前"动画预览"支持预览 updateTransition 和 AnimatedVisibility API 实现的动画，需要使用 Android Studio Dolphin 版本，并依赖 1.2.0-alpha01 及更高版本的 Compose 库。"动画预览"会自动检测可检查的动画，"动画预览"的功能通过在预览界面单击"Start Animation Preview"图标启动。

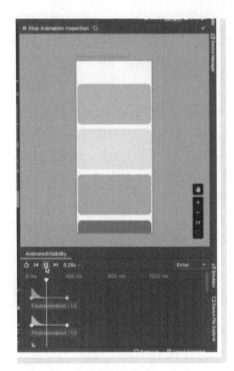 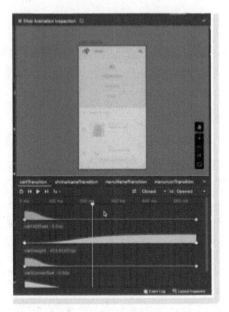

● 图 2-24　使用"动画预览"检查动画　　● 图 2-25　使用"动画预览"查看动画曲线

2.3　编写第一个 Compose 程序

熟悉了 Compose 应用程序的开发环境、依赖库和常用的调试工具后，开发者就可以愉快地使用 Compose 进行应用开发了。笔者仍然以程序员非常熟悉的"Hello World"程序开启 Compose 应用的开发旅程。

▶▶ 2.3.1　用 Compose 实现"Hello World"

根据已有的 Android 开发经验，在界面上显示"Hello World"需要借助布局组件 TextView 来实现。通常需要定义一个 xml 文件设计 UI 布局，然后在 Activity 类中调用 setContentView 方法加载该布局，通过 findViewById 方法得到 TextView 组件的对象，最后将字符串"Hello World"赋值给该对象的 text 属性。或者直接在该布局文件的 TextView 节点上通过 android：text 属性设置"Hello World"字符串，然后在 Activity 中加载该布局文件即可。那么在 Compose 程序中如何实现这个简单需求呢？

1. 在 setContent 中添加 Text 组件

在 Compose 中要实现在界面上显示"Hello World"这一功能，开发过程将变得很简单。开发者只需要在 Activity 类的 onCreate 方法中调用 setContent 方法，然后在其 Lambda 表达式中调用 Text 组件，传入参数"Hello World"。完整代码如下，运行效果如图 2-26 所示。

```
class MainActivity : ComponentActivity() {
    override fun onCreate(savedInstanceState: Bundle?) {
        super.onCreate(savedInstanceState)
        setContent {
            Text("Hello World")
        }
    }
}
```

使用 Compose 开发界面将不需要使用 xml 文件来设计布局，也不需要先获取 UI 组件的对象，然后设置属性，这是传统的命令式编程方式，而 Compose 采用声明式的开发方式。关于声明式和命令式的详细介绍见 1.2 节。

Compose 中的 Text 也不同于 Android View 的 TextView 组件，它是一个 Composable 函数，它只能被其他的 Composable 函数调用。Jetpack Compose 使用 Kotlin 编译插件将那些 Composable 函数转化成 App 的 UI 元素。关于 Composable 函数的编译机制详见第 8 章内容。

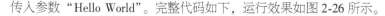

● 图 2-26　用 Compose 实现"Hello World"

2. 简单认识 Composable 函数

Composable 函数的形式很简单，就是在普通函数上添加 @Composable 注解，需要注意的是 Jetpack Compose 的命名规范要求 Composable 函数名称的首字母为大写形式，例如前面的 Text 组件。一个 Composable 函数只能被其他的 Composable 函数调用，但 Composable 函数内部可以调用其他的普通函数，示例代码如下，在自定义的 Composable 函数中调用 Composable 函数 Text 和普通函数 Log.d。

```
@Composable
fun Greeting(name: String) {
    Text(
        text = "Hello $name",
        color = Color(0xFFFF1048),
        fontSize = 36.sp,
        modifier = Modifier.padding(horizontal = 10.dp, vertical = 8.dp)
    )
    Log.d("Compose", "Hello $name")
}
```

关于 Composable 函数的详细用法参考 3.3 节内容。

▶▶ 2.3.2　添加父容器并布局

App 中的 UI 元素是以层级关系叠加展示的，一些组件包含在其他组件中，在 Compose 中，开发者通过调用 Composable 函数构建 UI 层级。如果在横向或纵向上并排的 UI 元素不经过适当的布局排列，而只是依次调用 UI 组件，将会得到相互重叠的 UI 展示结果。示例代码如下，预览效果如图 2-27 所示。

```
@Composable
fun SayHello() {
    Greeting(name = "World!")
    Greeting(name = "Compose")
}

@Composable
fun Greeting(name: String) {
    Text(
        text = "Hello $name",
        color = Color(0xFFFF1048),
        fontSize = 36.sp,
        modifier = Modifier.padding(horizontal = 10.dp, vertical = 8.dp)
    )
    Log.d("Compose", "Hello $name")
}
```

Compose 中提供了一些标准的布局组件，用于排列各个 UI 元素的相对位置。比如用 Column 可以将其中的 UI 组件进行纵向线性排列。将前面示例中 SayHello 函数调用的两个 Greeting 函数用 Column 函数包裹，将得到纵向排列有序的内容，预览如图 2-28 所示。

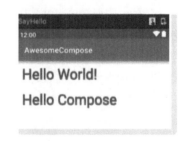

● 图 2-27　未排列设计的 UI　　　● 图 2-28　用 Column 排列后的 UI

```
@Composable
fun SayHello() {
    Column {
        Greeting(name = "World!")
        Greeting(name = "Compose")
    }
}
```

除了 Column，Compose 中还有其他的布局容器和修饰符，灵活使用这些布局容器可以开发出复杂优美的 UI 效果。将在第 5 章详细讲解 Compose 的布局设计。

▶▶ 2.3.3 修改主题和样式

Jetpack Compose 库默认支持 Material Design 的设计原则，它包含很多满足这一原则的开箱即用的 UI 元素，主要包括颜色、字体和形状。

在创建一个新的 Compose 工程时，Android Studio 会自动生成 Material 主题的模板代码，放在 ui. theme 包中，并在调用 setContent 函数的地方自动用 Material 主题 Composable 函数包裹主界面的 Composable 函数，如图 2-29 所示。

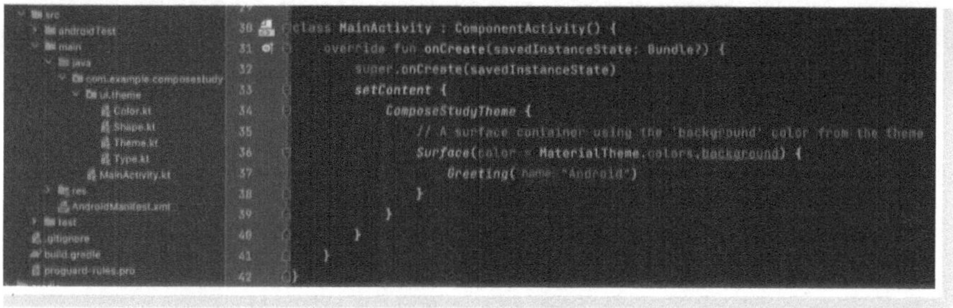

● 图 2-29　Material 主题模板代码

开发者可以在 ui.theme 包的主题文件中定义自己的颜色、字体和形状，然后通过 Composable 函数的 color、style 和 shape 参数设置相应的值，这样就可以开发出生动的 UI 内容了。下面是笔者简要实现的带有图片、标题和正文的帖子页面 UI，分别展示了不同的颜色和字体的使用，图片使用 RoundedCornerShape 将左上和右上角设置为带圆弧形，运行效果如图 2-30 所示。

```
@Composable
fun NewStory(name: String) {
    val image = painterResource(R.drawable.header)
    Column(
        modifier = Modifier.padding(horizontal = 16.dp, vertical = 8.dp),
    ) {
        val imageModifier = Modifier
            .height(180.dp)
            .fillMaxHeight()
            .fillMaxWidth()
            .clip(shape = RoundedCornerShape(topStart = 6.dp, topEnd = 6.dp))

        Image(
            painter = image,
            modifier = imageModifier,
            contentScale = ContentScale.Crop,
            contentDescription = ""
        )

        Spacer(modifier = Modifier.height(16.dp))
```

```
Text(
    text = "Hello $name!",
    style = Typography.h4,
    color = title
)

Text(
    text = "Make a first glimpse at Compose",
    style = Typography.h5,
    color = subtitle,
    maxLines = 2,
    overflow = TextOverflow.Ellipsis
)

Text(text = "February 2021", style = Typography.body2)

Text(
    text = "Jetpack Compose is Android's modern toolkit for building native UI.It sim-
plifies and accelerates UI development on Android.Quickly bring your app to life with less
code, powerful tools, and intuitive Kotlin APIs.",
    style = Typography.body1,
    color = MaterialTheme.colors.secondary
    )
  }
}
```

● 图 2-30　修改主题样式

2.4 小节和训练

本章介绍了开发 Compose 程序所需的集成开发环境的配置和使用，并简要介绍了 Android Studio 为 Compose 开发提供的一些便捷的工具，最后以展示 "Hello World" 为例开启了 Compose 应用程序开发探索。本章主要是 Compose 开发相关的基础环境和工具的讲解，为后续章节深入讲解 Compose 开发技术提供基础服务，也是开发者上手 Compose 开发的第一步。

本章给出了很多开发工具的介绍和演示，读者可以参考本章内容去实践那些工具，帮助实际开发提效。另外，本章也有一些 Compose 示例代码，读者可以在自己的开发环境中运行这些代码，加深自己对 Compose 知识的理解。

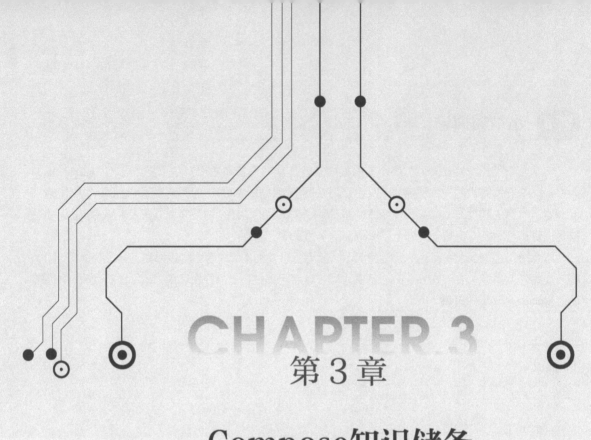

第 3 章

Compose知识储备

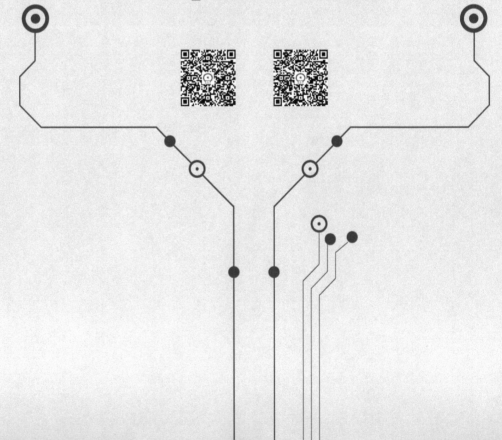

在学习了开发工具和简单示例之后，就可以系统性地开始 Compose 之旅了。本章主要内容是开发 Compose 应用程序需要具备的一些基础知识，包括 Kotlin 相关知识、Compose 编程思想、Composable 函数的详解、副作用的概念和在 Compose 中的应用。

掌握这些和 Compose 相关的基础知识是学习和熟练使用 Compose 的必要条件。对于 Kotlin，在这里只是选取了和 Compose 框架比较相关的一些特性来讲解，更多 Kotlin 相关知识还需要读者朋友自行学习。之后从 Compose 的几个重要概念和思想来介绍 Compose 编程思想。而对于 Compose 的核心——Composable 函数，开发者很有必要充分看清它的庐山真面目，最好能从设计者角度体会到其设计初衷和整体思想。函数的副作用是函数式编程中一个重要的概念，也是 Compose 实现的一个重要基础。

3.1 Kotlin 基础

Compose 只支持使用 Kotlin 语言来编写，这是因为 Compose 在设计时就依赖 Kotlin 的一些特性。所以在开始系统性学习 Compose 知识之前，有必要对 Kotlin 相关的知识点进行学习或复习。如果读者对此部分内容已经很熟悉，可略过。

▶▶ 3.1.1 默认参数值

在 Kotlin 中，可以在声明函数的时候，指定参数的默认值，这样如果调用者不传入这个参数，就会使用此默认值。这个功能大大减少了函数重载带来的重复工作。比如下面这段 Java 代码：

```java
public void sayHello(String whom) {...}
public void sayHello(String whom, String content) {...}
public void sayHello(String whom, String content, int times) {...}
```

这样的代码在 Java 中比比皆是，通过重载来实现不同参数类型的同类功能，其内部可能是对某些参数进行加工、判断之后，最终关键部分逻辑写在同一个地方。而这种场景使用 Kotlin 来编写可以用一个函数，通过参数的默认值来实现，只需要把可以使用默认参数值的入参使用等号" = "赋一个默认值即可：

```kotlin
fun sayHello (whom: String, content: String = "hello", times: Int = 1) {...}
```

使用此函数的时候就可以只传 whom 这一个必传参数了。第二个 content 和第三个 times 是可选参数，如果没有传，则分别使用默认值 hello 字符串和 1。一般将必传参数放到前面，有默认值的参数放到后面。

可以使用所有参数来调用这个函数，或者省略掉部分参数，如下方代码：

```kotlin
sayHello ("Jake", "Morning", 2)
//按照参数顺序省略掉 times,times 使用默认值 1
sayHello ("Jake", "Morning")
//可选参数都省略掉,使用默认值
sayHello ("Jake")
```

```
//报错,未指定命名
sayHello ("Jake", 2)
```

这里需要注意，在没有指定参数名的情况下，必须按照函数声明的顺序来传入参数值，可以省掉的只能是尾部的参数。

如果指定了参数名，则可以省略中间的参数，顺序也可以随意更改：

```
//命名参数之后可按任意顺序省略
sayHello (whom = "Jake", times = 2)
//命名参数之后
sayHello (times = 2, whom= "Jake", content = "Morning")
```

使用指定参数名还有很大的一点好处，就是可读性变得很强，可以在不阅读参数声明和实现的基础上通过名字理解这些参数的作用。

这样就比较巧妙地解决了 Java 代码中使用重载的方式满足同一函数入参数差异化需求带来的代码臃肿问题。

Compose 中大量使用了默认参数值这一特性。比如一个简单的文本显示，以下两种方式是等价的：

```
Text("Hello Compose")
//和上一行调用效果一样,可选参数这里使用的都是默认值
Text(
    text = "Hello Compose",
    color = Color.Unspecified,
    fontSize = TextUnit.Unspecified,
    lineHeight = TextUnit.Unspecified,
    overflow = TextOverflow.Clip,
    softWrap = true,
    maxLines = Int.MAX_VALUE
)
```

▶▶ 3.1.2　高阶函数和 lambda 表达式

什么是高阶函数？简单来说，高阶函数就是以其他函数作为参数或者返回值的函数。在 Kotlin 中的类型有整型 Int、字符串 String 等，而作为一种现代化语言，Kotlin 的函数也是一种类型。比如下面的求和函数就是一种类型为（Int，Int）-> Int 的函数：

```
fun sum(a: Int, b: Int): Int {
    return a + b
}
```

所谓函数类型，就是把函数按它的入参类型和返回值类型通过某种表达式表达出来。有了这种函数类型的定义，就可以和其他类型一样，将它赋值给变量，或者通过参数的形式传递、作为函数返回值返回。比如将求和函数赋值给 mySumFun：

```
val mySumFun: (Int, Int) -> Int = {a: Int, b: Int -> a + b}
```

在这个赋值操作中，使用了 lambda 表达式。在 Kotlin 中，函数可以用 lambda 或者函数引用来表示。lambda 的全称是 lambda 表达式，形式一是 ｛参数名 1：参数类型，参数名 2：参数类型 -> 函数体｝，函数体中可以编写任意行代码，如果函数体由多个语句构成，那么最后一个表达式就是 lambda 的返回值。lambda 使代码更加简洁，其本质是可以传递给其他函数的一段代码片段，一般用途有几种：当某个事件发生的时候，执行这个事件处理器（常用于观察者模式）；或者是把某个操作流程应用在一个集合中的所有元素中。在 Java8 之前，这两种用途是通过匿名内部类来实现的，但是需要开发者写很多不必要的模板代码。Java8 也开始支持 lambda 了。除了上述两种用途，lambda 还支持把函数作为一个值来对待，直接传递函数，高阶函数就利用了这一点。高阶函数就像下面两种形式定义的函数：

```
// 参数为函数类型的高阶函数
fun myFun (funParam: (Int, Int) -> Int) {
    //...
}
// 返回值为函数类型的高阶函数
fun myFun(): (Int, Int) -> Int {
    //...
}
```

在 Compose 中，可以借助 Modifier 给一个组件添加 click 事件（Modifier 的作用会在 8.3 节中详细介绍），如下代码演示给一个 Text 添加 click 事件：

```
val clickFun = {...}
Text("Hello Compose", modifier = Modifier.clickable(onClick
= clickFun))
```

这里 Text 中的 modifier 是通过 Modifier.clickable 返回的，具备了单击的属性。Modifier.clickable 函数中的 onClick 参数的类型就是一个函数，当用户单击了 Text 的时候，就会调用这个函数。

不难发现，这个 clickFun 在程序中只需要使用一次，可以不用定义而直接通过 lambda 传给高阶函数，这样会更方便快捷：

```
Text("Hello Compose", modifier = Modifier.clickable(onClick = {...}))
```

为了进一步简化代码，使代码更简洁易读，Kotlin 还约定了这样的语法：如果 lambda 表达式是函数调用中的最后一个参数，那么它可以放到括号的外面，如果 lambda 是高阶函数的唯一参数，则括号也可省略：

```
Text("Hello Compose", modifier = Modifier.clickable() { ... })
//lambda 作为 clickable 的唯一参数,可以去掉括号
Text("Hello Compose", modifier = Modifier.clickable { ... })
```

在 Kotlin 中，还有一种函数类型是带有接收者的函数类型，形如 A. (B) -> C，可以用特殊形式的函数字面值实例化——带有接收者的函数字面值。在这样的函数字面值内部，传给调用的接收者对

象成为隐式的 this，以便直接访问接收者对象的成员而无须任何额外的显式变量操作，当然也可以选择显式使用 this 表达式访问接收者对象。比如高阶函数 apply：

```
public inline fun <T> T.apply(block: T.()-> Unit): T {
    block()
    return this
}
```

这里的 T 是泛型，T.( )-> Unit 就表示此函数类型是定义在泛型对应的具体类中的，在使用 apply 时传入的 lambda 表达式就自动拥有了这个类的上下文，可直接访问其内部，如图 3-1 所示。

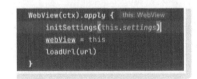

● 图 3-1　apply 的使用

▶▶ 3.1.3　委托属性

委托模式是软件设计模式中的一种基本技巧，已经被证明是实现继承的一个很好的替代方法。在委托模式中，有两个对象参与处理同一个请求，接收请求的对象把请求委托给另一个对象来处理。在状态模式、策略模式、装饰者模式等基本设计模式中，本质是在特定场景下采用了委托模式。委托模式使开发者可以用聚合来替代继承，是对类的行为进行复用和扩展的一种途径。它的工作原理是：持有被委托者的实例引用，同时实现被委托者的接口，把对被委托者方法的调用转发给委托者内部的实例引用。在一个类中用继承能实现的扩展都可以用委托的方式来完成，但是用委托可以更轻松地实现组合。通过下面这个 Java 代码片段更能直观感受委托模式：

```
public class RealPrinter {// 被委托者
    void print() {
        System.out.print("content be printed");
    }
}
public class Printer {// 委托者
    RealPrinter p = new RealPrinter(); // 创建被委托者
    void print() {
        p.print(); // 通过被委托者来实现
    }
}
public class MainTest {
    public static void main(String[] args) {
        Printer printer = new Printer();
        printer.print();
    }
}
```

Kotlin 可以通过关键字 by 来优雅简洁地实现委托。Kotlin 的委托分为类委托和属性委托，都是通过关键字 by 来实现。所谓类委托，就是一个类中定义的方法需要调用另一个类对象的方法来实现，这里还是以打印机的简单示例演示，使用类委托的 Kotlin 代码如下：

```
interface IPrinter {
    fun print()
}
// 被委托的类
class CommonPrinter(val x: Int) : IPrinter {
    override fun print() { print(x) }
}
// Kotlin 中直接通过关键字 by 来创建委托类
class MyPrinter(p: IPrinter) : IPrinter by p
fun main(args: Array<String>) {
    val p = CommonPrinter(10)
    MyPrinter(b).print()
}
```

这里在声明 MyPrinter 类时，通过 by 关键字，表示把 p 保存在 MyPrinter 对象的内部，编译器会自动生成实现 IPrinter 接口的所有方法，并且默认把调用转发给 p，实现委托。

属性委托是指一个类某个属性的值不是通过这个类本身来定义或计算，而是通过某个代理类的实现来返回，属性委托的形式为 val/var <属性名>：<类型> by <表达式>，如下：

```
class DelegatingClass {
    val name: String by nameDelegate()
}
```

by 之后的表达式其实就是委托，name 属性的 get( ) 以及 set( ) 方法的逻辑将被委托给一个函数或者类（对于 val 属性来说，委托的是 getValue 函数，对于 var 属性来说，委托的是 setValue 和 getValue 方法），调用者可以直接访问这个 name 属性，在访问时，系统会自动调用 nameDelegate：

```
val myDC = DelegatingClass()
println("The name property is: " + myDC.name)
```

Compose 中，使用支持状态的属性时，就使用了属性委托，使用 by 可在后续操作中很方便地用原有状态值类型进行使用：

```
//使用 by 进行属性委托,实际委托给了 MutableState
var showProcessing by remember { mutableStateOf(false) }
if (showProcessing) {
    // ...
}
//不使用 by 属性委托
var showProcessing = remember { mutableStateOf(false) }
//需要调用 MutableState 的 getValue
if (showProcessing.value) {
    // ...
}
```

关于 remember 和 mutableStateOf 的详细使用和原理将会在第 6 章相关内容中讲解。

▶▶ 3.1.4　解构声明

在 Kotlin 中，可以把一个对象拆解为多个变量，这样的操作叫作解构声明。

对于一个数据类的对象，可以用解构声明的方式来访问数据：

```
data class Person(val name: String, val age: Int)
// ...
val p = Person(name = "Jake", age = 30)
val (name, age) = p
println(name)
println(age)
```

这样就把 p 这个数据类 Person 的对象声明成了两个新的变量：name 和 age，且可以单独使用它们。

数据类之所以可以使用解构声明，是因为数据类比较特殊，编译器默认为它加上了 componentN 这样的函数：

```
operator fun component1(): String {
        return name
    }
operator fun component2(): Int {
    return age
}
```

为变量 name、age 赋值就相当于分别调用了 Person 对象的 component1( )、component2( )函数，这也就是解构的核心原理。

在数组或者集合中，也同样可以使用解构声明的方式来获取内部元素，例如：

```
val array = arrayOf(1, 2, 3)
val (a1, a2, a3) = array
val list = listOf(1, 2, 3)
val (b1, b2, b3) = list
val map = mapOf("key1" to 1, "key2" to 2, "key3" to 3)
for ((key, value) in map) {
    // Do something
}
```

如果只需要用到其中的某些变量，则可以使用下画线 "_" 忽略掉不需要的解构，还是以上述数据类 Person 的对象 p 为例，如果只需要 age：

```
val (_, age) = p
```

如果一个普通类，也想使用析构声明是否可以呢？答案是可以。只需手动实现 operator fun component1( )这样的函数即可。

在 Compose 中有时会看到类似下面这样的代码，就是使用了解构声明：

```
//通过解构声明的方式分别赋值成了 Rect 中的对应属性值
// ...
```

```
val rect = calculateRect()
val (left, top, right, bottom) = rect
```

通过查看 androidx.core.graphics.Rect 源代码可知，Rect 被添加了 component1( )、component2( )、component3( )、component4( )，分别是 left、top、right、bottom 的变量值。

▶▶ 3．1．5　单例

单例是设计模式中较常见的一种，规则是这个类只有一个实例存在，并且提供一个访问它的全局入口。Java 实现单例的方式有多种，这里举其中一种为例：

```
public class Singleton{
    private static Singleton instance = null;
    private Singleton() {
        //私有化构造函数
    }
    private synchronized static void createInstance() {
        if(instance == null){
            instance = new Singleton();
        }
    }
    public static Singleton getInstance() {
        if(instance == null) createInstance();
        return instance;
    }

}
```

相比之下，Kotlin 中实现单例较简单，只需要使用 object 关键字对类进行声明即可：

```
object Singleton {
    //...
}
```

这样就实现了一个单例模式的类。通过转成 Java 代码，可以发现这是一种"饿汉式"的单例实现：

```
public final class Singleton  {
    public static final Singleton  INSTANCE;
    public final void calculate() {
    }
    private Singleton() {
    }
    static {
        Singleton var0 = new Singleton ();
        INSTANCE = var0;
    }
}
```

如果要实现上述 Java 代码示例的"懒汉式"单例，Kotlin 中也无需这么复杂，使用代理 by lazy 即可：

```
class Singleton private constructor() {
    companion object {
        val singleton: Singleton by lazy {
            Singleton()
        }
    }
    //...
}
```

在 Compose 中有很多单例的应用，比如 MaterialTheme，MaterialTheme.colors、shapes 和 typography 等属性在 App 中使用的是同一个 MaterialTheme 单例对象的值。

▶▶ 3.1.6 类型安全的构建器和 DSL

所谓 DSL（Domain Specific Language）指的是领域特定语言，是一种针对特定问题领域的编程语言，用来描述和解决特定问题领域中的问题。与通用编程语言不同，DSL 专注于特定领域，它的语法和结构更直观，更易于理解和使用。

HTML/CSS、SQL、Gradle、JSON 等都属于常见的 DSL 语言。以 HTML/CSS 为例，Web 开发者使用 HTML 来定义文档结构和内容，使用 CSS 来定义文档样式。这种语法结构非常直观和易于理解：

```
<html>
  <head>
    <title>My DSL Page</title>
    <style>
      body {
        background-color: #f2f2f2;
        font-family: Arial, Helvetica, sans-serif;
      }
    </style>
  </head>
  <body>
    <h1>Welcome to my DSL page</h1>
    <p>This is an example of using HTML/CSS DSL to create a simple web page.</p>
  </body>
</html>
```

在 Kotlin 中，可以按场景分为外部 DSL 和内部 DSL。其中内部 DSL 是指利用 lambda 表达式和函数类型来创建的内部 DSL。在这种情况下，开发者将代码作为参数传递给函数，然后使用该函数来解释代码。这使得 DSL 的使用非常简单和直观，并且可以与普通的 Kotlin 代码混合使用。例如，可以使用内部 DSL 来创建类似 HTML/CSS 和 SQL 这样的代码：

```
fun html(body: HTML.()-> Unit): HTML {
    val html = HTML()
```

```
   html.body()
   return html
}
class HTML {
  fun body() {
    // 构建 HTML body
  }
}
// 使用内部 DSL 创建 HTML 代码
html {
  body()
}
```

外部 DSL 是在 Kotlin 中创建独立语言的方法。在这种情况下，可以使用 Kotlin 的类型安全建造器模式，开发者可以在 DSL 中定义语法，并使用 Kotlin 提供的一些功能来创建 DSL。

利用 Kotlin 的 DSL 特性，Compose 开发者可以用更可读、易维护的方式构建层次结构复杂的 UI 树：

```
@Composable
fun MessageList(goods: List<Goods>) {
    LazyColumn {
        // 在列表中添加一个标题
        item {
            Text("商品列表")
        }
        // 循环添加商品列表
        items(goods) { g ->
            Text(g)
        }
    }
}
```

上述示例 DSL 的代码结构使用了 lambda 嵌套，语义清晰，一目了然。

Kotlin 中 DSL 的实现充分利用了它的各种语言特性，组成超级"语法糖"，比如带有尾 lambda 的高阶函数、Receiver、扩展函数、运算符重载、@DslMarker 限定作用域等。lambda 表达式和函数类型可以用来创建 DSL 的函数，而扩展函数和运算符重载可以用来简化 DSL 的调用。

▶▶ 3.1.7 协程

首先介绍一下什么是协程。协程并不是一个新的概念，在 20 世纪 60 年代初就已经被提出来了。协程是一种比线程更加轻量级的子程序调度单元，允许挂起和恢复。正如一个进程可以有多个线程一样，一个线程可以有多个协程。协程是完全由上层应用程序控制的，在用户态执行，不会被操作系统内核管理，这一点是和线程不同的，这就提升了性能，避免了资源消耗。

Kotlin 在语言级别是支持协程的，在使用之前需要先增加 coroutines 相关的依赖：

```
implementation 'org.jetbrains.kotlinx:kotlinx-coroutines-core:x.x.x'
implementation 'org.jetbrains.kotlinx:kotlinx-coroutines-android: x.x.x'
```

下面举一个简单的协程示例：

```
GlobalScope.launch {
    delay(1000L)
    Log.d("Coroutine", "Compose.")
}
Log.d("Coroutine", "Hello, ")
```

示例中通过 GlobalScope.launch 构造了一个协程，该协程内调用了 delay 函数，会挂起协程，但是不会阻塞线程，所以在协程延迟 1 秒的时间内，线程中的 Hello 会被先打印，之后 Compose 才被打印。

下面一起看下 Compose 中一个简单的协程使用实例。

```
// 使用 rememberCoroutineScope
// 可以创建一个基于这个 composable 的作用域
val composableScope = rememberCoroutineScope()
Button(
    // ...
    onClick = {
        // 创建一个新的协程,协程中执行滚动到列表头部的操作
        // 和使用 ViewModel 来加载数据
        composableScope.launch {
            //animateScrollTo 是一个 suspend 修饰的函数,提示这是挂起函数
            scrollState.animateScrollTo(0)
            viewModel.loadData()
        }
    }
) { //...}
```

rememberCoroutineScope 函数会返回一个 CoroutineScope，可以用它来创建协程，并确保在这个 Composable 函数范围内执行，在此协程内处理了被 suspend 修饰的挂起函数 animateScrollTo 和 loadData 的耗时操作。

默认情况下，协程按照代码顺序来执行。正在运行且调用挂起函数的协程会挂起其执行，直到挂起函数返回。在上述示例中，在挂起函数 animateScrollTo 返回之前，系统不会执行 loadData。

▶▶ 3.1.8 函数式编程

什么是函数式编程？严格意义上的函数式编程，是仅通过函数进行编程，不允许有任何副作用。对于纯函数来说，每次输入相同的内容，就必须有相同的输出。函数式编程其实存在六十多年了，其思想和面向对象编程是截然不同的。近些年来函数式编程有越来越流行的趋势，当红的一些编程语言如 Python、Ruby、JavaScript 都对函数式编程有很强的支持。

与命令式编程（Imperative Programming）相比，函数式编程更加关注计算结果，而不是计算过

程。它将程序视为函数之间的组合，避免使用可变状态和副作用，使得程序更加简洁、易读、可维护和可测试。

函数式编程一般具备以下特征：

- 函数是头等公民。
- 语法层面支持闭包。
- 递归式构造列表。
- 使用"表达式"而非"语句"。
- 没有副作用。
- 引用透明。
- 惰性求值。
- 模式匹配。
- 尾递归。

Kotlin 是集面向对象和函数式为一体的一门语言，较克制地采纳了一些基础的函数式编程的语言特性，比如高阶函数。可以说，Kotlin 不算是"纯"的函数式编程语言，但是它在某些使用场景中可以算是一种以函数为中心进行编程的语言，可支持函数式编程。

Kotlin 中的函数可以使用 lambda 表达式、匿名函数或普通函数来定义。Kotlin 还提供了高阶函数、lambda 表达式、闭包和尾递归等功能，这些功能使得函数式编程在 Kotlin 中更加方便和优雅。

例如，Kotlin 标准库中提供了 map、reduce、filter、fold 等常用的函数式操作，它们可以直接应用于集合类型，使得代码更加简洁和易读。此外，Kotlin 还支持函数类型的推断和类型别名，这使得函数式编程在 Kotlin 中更加易于使用。

下面是一个使用 Kotlin 函数式编程的示例代码，该代码使用了 filter、map、reduce 等函数式操作：

```kotlin
data class Person(val name: String, val age: Int)
val people = listOf(
    Person("Alice", 20),
    Person("Bob", 30),
    Person("Charlie", 40)
)
val result = people
    .filter { it.age > 25 }
    .map { it.name.toUpperCase() }
    .reduce { acc, name -> " $acc, $name" }

println(result) // Output: "BOB, CHARLIE"
```

这个示例中定义了一个 Person 类，然后创建了一个包含三个 Person 对象的列表。我们使用 filter 函数来筛选出年龄大于 25 岁的人，然后使用 map 函数将其名字转换为大写，最后使用 reduce 函数将结果连接为一个字符串。通过使用这些函数式操作，可以轻松地处理和转换数据，使得代码更加简洁、易读和可维护。

Compose 本身就大量利用了 Kotlin 函数式的特征来设计。

3.2　Compose 编程思想

上节介绍了 Compose 依赖的 Kotlin 基础知识，本节将带领读者在 Compose 编程思想方面更全面细微地回顾和学习 Jetpack Compose 的一些重要概念，使大家对 Compose 的设计和思想有较全面的认知和明确，这将对广大读者顺利使用和理解 Coompose 的原理有很大帮助。

▶▶ 3.2.1　声明性编程范式

声明性编程范式，也就是声明式 UI，在 1.2 节中已经介绍过，这对习惯了传统客户端编程模式的人来说非常重要，这里从 Compose 编程思想的角度再次阐述。

一直以来，Android 视图层级结构都可以理解为一棵 UI 组件树，当应用的状态由于用户操作或者其他原因而改变时，这个视图层级就需要更新，以显示给用户当前的数据。更新视图层级最常用的方式就是先通过 findViewById（）函数来遍历视图树，然后通过 textView. setText（String）、container. addChild（View）等方式来更新或添加某个节点的视图，更改这些组件的内部状态。

众所周知，和自动完成相比，手动操作视图越多，出错的概率就越大。尤其是当同一份数据在不同位置渲染时，开发者很容易忘记更新某些位置。此外，当更新的逻辑本身有冲突时，也很容易产生意想不到的异常状态。比如，当接收到一个状态值时，把某个 View 从视图树中移除掉了，但是紧接着接收到另一个状态又试图去更新它，就会发生异常。一般来说，系统维护的复杂性会随着这种试图更新数量的增加而增加。

近些年来，前端领域（包括客户端）开始逐步转向了声明式界面模型，这极大地简化了创建 UI、更新 UI 相关的工作。其工作原理是从概念上重新生成整个屏幕，然后每次只针对必要的地方做更改。这种方式可以极大减少手动更新视图状态的层级带来的复杂性。Compose 是一种声明式 UI 框架。

重新生成整个屏幕的一个挑战就是在时长、计算和电池方面的消耗会或多或少地增加，从而给用户带来更高的成本和不好的体验。为了降低这一成本，Compose 会由框架层来智能地选择需要更新哪部分，使这些成本降到最低。同时这也对开发者的使用习惯和 UI 组件设计有一定的要求，重组知识后续会详细描述。

声明式编程范式的一个主要优点是代码具有可读性和可维护性。由于 UI 是通过声明性的代码来描述的，因此开发者可以更容易地理解代码的意图，并对代码进行更快速的调试和修改。Compose 选择声明式编程范式是为了使开发者更容易地构建高质量的用户界面，并且减少编写和维护代码的复杂度。举一个打印输入框内容的简单例子，传统方式：

```
class MyActivity : AppCompatActivity() {
    private lateinit var editText: EditText
    private lateinit var button: Button
    override fun onCreate(savedInstanceState: Bundle?) {
```

```
    super.onCreate(savedInstanceState)
    setContentView(R.layout.activity_main)
    editText = findViewById(R.id.edit_text)
    button = findViewById(R.id.button)
    button.setOnClickListener {
        val text = editText.text.toString()
        Log.d(TAG, "Button clicked: $text")
    }
}
```

用 Compose 实现同样的功能可更简洁和易懂地描述 UI，代码也更模块化和可重用：

```
@Composable
fun MyScreenContent() {
    var text by remember { mutableStateOf("") }
    Column {
        TextField(
            value = text,
            onValueChange = { text = it }
        )
        Button(
            onClick = { Log.d(TAG, "Button clicked: $text") }
        ) {
            Text("Click me")
        }
    }
}
```

▶▶ 3.2.2　Composable 函数

在 Compose 的世界里，开发者是通过定义一系列可以"发射"UI 元素的 Composable 函数来创建用户界面的。如图 3-2 所示，这个 Greeting 函数是一个 Composable 组件，其功能是接收一个 String 类型的入参，"发射"出来一个显示问候消息的 Text 组件，最终呈现给用户拼接好的字符串内容。

● 图 3-2　Greeting 函数

关于 Composable 函数，这里先做简单的几点说明，详细的内容会在 **3.3** 节中讲解。它有如下的特点：

1. 这个函数需带有 Composable 注解

所有的 Compose 组件函数都需要 Composable 注解，这是告诉 Compose 编译器自己是 Compose 组件的唯一方式：此函数存在的目的就是把数据转换成 UI。

2. 这个函数接收参数

Composable 函数可接受若干参数，这些参数经过逻辑加工计算最终被描述到界面。本例中的 Greeting 函数是把接受到的名字参数加工成问候语呈现给用户。

3. 这个函数在界面中显示了一个接收到数据相关的文本内容

显示文本内容的方式是通过调用 Text( ) 这个 Composable 函数来实现的。Composable 函数正是通过调用其他 Composable 函数来"发射"出自己的 UI 层次结构。

4. 这个函数没有任何返回值

发出 UI 界面的 Composable 函数不需要返回值，因为它的实质是在描述所需的屏幕状态，而不是在一步步"创造"组件。

5. 这个函数高效、幂等、没有副作用

幂等指的是使用同一个或者同一组参数多次调用此函数时，结果是完全一样的。并且这个函数不使用除参数和函数内变量外的其他值，如全局变量。示例中的这个函数就是在描述 UI 界面，没有任何副作用，比如修改属性或者全局变量等。之所以这样设计，是因为此函数还需要完成一个重要的任务：重组。重组的概念将会在后续详细介绍和分析。

本书后续内容中所描述的 Composable 函数、Compose 组件、控件，或者可组合项，若无特殊说明，均是指 Composable 函数。

总之 Composable 函数可以使得开发者编写高效、可重用、易于维护的 UI 代码，从而提高应用程序的质量和开发效率。

▶▶ 3. 2. 3 数据、事件和 UI

在传统面向对象的命令式 UI 框架中，开发者需要通过实例化视图树来初始化 UI 界面。通常的做法是，通过 inflate XML 文件的方式来得到这棵视图树。组件树中的每个视图都维护着自己的内部状态，并且对外提供了 getter 和 setter 方法，允许应用逻辑和视图进行交互。

而在 Compose 的声明式方法中，每个组件都是相对无状态的，不会提供 getter 和 setter 方法。甚至这些"组件"都不会以对象的形式返回提供给使用者。开发者通过不同参数来调用同一个 Composable 函数实现界面的更新。这样的话，像 ViewModel 这种框架就可以很轻松地接入，来给视图层提供状态。对应的视图层，就是这些 Composable 函数可以通过观察数据的更新及时反馈到 UI 界面上。

应用逻辑部分为 Composable 这种顶层函数提供数据，该函数通过调用其他 Composable 函数来使用这些数据描述界面，将适当的数据传递给这些 Composable 函数，并沿着层次结构继续向下传递数据，如图 3-3 所示。

当用户与界面交互时，界面会发起类似 onClick 的事件，这些事件应通知应用逻辑部分去改变应用的状态。当状态发生变化时，系统会使用新的数据再次调用 Composable，这会导致重新绘制界面元素。这个过程叫作"重组"（Recomposition），如图 3-4 所示。

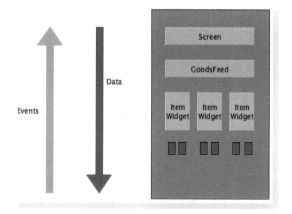

● 图 3-3　数据在 Compose 中的传递

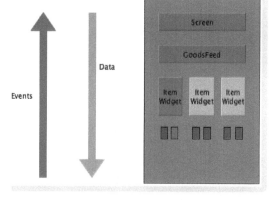

● 图 3-4　事件在 Compose 中传递引起的重组

▶▶ 3.2.4　动态内容

借助于 Kotlin 语言，Composable 函数具有了一定的动态性，这样让动态控制有无此组件变得非常方便。比如，在一个名为 Greeting 的 Composable 函数中，通过接受一个名字列表来生成一个列表界面，列表中每项内容都是对此名字的问候：

```
@Composable
fun Greeting(names: List<String>) {
    for (name in names) {
        Text("Hello $name")
    }
}
```

这样就很方便地实现了在代码中根据数据动态生成需要个数的"组件"。可以根据实际需要实现各种复杂逻辑的 Composable 函数声明，比如用 if 语句来根据条件判断是否需要显示某个界面元素，或者像 Greeting 组件那样用各种循环来生成组件，开发者可以利用 Kotlin 语言层面的全部灵活性来控制组件的生成，这也是 Compose 的一种优势。

而如果用传统 Kotlin + XML 代码实现一个 Greeting 同样功能的动态列表，则需要比较多的样板代码：

```
//activity_main.xml 布局文件中需要在合适的位置声明 RecyclerView 组件
<androidx.recyclerview.widget.RecyclerView
    android:id="@+id/recycler_view"
```

```
        android:layout_width="match_parent"
        android:layout_height="match_parent" />

//在 Kotlin 代码中,定义一个 Adapter 和 ViewHolder 来绑定数据到 RecyclerView 中:
class GreetingAdapter(private val names: List<String>) :
    RecyclerView.Adapter<GreetingViewHolder>() {
    override fun onCreateViewHolder(parent: ViewGroup, viewType: Int): GreetingViewHolder {
        val view = LayoutInflater.from(parent.context)
            .inflate(R.layout.item_greeting, parent, false)
        return GreetingViewHolder(view)
    }
    override fun onBindViewHolder(holder: GreetingViewHolder, position: Int) {
        val name = names[position]
        holder.bind(name)
    }
    override fun getItemCount(): Int {
        return names.size
    }
}

class GreetingViewHolder(itemView: View) : RecyclerView.ViewHolder(itemView) {
    private val nameView: TextView = itemView.findViewById(R.id.text_name)

    fun bind(name: String) {
        nameView.text = "Hello $name"
    }
}

//在 MainActivity 中,把 Adapter 和数据源绑定到 RecyclerView 中:
class MainActivity : AppCompatActivity() {
    override fun onCreate(savedInstanceState: Bundle?) {
        super.onCreate(savedInstanceState)
        setContentView(R.layout.activity_main)
        val names = listOf("Alice", "Bob", "Charlie", "David")
        val adapter = GreetingAdapter(names)
        val recyclerView = findViewById<RecyclerView>(R.id.recycler_view)
        recyclerView.adapter = adapter
        recyclerView.layoutManager = LinearLayoutManager(this)
    }
}
```

▶▶ 3.2.5　重组

在命令式 UI 中，如果需要更改某个视图的内容，可以通过此视图的 setter 函数来更改它的内部状态。而在 Comopose 中，开发者直接使用新的数据再次调用 Composable 函数就可以。这背后的工作叫作函数的重组——系统会根据需要使用此新数据重新绘制 Composable 函数发出来的组件。

比如显示一个单击次数按钮的 Composable 函数：

```
@Composable
fun ClickCounter(clicks: Int, onClick: ()-> Unit) {
    Button(onClick = onClick) {
      Text("I've been clicked $clicks times")
    }
}
```

每次按钮被单击时，调用方都会更新 clicks 的值。Compose 会再次调用 lambda 和 Text 函数以显示新的值，此过程就是重组。不依赖于 clicks 值的其他函数不会重组。

众所周知，重组整个视图树的计算成本会很高，带来性能和功耗等问题。因此，Compose 不会重组整个视图树，而是采用"智能重组"。

重组是在数据变化时再次调用 Composable 函数的过程。当函数根据新的输入进行重组时，它只调用可能已更改的函数或者 lambda，而跳过其余的函数或 lambda，通过跳过所有没更改的函数或 lambda 来实现高效的重组。

切勿依赖执行一个 Composable 函数所带来的"副作用"，因为这个函数在重组过程中很可能会被跳过。所以读者如果在这个函数中做更新全局变量等操作，会使得用户在使用过程中发生一些不可预测的奇怪结果。"副作用"指的是对除本函数作用域之外的所有可见区域的任何更改。常见的一些容易带来异常结果的副作用操作有：对一个全局变量的写操作、更新 ViewModel 中的 observervable、更新 SharedPreferences 中的值等。

Composable 函数有可能会以每一帧刷新的频率去被重复调用，所以如果需要执行一些成本较高的操作，比如从 SharedPreferences 读取数据等，就需要从后台线程或者协程执行，并把结果作为参数传递给 Composable 函数。

以下几个方面是开发者在写 Composable 函数时，为了考虑和支持重组需要严格注意和遵守的几点。

1. Composable 函数可按任意顺序执行

这个认知可能对于开发者来说是比较颠覆的，需要格外注意。比如下面的 Composable 函数代码：

```
@Composable
fun ButtonRow() {
    MyFancyNavigation {
        StartScreen()
        MiddleScreen()
        EndScreen()
    }
}
```

读者也许会和笔者一开始一样，认为这些代码会按顺序执行，但实际未必会这样。如果某个 Composable 函数包含了对其他 Composable 函数的调用，这些函数可能会按任何顺序执行。Compose 可以选择识别出某些界面元素，判定优先级高的会优先绘制。

所以上述代码中，StartScreen、MiddleScreen、EndScreen 的调用顺序是不固定的。这就意味着，开发者不能在 StartScreen 中写入一个全局变量的值（副作用），在 MiddleScreen() 中去使用写入的这个值。所以，每个 Composable 函数都要保持独立。

2. Composable 函数可并行运行

Compose 会通过并行运行 Composable 函数的方式来优化重组的过程，提高效率。这样 Compose 就会充分利用并行的优势，因地制宜地处理不同优先级的重组任务，比如不在屏幕上的重组优先级就会比较低。

这样的优化也就意味着，Composable 函数可能会在后台子线程中运行。这也就要求开发者多考虑多线程问题：比如某个 Composable 函数调用 ViewModel 的某个函数，则 Compose 可能会同时从多个线程去调用。

从这个角度出发，也就要求开发者们在 Composable 函数中不能有副作用，所有的副作用都应该从可以保证在 UI 线程执行的 onClick 等回调触发中进行。

在调用一个 Composable 函数时，Composable 函数的执行可能会在与调用方不同的线程中。所以应该避免在 Composable 函数内的 lambda 中修改变量，因为此类代码不是线程安全代码。比如以下代码：

```
@Composable
fun ListComposable(myList: List<String>) {
  Row() {
      Column {
          for (item in myList) {
              Text("Item: $item")
          }
      }
      Text("Count: ${myList.size}")
  }
}
```

这样写是没有问题的：没有副作用，也没有线程安全问题。但是如果在函数中引入局部变量，就会产生问题：

```
@Composable
@Deprecated("Example with bug")
fun ListWithBug(myList: List<String>) {
    var items = 0
    Row() {
        Column {
            for (item in myList) {
                Text("Item: $item")
                items++ //这里有问题。Column 重组会带来副作用
            }
        }
```

```
        Text("Count: $items")
    }
}
```

这样每次重组时，都会修改 items 的值，执行场景有很多，比如动画每一帧更新时、列表数据更新时。但不管哪种场景，这个 items 的计算结果都是错误的。因此，Compose 禁止这样在 Composable 函数 lambda 中的写入操作，以保证 Compose 框架在不同线程执行这些代码。

3. 重组会尽可能多地跳过不必要的执行

和其他声明式 UI 框架的设计一样，Compose 会在每次重组时尽可能地只更新需要更新的部分，这样才能保证重组的性能。

每个 Composable 函数或者 Composable 函数中的 lambda 都可以自行重组，以下的代码演示了在绘制一个列表时如何跳过某些重组：

```
/* *
 * 展示了头部信息加一组可单击名字的列表
 */
@Composable
fun NamePicker(
    header: String,
    names: List<String>,
    onNameClicked: (String) -> Unit
) {
    Column {
        // 当 header 的值变化时，这个 Text 才会被重组，当 names 变化时不会
        Text(header, style = MaterialTheme.typography.h5)
        Divider()
        LazyColumn {
            items(names) { name ->
                //当某项中的 name 更新时，这一项中的 NamePickerItem 才会重组
                //但是 header 变化时，这里不会进行重组操作
                NamePickerItem(name, onNameClicked)
            }
        }
    }
}

/* *
 * 简单的名字文案展示，支持单击
 */
@Composable
private fun NamePickerItem(name: String, onClicked: (String) -> Unit) {
    Text(name, Modifier.clickable(onClick = { onClicked(name) }))
}
```

这些可重组单元在重组期间都很有可能是整个 NamePicker 重组的唯一对象。

当 header 发生更改时，Compose 可能会跳至 Column，而不执行它的任何父视图操作。当执行 Column 时，如果 names 没有发生变化，Compose 可能会选择跳过 LazyColumnItems。

4. 重组是乐观操作

只要 Compose 认为某个 Composable 的参数可能已更改，就会开始重组。重组是乐观的操作，也就是说，Compose 预计会在参数再次更改之前完成重组。如果某个参数在重组完成之前发生更改，Compose 可能会取消正在进行的重组，并使用新参数重新开始。

取消重组后，Compose 会从重组中舍弃视图树。如有任何副作用依赖于显示的界面，则即使取消了组成操作，也会应用该副作用。这可能会导致应用状态不一致。所以要保证正确性，需确保所有 Composable 函数和 lambda 都幂等且没有副作用。

5. Composable 函数可能会非常频繁地执行

某些情况下，可能会针对页面动画的每一帧运行一个 Composable 函数。如果该函数执行成本高昂的操作（例如从设备存储空间读取数据），可能会导致页面卡顿。会对应用的性能造成灾难性的影响。

如果 Composable 函数需要数据，它应为相应的数据定义参数。然后，开发者可以将成本高昂的工作移至组合或重组操作线程之外的其他线程，并使用 mutableStateOf 或 LiveData 将相应的数据传递给 Compose。

3.3 Composable 函数

开发者学习和使用 Compose 的核心就是 Composable 函数，如果把 App 开发比作乐高积木搭建，那么 Composable 函数就是这些琳琅满目的积木零件，是构建 Compose 视图树的基础元素。所以在开始使用 Compose 之前，开发者有必要先了解什么是 Composable 函数，以及 Composable 函数有哪些特性。前文提到过 Composable 函数，本节将展开讲解。

▶▶ 3.3.1 Composable 函数的本质

Composable 函数是 Jetpack Compose 中的核心概念之一，它是一个用于描述 UI 元素的函数，并且可以被组合和嵌套，以实现复杂的界面设计。仅从语法的角度看，Composable 函数就是在一个普通的 Kotlin 函数上增加了一个 @Composable 注解：

```
@Composable
fun ArticleItem(
    article: Article
) {
    Row(

    ) {
        Image(
```

```
        )
        Column(

        ) {
            Text(

            )
            Text(

            )
            //...
        }
    }
}
```

Composable 函数与普通函数的不同之处在于，它们是纯函数，没有副作用，且只能够通过参数传递数据，不能访问外部状态。这使得 Composable 函数更容易进行测试和调试。在 Compose 中，UI 是由一系列 Composable 函数构建而成的。每个 Composable 函数都负责创建一个或多个 UI 组件，并根据传入的参数来配置这些组件的属性和行为。Compose 运行时会根据 Composable 函数的调用关系构建 UI 树，并通过对 UI 树的不断重组和更新来反映 UI 的变化。由于 Composable 函数是纯函数，所以当传入的参数发生变化时，Compose 可以轻松地识别出需要更新的部分，并对 UI 进行高效的重绘。

Compose 的设计者建议 Composable 函数命名风格为首字母大写的"大驼峰命名法"，主要是为了和普通函数区分开来。在 Compose 中 Composable 函数是用于声明组成 UI 的函数，由于 Composable 函数的特殊用途和重要性，为了方便识别和区分，Jetpack Compose 中的 Composable 函数采用了驼峰命名法，并将第一个单词的首字母大写。这也符合 Kotlin 语言的命名规范，且使得代码更加规范和易于理解。

大部分 Composable 函数都是这样的形式：@Composable（Input）-> Unit，开发者通过这样的特殊方式告诉编译器此函数的目的是把数据转换成一个视图节点添加到视图树中。一般来说 Composable 函数可以有参数，但是并不会返回一个"组件"，而是一个注册动作，把视图元素添加到内存中的 Composable 视图树中。这在 Compose 中有个术语叫作"发射"（emit）。而这个发射的时机发生在组合（Composition）或者重组（Recomposition）的过程，这将在第 8 章内容详细介绍。

但是并非所有的 Composable 函数都没有实际返回值，有些特殊的 Composable 函数存在是为了根据函数的输入来提供加工处理过的返回值，比如 remember：

```
@Composable
fun Label() {
    val content = remember { genContent()}
    Text(content)
}
```

顾名思义，remember 用在 Composable 函数中可以"记住"某个对象，在第一次组合发生时，Compose 会将对应的值保存到内存中，在重组期间会返回这个值，当这个节点被移除之后，这个值也会被"忘记"。需要注意的是，虽然 remember 函数的返回值类型不是 Unit，但是它并不是用于返回 UI 组件的函数，而是用于创建具有生命周期的对象的函数。因此，remember 函数的返回值类型和 Composable 函数的返回值类型是不同的。remember 会在后续内容中详细介绍。

▶▶ 3.3.2　Composable 函数的特点

读者已经知道，Compose 采用的是"函数式编程"，在这种构建方式下，UI 元素是通过编写函数"组合"而成，这些函数就是 Composable 函数。Composable 函数是 Compose 中的核心概念，它们定义了 Compose 应用程序中的 UI。这些函数除了具备普通函数的特征外，还具有以下特征：

1. 幂等

幂等是一个模块任意多次执行所产生的影响均与一次执行的影响相同，幂等的函数使用相同参数重复执行，获得相同的结果。

幂等是 Composable 函数的另一个重要特征，幂等意味着无论调用 Composable 多少次，只要提供给它相同的输入，其产生的结果（发射的视图）也应该是相同的。

Compose 运行时一些关键过程需要依赖幂等这个特性，比如重组。在 Compose 中，重组是指当数据发生变化时，再次调用 Composable 函数的动作，以便对数据更改或者增删的部分做更新操作。重组的发生原因有很多，而且同一个 Composable 函数可能会被多次重组，这就是为什么 Composable 函数的幂等如此重要。

重组时会遍历树，检查哪些节点需要重组，Compose 的"智能重组"保证了数据没有变化的部分不会被重组，这样的局部更新保证了 UI 渲染的高效率。之所以能这么做，其实就是因为之前函数执行的状态已经被保存到内存中了，如果输入没有任何变化时直接按原样重用，这就是幂等性的直接结果。

2. 没有副作用

要保证 Composable 函数的幂等，也就意味着 Composable 函数在执行时不可以有任何不受控的副作用，否则它就可能在每次执行时产生不同的程序状态，也就是组合的结果。如果允许副作用，也意味着一个 Composable 函数可能会依赖之前 Composable 函数执行的结果。这在 Compose 设计时就是需要想方设法避免的，因为 Composable 函数是允许以任何顺序，甚至并行执行的。

下面的 Homepage 函数示意了一个包含三大部分的首页页面：

```
@Composable
fun HomePage() {
    Header()
    Body()
    Footer()
}
```

Header、Body、Footer 这几个 Composable 函数的执行顺序是不确定的，所以开发者在开发时，就不能够依赖这些函数顺序执行的假设来做前后依赖逻辑。比如在 Body 中更新某个状态，这个状态的目的是让 Footer 中的某些视图元素做展示。再比如，在 Header 中对一个全局变量做了修改，在 Body 中读取这个变量做相关逻辑和展示处理。因此任何建立在 Composable 函数之间执行顺序关系的逻辑处理都是应该避免的，这样一些逻辑不是 Composable 函数的职责所在，而是需要借助别的机制或组件来处理。

Composable 函数不能有副作用的原因是 Composable 函数在组合、重组时会被多次调用，这样会导致一些不可预知的结果或者是频繁执行带来的性能问题，比如在 Composable 函数中进行 I/O 操作甚至是网络请求等。

但是，一个应用仅仅靠这些没有任何副作用的 Composable 是无法运转起来的，应用程序的一些状态变化和更新有时是需要依赖 "副作用" 的，Compose 提供了一系列 Effect API 来实现这些副作用，它可以感知 Composable 函数的生命周期，从而提供了在 Compose 中执行副作用的安全环境。这些内容将会在 3.4 节中做详细介绍。

3. 可重新启动，快速执行

"可重新启动" 这个特性其实已经在上文多次提到了：Composable 函数是可以被重组的，所以被多次调用，重组可能发生在任何时候，并且是只有 Compose 判断需要时才会被执行。默认情况下，所有的 Composable 函数是可重启的，这也是 Compose 运行时所期望的。但是尽管如此，Compose 还是允许开 "特例" 的，它提供了一个名为 NonRestartableComposable 的注解，可以用于避免在重组时重启或者跳过的场景，但是使用时需谨慎，一般适用于包含的逻辑非常少的一些特殊的 Composable 函数。

Composable 函数还需要快速被执行，还是因为它会被调用多次。比如在播动画时，可能每一帧的动画都会调用一次 Composable 函数。所以任何耗时的高成本计算等操作都应该被放到协程中，并且最终通过 Effect API 来反馈给相应的 Composable 组件。

开发者可以把 Composable 函数和 Composable 函数树视为一种快速、声明性、轻量级的组件，作用就是一种视图的描述，这个描述先被保存在了内存中，后续会被 Compose 解析并绘制到屏幕上。

4. 位置记忆功能

在了解 Composable 函数的位置记忆功能之前，读者有必要先了解一下什么是函数记忆。函数记忆是函数根据它的输入参数内容，缓存函数执行后的结果的能力，这样此函数每次输入相同的参数时，不需要再次计算即可获得结果。可以使用函数记忆的前提是这是个纯函数，这样才可以保证相同的输入返回相同的结果。

Composable 函数的位置记忆功能有些类似，但是有一些区别，Compose 运行时在父层级调用 Composable 函数时，会提供唯一标识来区分同一个 Composable 函数的不同调用，这个唯一标识是基于调用的位置等信息生成的。所以 Composable 函数是可以知道它们在 Composable 树上的位置的。

所以下面一系列 Text( ) 函数的调用，在 Compose 运行时是可以区分的：

```
@Composable
fun HelloCompose() {
    Text("Hello")
    Text("Hello")
    Text("Hello")
}
```

HelloCompose 中连续调用了三次 Text Composable 函数，并且输入的内容相同，只是调用前后顺序不同，因此当组合发生时，会生成三个不同的节点，每个都有一个唯一标识。这个标识在重组时会被保存，Compose 运行时可以获取到，用来判断之前是否调用了这个 Composable 函数，或者是否需要更新。

但是有一些场景，比如在一个循环体内调用 Composable 函数发射到一个 Column 中时，Compose 无法准确地知道它们被调用的相对位置，所以 Compose 还支持使用 key 这个 Composable 函数显式地指定这个唯一标识：

```
@Composable
fun HelloCompose(contents: List<Content>) {
    Column {
        for (content in contents) {
            key(content.id) {
                Text(content.msg)
            }
        }
    }
}
```

使用 Composable 函数"发射"一个 Compose 节点也就意味着，在组合或重组发生时，所有和其相关的调用信息都需要被存储起来，包括它的参数、内部有哪些 Composable 函数调用、remember 执行的结果等，这些操作是被自动注入的 Composer 实例来完成的。由于 Composable 函数知道它们自身的位置，所以这些函数被缓存的信息都仅缓存在基于这个位置的上下文内存环境中。举一个具体的例子：

```
@Composable
fun HelloCompose(originalContent: String) {
    val processedContent = remember { proccessContent(originalContent) }
    Text(processedContent)
}
```

这个简单的例子中使用了 remember 函数来缓存一个通过复杂计算 processContent 得到的结果，一旦计算出来，只要输入参数（originalContent）和 Composable 函数调用的位置没有发生变化，就不会被重复计算。

在 Compose 中，"记忆功能"并不意味着在整个应用进程范围内或者是持久化的"记忆"，而是特指在组合过程中上下文中的缓存，每次重组时，都会检查有没有缓存值。这个"缓存"会在 Composable 函数中被不同的调用者调用，在不同的组合过程中失效，重新被缓存。Compose 是建立在位置记忆之上的，这是智能重组的基础。remember 函数是利用智能重组的特性进行更细粒度控制的 API。

▶▶ 3.3.3 Composable 函数的原理

在编译阶段，每个 Composable 函数都会被 Compose 编译框架处理，会被自动添加一个 Composer 实例的参数，开发者在开发期间感知不到，但是它携带的信息对 Composable 函数至关重要，它是贯穿整个 Composable 函数作用域的上下文，Composer 实例会随着视图树被不断传递。因此 Compose 要求，Composable 函数只能被 Composable 函数调用。

通过 Composable 函数的上下文，可以确保视图树中的任何子节点始终可以访问到运行时所需的信息，Composable 函数使用被传入的 Composer 实例在组合、重组期间做出"发射"或更新。可以这样说，这个上下文对象是开发者编写的 Compose 代码和 Compose 运行时的连接和纽带，保证了构建视图的正确性以及最佳性能。

比如下面这个计数器的 Composable 函数：

```
@Composable
fun Counter() {
 var count by remember { mutableStateOf(0) }
 Button(
  text="Count: $count",
  onPress={ count += 1 }
 )
}
```

它会被 Compose 编译处理成如下样子（只作为简单示例，实际情况比这个复杂）：

```
fun Counter($composer: Composer) {
 $composer.start(123)
 var count by remember($composer) { mutableStateOf(0) }
 Button(
  $composer,
  text="Count: $count",
  onPress={ count += 1 },
 )
 $composer.end()
}
```

具体来说，这个过程主要靠 Compose Compiler Plugin 来完成。实际情况比这里演示的更复杂，这里简单讲解一下主要流程。当此 composer 执行时，它会进行以下操作：

首先，通过调用 composer.start 方法，会创建一个组对象并将其存储起来。然后，使用 remember 函数插入一个组对象，并使用 mutableStateOf 函数返回一个可变状态的值，同时将 state 实例也存储到组对象中。最后，Button 组件基于它的每个参数存储一个分组。

3.4 副作用

副作用在上文中已经多有提起，函数副作用是指当调用函数时，除了返回函数值之外，还对主调用函数产生附加的影响。例如修改全局变量（函数外的变量）或修改参数。函数的副作用会给程序设计带来不必要的麻烦，给应用程序带来某些未知的错误，并且会降低程序的可读性。严格的函数式编程语言要求函数必须没有函数副作用。

Composable 理论上是不应该有副作用的，因为重组会造成 Composable 无法预测的重复多次执行，副作用不应跟着重组来反复执行。但是，在真实开发中，开发者不可避免地需要执行一些副作用操作，比如触发一次性事件（Toast 提示等），是不应该随着重组每次都需要执行的。因此，Compose 提供了副作用相关的 API，可以让这些操作只发生在 Composable 的特定生命周期中。

▶▶ 3.4.1　Composable 生命周期

在了解 Composable 之前，应该先了解 Composable 的生命周期有哪些。一个组合（Composition）的生命周期很简洁，有三个阶段：进入组合、开始执行或执行多次组合项、最后退出组合，如图 3-5 所示。在组合的初始期，跟踪所调用的所有 Composable 函数；在状态发生变化时，Compose 会安排重组，任何状态的改变都是通过重组的方式反映到 UI 上的。组合只能在 Composable 进入组合初次执行时生成，并且只能通过重组来更新。

总体来说，Composable 的生命周期可以定义如图 3-6 所示的几个主要节点：

1）onActive 或 onEnter：当 Composable 第一次进入组件树时，在视图树上创建视图节点，被添加到视图树。

2）onCommit 或 onUpdate：重组时，UI 随着 Recomposition 发生更新，更新视图树上对应的视图节点。

3）onDispose 或 onLeave：Composable 从组件树移除。

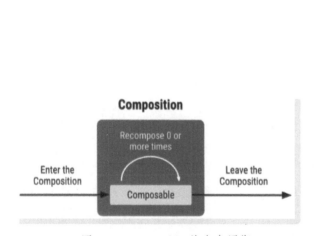

● 图 3-5　Composable 的生命周期

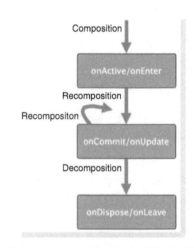

● 图 3-6　Composable 生命周期主要节点

有关 Composable 的生命周期详细讲解将会在 8.4 节中着重介绍，这里读者只需了解 Composable 有哪些生命周期即可。在学习 Composable 的副作用之前了解其生命周期的原因是，Composable 的生命周期是管理 Compose 副作用的基础。

▶▶ 3.4.2　副作用 API 和重启副作用

1. LaunchedEffect

如果开发者直接在 Composable 函数中创建协程，是会报错的，提示需要通过 LaunchedEffect 来创建。LaunchedEffect 就是处理异步任务的副作用 API，它本身是一个 Composable 函数。当执行

LaunchedEffect 的 Composable 执行到 onActive 状态（进入）时，LaunchedEffect 会启动协程；当到达 onDispose 状态时，协程会被自动取消。LaunchedEffect 可传入一个参数 key，当 key 发生变化时，LaunchedEffect 会自动结束当前协程，开启新的协程。

```
@Composable
fun MyScreen(
    state: UiState<List<Movie>>,
    scaffoldState: ScaffoldState = rememberScaffoldState()
) {
    if (state.hasError) {
        // 如果 scaffoldState.snackbarHostState (key)发生变化了，LaunchedEffect 会取消并重新启动
        LaunchedEffect(scaffoldState.snackbarHostState) {
            // 使用协程来展示 snackbar，当协程被取消时，snackBar 会自动消失
            // 该协程会在 state.hasError 为 false 时取消，只有在等于 true 的时候才启动。或者在
            // state.hasError 且 scaffoldState.snackbarHostState 改变的时候启动
            scaffoldState.snackbarHostState.showSnackbar(
                message = "Error message",
                actionLabel = "Retry message"
            )
        }
    }
    Scaffold(scaffoldState = scaffoldState) {
        /* ...*/
    }
}
```

2. rememberCoroutineScope

使用 LaunchedEffect 有一个限制点，就是它本身是一个 Composable 函数，只能在 Composable 中被使用。如果是在像 Button(onClick = {...}) 这样的 lambda 表达式里面使用，比如在这里使用协程显示 SnackBar，并在组合完成后自动取消，是会报错的。此时就可以使用 rememberCoroutineScope。

rememberCoroutineScope 创建一个绑定了当前可组合项生命周期的协程作用域，会返回一个 CoroutineScope，在 Composable 退出时，能够取消、重启协程，我们不用管理其生命周期。

```
@Composable
fun MoviesScreen(scaffoldState: ScaffoldState = rememberScaffoldState()) {
    // 创建一个 CoroutineScope,会绑定 MoviesScreen 的生命周期
    val scope = rememberCoroutineScope()
    Scaffold(scaffoldState = scaffoldState) {
        Column {
            /* ...*/
            Button(
                onClick = {
                    // 通过启动一个协程来展示 Snackbar
                    scope.launch {
                        scaffoldState.snackbarHostState.showSnackbar("Something happened!")
                    }
```

```
            }
        ) {
            Text("Press me")
        }
    }
  }
}
```

3. rememberUpdatedState

使用 LaunchedEffect 可以在 key 更新时启动一个协程，但有时开发者只希望能实时获取最新状态，不希望中断协程。此时就可以使用 rememberUpdatedState，比如下面这个代码片段：

```
@Composable
fun LandingScreen(onTimeout: ()-> Unit) {
    val currentOnTimeout by rememberUpdatedState(onTimeout)
//使用 rememberUpdatedState 后,LaunchedEffect 副作用的生命周期与 LandingScreen 一致
//不会因为 LandingScreen 的重组而重新执行
    LaunchedEffect(true) {
        delay(SplashWaitTimeMillis)
        currentOnTimeout()
    }
    /* ... */
}
```

4. SideEffect

SideEffect 是最基本的副作用函数。如果和 Composable 之外的对象共享 Compose 状态，可以用 SideEffect。SideEffect 在每次重组完成后都会被调用，那和把对应代码直接写在 Composable 最后有什么区别？SideEffect 可以保证里面的 lambda 只有在组合/重组完成后才被执行，如果没有正确完成则不会执行。比如获取 Composable 中对应的状态值更新给外部：

```
@Composable
fun rememberAnalytics(user: User): FirebaseAnalytics {
    val analytics: FirebaseAnalytics = remember {
        /* ...*/
    }
    //在组合成功完成之后,用当前用户的 userType 属性更新 analytics
    SideEffect {
        analytics.setUserProperty("userType", user.userType)
    }
    return analytics
}
```

5. DisposableEffect

DisposableEffect 可以认为是 SideEffect 的"升级版"，它可以感知 Composable 的 onActive 和 onDispose 生命周期，从而可以提供通过副作用完成一些前置操作或者资源释放的机会。以 lifecycle 的

注册和反注册为例：

```
@Composable
fun HomeScreen(
    lifecycleOwner: LifecycleOwner = LocalLifecycleOwner.current,
    onStart: ()-> Unit,
    onStop: ()-> Unit
) {
    // 当 onStart/onStop lambda 更新后确保是最新的
    val currentOnStart by rememberUpdatedState(onStart)
    val currentOnStop by rememberUpdatedState(onStop)

    // 如果 lifecycleOwner 改变，副作用将会取消并重启
    DisposableEffect(lifecycleOwner) {
        // 创建一个观察者,监听生命周期,变化时触发事件
        val observer = LifecycleEventObserver { _, event ->
            if (event == Lifecycle.Event.ON_START) {
                currentOnStart()
            } else if (event == Lifecycle.Event.ON_STOP) {
                currentOnStop()
            }
        }

        // 注册观察者
        lifecycleOwner.lifecycle.addObserver(observer)
        // 当副作用退出/重组时,反注册观察者
        onDispose {
            lifecycleOwner.lifecycle.removeObserver(observer)
        }
    }
    /* ...*/
}
```

6. produceState

produceState 可以在协程中将一个外部数据转成 State，与 SideEffect 正好相反。

```
@Composable
fun loadNetworkImage(
    url: String,
    imageRepository: ImageRepository
): State<Result<Image>> {
    // 请求图片结果
    // 如果 url 或者 imageRepository 改变了，协程将会取消并重启
    return produceState < Result < Image > > ( initialValue = Result. Loading, url,
imageRepository) {
        // 在协程中,可使用挂起函数
        val image = imageRepository.load(url)
        // 更新状态,这会触发使用这个 State 的可组合项的重组
```

```
        value = if (image == null) {
            Result.Error
        } else {
            Result.Success(image)
        }
    }
}
```

7. derivedStateOf

derivedStateOf 可以把多个 State 转换为一个 State，比如以下例子中，highPriorityTasks 是由 todoTasks 通过过滤来生成的，当在 derivedStateOf 中依赖的 State 发生变化时，会更新所生成的 DerivedState：

```
@Composable
fun TodoList (highPriorityKeywords: List < String > = listOf ( " Review ", " Unblock ", "
Compose")) {
    val todoTasks = remember { mutableStateListOf<String>() }
    // 只有当 todoTasks 或 highPriorityKeywords,才会去计算并更新 highPriorityTask,而不是每次重
组的时候
    val highPriorityTasks by remember(highPriorityKeywords) {
        derivedStateOf { todoTasks.filter { it.containsWord(highPriorityKeywords) } }
    }
    Box(Modifier.fillMaxSize()) {
        LazyColumn {
            items(highPriorityTasks) { /* ...*/ }
            items(todoTasks) { /* ...*/ }
        }
        /* ... */
    }
}
```

在 Compose 中，有一些副作用 API，比如 LaunchedEffect、produceState 或 DisposableEffect，都可以指定可变数量的观察参数 key。当 key 发生变化时，执行中的副作用就会被重启。如果副作用中存在变化的值，但是没有制定 key，程序就有可能会出错；但是如果 key 频繁变化，则会导致性能差。

所以关于副作用观察参数 key 的添加，需要遵循一定的原则：根据实际需求，当一个状态的变化需要将当前副作用停止时，则需把它作为观察参数 key，否则需要封装在 rememberUpdatedState 中，不因其改变导致副作用重启。比如上文举过的 DisposableEffect 例子中，当 LifecycleOwner 发生变化时，需要终止当前 LifecycleOwner 的监听，并重新注册监听：

```
@Composable
fun HomeScreen(
    lifecycleOwner: LifecycleOwner = LocalLifecycleOwner.current,
    onStart: ()-> Unit,
    onStop: ()-> Unit
) {
    // 这些值在组合中不会改变
```

```
val currentOnStart by rememberUpdatedState(onStart)
val currentOnStop by rememberUpdatedState(onStop)
DisposableEffect(lifecycleOwner) {
    val observer = LifecycleEventObserver { _, event ->
        /* ...*/
    }
    lifecycleOwner.lifecycle.addObserver(observer)
    onDispose {
        lifecycleOwner.lifecycle.removeObserver(observer)
    }
}
}
```

所以这里需要把 lifecycleOwner 作为观察的 key 参数，而其余的 currentOnStart 和 currentOnStop 则不需要，它们只需保证在回调到时可以获取到最新值即可。

3.5 小结和训练

本章内容以理论知识为主，重点和读者一起巩固了 Compose 相关的 Kotlin 知识、Compose 编程思想、Composable 函数的详细介绍，以及 Compose 副作用 API。

在了解了一些基本原理之后，读者是否跃跃欲试了呢？从下章开始，笔者将带大家一起系统地学习 Compose 的详细使用方式，以及结合使用过程中某些流程的规则和原理。继续学习之前，不妨先以问题的形式回顾一下本章内容：

1. Kotlin 的默认参数值是什么？
2. 高阶函数和 lambda 表达式的作用是什么？
3. 什么是 Kotllin 的委托属性？Comopse 中如何使用委托？
4. 什么是 Kotlin 的解构声明？
5. 什么是 DSL？Kotlin 是如何支持 DSL 的？
6. 什么是协程？Kotlin 中如何使用协程？
7. 声明式编程是什么？
8. 函数式编程是什么？
9. 什么是 Compose 的重组？它有哪些特点？
10. Composable 函数是什么？
11. Composable 函数有哪些特点？
12. 什么是函数的副作用？
13. Compose 中有哪些方式使用副作用 API？

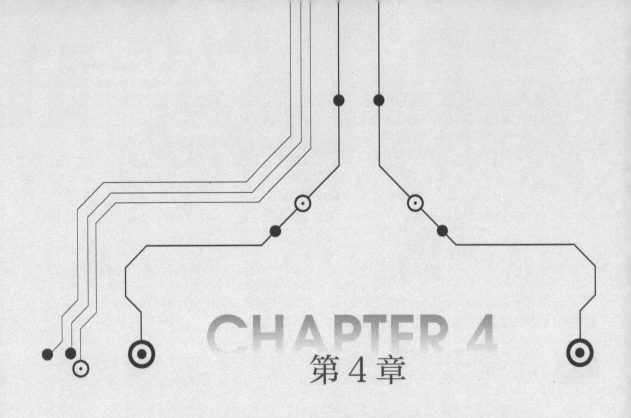

CHAPTER 4
第 4 章

Compose界面编程基础

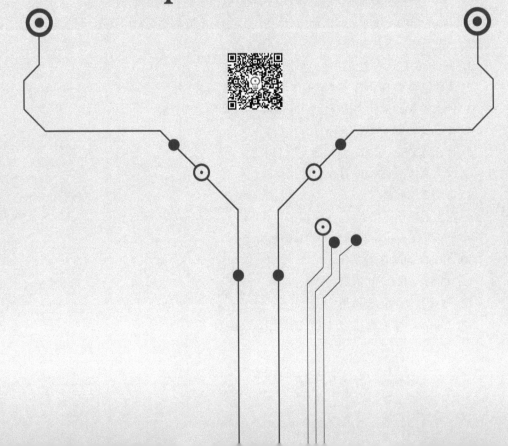

有了前几章对 Jetpack Compose 的基础认识后，本章开始进入 Compose 的界面编程内容。Compose 作为谷歌官方推出的全新的 UI 框架，旨在替换 Android 原生 View 系统的 UI 设计方式，它提供了丰富的 Material Design 组件，帮助开发者更轻松自如地进行 App 界面开发。

本章主要介绍 Compose 界面编程中的基础元素，包括应用的主题和基础控件的使用。类似于 Android View 中提供的 TextView、Button 和 ImageView 等基础控件，Compose 中也有对应控件的实现，比如处理文字的 Text，按钮控件 Button，以及显示图片的 Image。

4.1 Compose 的主题

一款设计良好的 App 往往具有明确的主题样式，保持统一的外观和风格。读者肯定很熟悉使用 Android View 开发 App 界面时，如何给应用定义和设置主题样式，在 res/values/ 目录下的 styles.xml 文件中定义 App 中会用到的各种通用的样式，样式中用到的颜色值则在 colors.xml 文件中定义，然后在布局文件中通过 "@style/样式名称" 的方式引用并赋值给控件的 style 属性，对于应用级或者 Activity 的主题设置，则是在资源清单文件中的 application 和 activity 标签下将 "@style/样式名称" 赋值给 android：theme 属性。这样的设置过程稍显复杂，使用 Compose 开发应用，开发者可以更方便地定义和设置应用主题。

▶▶ 4.1.1 设置主题

与 Android View 的主题定义方式不同，Jetpack Compose 中的主题由许多较低级别的结构体和相关 API 组成，它们包括颜色、排版和形状属性。下面笔者通过示例项目代码说明 Compose 主题的定义和设置。

新创建一个 Compose 项目后，Android Studio 会在工程包名目录下自动生成一个 ui.theme 目录，在该目录下会自动创建 4 个主题相关的文件：Color.kt、Shape.kt、Theme.kt 和 Type.kt，如图 4-1 所示。

其中，在 Color.kt 中定义了应用中会用到的颜色，在 Shape.kt 中定义了通用的形状，在 Type.kt 中定义了字体排版类型，通过颜色、形状和字体类型的组合定义出应用的主题样式，在 Theme.kt 中以 Composable 函数提供给布局使用。

● 图 4-1 主题相关文件

```
@Composable
fun ComposeStudyTheme(
    darkTheme: Boolean = isSystemInDarkTheme(),
    content: @Composable ()-> Unit
) {
    val colors = if (darkTheme) {
        DarkColorPalette
    } else {
```

```
    LightColorPalette
}

MaterialTheme(
    colors = colors,
    typography = typography,
    shapes = shapes,
    content = content
)
}
```

以上就是这里创建的名为 ComposeStudy 的项目在 Theme.kt 文件中自动生成的主题函数代码。它是一个可组合函数，接收两个参数，第一个是 Boolean 类型，表示系统是否是深色模式；第二个参数是一个可组合函数，它是调用这个主题函数的地方传入的布局。这个主题函数中将颜色、形状和字体类型以及调用者传入的布局又传入 MaterialTheme 函数中，MaterialTheme 函数就是 Compose 系统提供的设置系统主题元素的可组合函数，它的函数原型定义如下，4.1.2 节将更详细地介绍它的使用和原理。

```
@Composable
fun MaterialTheme(
    colors: Colors = MaterialTheme.colors,
    typography: Typography = MaterialTheme.typography,
    shapes: Shapes = MaterialTheme.shapes,
    content: @Composable ()-> Unit
)
```

那么，构成 Compose 主题的颜色、形状和字体类型具体是如何定义的呢？下面结合示例代码对它们分别做简单介绍。

1. 颜色

Compose 中的颜色是使用 Color 类进行建模的，所以使用 Color 类的对象来定义单个颜色值，示例代码如下：

```
val Red = Color(0xffff0000)
val Green = Color(red = 0f, green = 1f, blue = 0f)
```

从上面定义的 Color 对象可以看出 Color 类中提供了两种设置颜色的方法，一个是直接设置十六进制形式的 ARGB 整数值的颜色值方法：

```
@Stable
fun Color(color: Long): Color {
    return Color(value = (color.toULong()and 0xffffffffUL) shl 32)
}
```

另一个是分别设置 ARGB 数值的方法：

```
@Stable
fun Color(
    red: Float, green: Float, blue: Float, alpha: Float = 1f,
```

```
    colorSpace: ColorSpace = ColorSpaces.Srgb
): Color
```

开发者可以按照自己喜欢的方式或者实际需要随意组织这些颜色值，比如作为顶级常量或者在单例中以内嵌的方式定义，但官方建议开发者在主题文件中定义颜色并在需要的地方从主题文件检索颜色值。

前面的 ComposeStudyTheme 函数中使用的颜色值是 Colors 对象而不是这里定义的 Color 对象，这是为什么呢？一个主题通常由许多系统组成，包括常见的视觉概念和行为概念的系统，它们都通过具体的主题值进行建模，比如 MaterialTheme 包括 Colors（颜色系统）、Typography（排版系统）和 Shapes（形状系统）。Compose 库提供 Colors 类来对颜色系统进行建模，Colors 类提供了构造器函数来创建成套的深色和浅色颜色系统，一套颜色系统中包括多个不同层次或场景的颜色属性，这些属性就用 Color 对象来定义，如下面定义的深色模式和浅色模式颜色系统：

```
private val DarkColorPalette = darkColors(
    primary = Purple200,
    primaryVariant = Purple700,
    secondary = Teal200
)

private val LightColorPalette = lightColors(
    primary = Purple500,
    secondary = Teal200
    /* Other default colors to override
    background = Color.White,
    surface = Color.White,
    onPrimary = Color.White,
    onSecondary = Color.Black,
    onBackground = Color.Black,
    */
)
```

2. 形状

Compose 使用 Shapes 类来实现 Material Design 的形状系统，开发者可以通过指定 CornerBasedShape 对象来定义小型、中型和大型组件的形状，如图 4-2 所示。CornerBasedShape 是一个抽象类，它有两种子类：一种是实现带圆角形状的矩形类 RoundedCornerShape，另一种是实现角被剪切的矩形类 CutCornerShape。它们都接受这 4 个表示尺寸的参数：topStart、topEnd、bottomStart 和 bottomEnd，通过控制这些参数来实现带不同位置和数量的圆角或剪切角的形状。

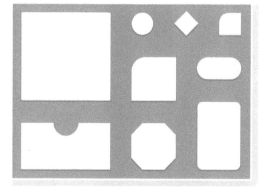

● 图 4-2　Material Design 形状系统

```
val Shapes = Shapes(
    small = RoundedCornerShape(percent = 50),
    medium = RoundedCornerShape(0f),
    large = CutCornerShape(
        topStart = 16.dp,
        topEnd = 0.dp,
        bottomEnd = 0.dp,
        bottomStart = 16.dp
    )
)
```

3. 字体

Compose 的字体是一个复合系统，包括字体、样式和字号等元素，Compose 中使用 Typography、TextStyle 和其他字体相关的类来实现字型系统，更准确地说是文字的排版系统。Material Design 的排版系统定义了一些语义明确的字型，如 Typography 类的构造函数参数声明，这些字型样式的定义类似于 Html 区域标题元素的标签 H1、H2、H3 等，如图 4-3 所示，开发者只需要调用这些字型的名称，就可以为所选文字设置定义好的字体样式。在 Typography 的构造函数中为每种字型样式提供了默认值，开发者也可以自定义 FontFamily 以及修改 fontWeight 和 fontSize 的值来自定义字型。

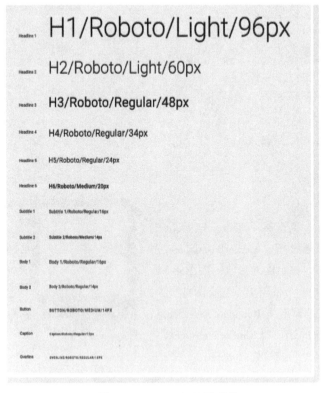

● 图 4-3　Material 字型系统

```
@Immutable
class Typography internal constructor(
    val h1: TextStyle,
    val h2: TextStyle,
    val h3: TextStyle,
    val h4: TextStyle,
    val h5: TextStyle,
    val h6: TextStyle,
    val subtitle1: TextStyle,
    val subtitle2: TextStyle,
    val body1: TextStyle,
    val body2: TextStyle,
    val button: TextStyle,
    val caption: TextStyle,
    val overline: TextStyle
)
```

▶▶ 4.1.2 Material 主题

Compose UI 设计框架默认支持 Material Design 设计风格,主要通过 UI 组件的样式和交互效果实现,Material Design 组件(按钮、卡片、开关等)以 Material 主题设置为基础构建而成。Material 主题设置是一种系统化的方法,包括对颜色、排版和形状的设置,开发者自定义修改这些属性时,将自动反应在所构建的应用的组件中。

上一节内容已经介绍了 Compose 主题的颜色、排版和形状的设计,本节内容主要介绍基于这些属性构建的 Material 主题元素。

1. 默认样式

使用 Android View 开发界面,在使用 Android Studio 创建项目时,会自动创建项目的 styles.xml 文件并定义一些默认样式,其中名为 AppTheme 的 Material 主题样式扩展了支持库中的主题背景,它会替换应用栏和悬浮操作按钮(如果使用)等关键界面元素所用的颜色属性。

```
<style name="AppTheme" parent="Theme.AppCompat.Light.DarkActionBar">
    <!-- Customize your theme here.-->
    <item name="colorPrimary">@color/colorPrimary</item>
    <item name="colorPrimaryDark">@color/colorPrimaryDark</item>
    <item name="colorAccent">@color/colorAccent</item>
</style>
```

Compose 中没有与 Android View 的默认样式等效的概念,开发者可以通过自行创建用于封装 Material 组件的"过载"可组合函数来提供类似功能,具体实现方式详见 4.1.3 节,通过扩展 Material 主题来自定义主题样式。

2. 主题叠加

主题叠加指的是在一棵 View 树中,不同层级的组件各自设置一个主题样式,子组件的主题不会替换其父级组件的主题，而是相互叠加。如果两个层级的主题样式中定义了相同的属性，那么从上往下层级最接近当前层级的主题属性生效。在如下 Android View 的示例代码中，主题 Bar 定义的属性将被应用到组件 Button 中，同时在主题 Foo 中定义了而 Bar 中没有定义的属性也将被应用到组件 Button 中，如图 4-4 所示。

```
<ViewGroup ...
  android:theme="@style/Theme.App.Foo">
  <Button ...
    android:theme="@style/Theme.App.Bar"/>
</ViewGroup>
```

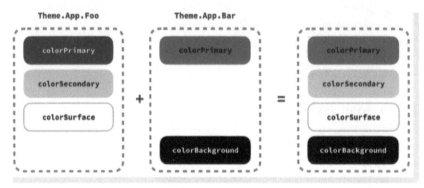

● 图 4-4　主题叠加

在 Compose 中，可以通过嵌套 MaterialTheme 可组合项实现与 Android View 等效的主题叠加层，首先扩展 Material 主题按需求自定义不同的主题，然后在布局的可组合函数中调用相关主题。例如，在帖子详情页面主体区域使用 BodyTheme，在关联话题区域使用 OtherTheme，则嵌套使用主题的示例代码如下：

```
@Composable
fun DetailsScreen(/* ...*/) {
    BodyTheme {
        RelatedSection()// other content
    }
}

@Composable
fun RelatedSection(/* ...*/) {
    OtherTheme {
        // content
    }
}
```

3. 组件状态

可交互的 Material 组件有多种不同的视图状态，包括"已启用""已按下""已选择""已停用"

等。在 Android View 中为组件实现这样的视图状态是通过定义根元素为 selector 的 drawable 文件，在其 item 中根据状态的取值定义对应的视图内容，然后将该 drawable 设置到组件的 background 属性中。

Compose 可组合项通常具有 enabled 参数，将其设置为 false 可防止交互，修改颜色和高度等属性可直观地传达组件状态。下面以 Compose Button 为例，要设置 Button 在不同交互状态下的 UI 样式，通过 colors 属性设置其不同状态的颜色，通过 elevation 属性设置其阴影的高度。以下示例代码显示效果如图 4-5 所示。colors 代表 ButtonColors 对象，通过 ButtonDefaults.buttonColors 函数生成；elevation 代表 ButtonElevation 对象，通过 ButtonDefaults.elevation 函数生成。

```
Button(
    onClick = { /* ...*/ },
    enabled = true,
    // Custom colors for different states
    colors = ButtonDefaults.buttonColors(
        backgroundColor = MaterialTheme.colors.secondary,
        disabledBackgroundColor = MaterialTheme.colors.onBackground
            .copy(alpha = 0.2f)
            .compositeOver(MaterialTheme.colors.background)
    ),
    // Custom elevation for different states
    elevation = ButtonDefaults.elevation(
        defaultElevation = 4.dp,
        disabledElevation = 0.dp,
        pressedElevation = 8.dp
    )
) { /* ...*/ }
```

● 图 4-5　enabled 为 true（左侧）及 enabled 为 false（右侧）

4. 涟漪

Material 组件通过涟漪来表示正在进行交互，涟漪是组件对用户操作的反馈标示。在 View 层次结构中使用 MaterialTheme，Ripple 将被用作 clickable 和 indication 等修饰符内的默认 Indication。

Android 系统从 5.0 以后版本开始支持涟漪效果，Android View 中实现自定义涟漪效果比较复杂，Compose 中设置涟漪则比较简单。通常，开发者可以使用默认的 Ripple，如果要自定义配置涟漪的外观，可以使用 RippleTheme 来修改颜色和 Alpha 等属性。扩展 RippleTheme 并使用 defaultRippleColor 和 defaultRippleAlpha 实用函数，然后使用 LocalRippleTheme 在层次结构中提供自定义涟漪主题。

```
@Immutable
private object SecondaryRippleTheme : RippleTheme {
```

```
@Composable
override fun defaultColor() = RippleTheme.defaultRippleColor(
  contentColor = MaterialTheme.colors.secondary,
  lightTheme = MaterialTheme.colors.isLight
)
@Composable
override fun rippleAlpha() = RippleTheme.defaultRippleAlpha(
  contentColor = MaterialTheme.colors.secondary,
  lightTheme = MaterialTheme.colors.isLight
)
}

@Composable
fun MyApp() {
  MaterialTheme {
    CompositionLocalProvider(
      LocalRippleTheme provides SecondaryRippleTheme
    ) {
      // App content
    }
  }
}
```

▶▶ 4.1.3 自定义主题

虽然 Jetpack Compose 库中提供了丰富的 Material 主题样式实现，开发者可以直接拿来使用，但并非只能使用那些主题，Material 主题也是基于公共 API 构建而成的，开发者可以按照同样的方式创建符合自身产品独特设计的主题。

上手自定义主题之前，有必要先对 Compose 中的主题系统设计原理进行一定的了解，包括主题系统类的构成、主题系统类的数据传递逻辑。在 4.1.1 节中已简单提到 Compose 的主题由许多较低级别的结构体和相关 API 组成，MaterialTheme 包括 Colors、Typography 和 Shapes 这几个子设计系统，主题系统类都应该使用 @Stable 或 @Immutable 进行注解，告诉 Compose 编译器它们是稳定的类型。

主题系统类以 CompositionLocal 实例的形式隐式地提供给组合树，这样可以在可组合函数中以静态引用的方式访问主题元素的值。开发者可以使用 compositionLocalOf 或 staticCompositionLocalOf 创建类的 CompositionLocal 实例，并给属性设置一个合理的默认值，比如 color 设置 Color.Unspecified。如下代码是 MaterialTheme 的 Colors、Typography 和 Shapes 类通过 staticCompositionLocalOf 创建的实例。关于 CompositionLocal 的实现原理详见 9.5 节内容。

```
// Colors.kt
internal val LocalColors = staticCompositionLocalOf { lightColors() }
// Typography
internal val LocalTypography = staticCompositionLocalOf { Typography() }
```

```
// Shapes.kt
internal val LocalShapes = staticCompositionLocalOf { Shapes() }
```

主题系统会提供一个以主题名称命名的 @Composable 函数作为主题系统的入口点，该函数会构造主题系统 CompositionLocalProvider 实例，这些实例也是通过 CompositionLocal 提供给组合树。content 参数可以使嵌套可组合项访问相对于层次结构的主题元素。

```
@Composable
fun MaterialTheme(
    colors: Colors = MaterialTheme.colors,
    typography: Typography = MaterialTheme.typography,
    shapes: Shapes = MaterialTheme.shapes,
    content: @Composable ()-> Unit
) {
    val rememberedColors = remember {
        colors.copy()
    }.apply { updateColorsFrom(colors) }
    val rippleIndication = rememberRipple()
    val selectionColors = rememberTextSelectionColors(rememberedColors)
    CompositionLocalProvider(
        LocalColors provides rememberedColors,
        LocalContentAlpha provides ContentAlpha.high,
        LocalIndication provides rippleIndication,
        LocalRippleTheme provides MaterialRippleTheme,
        LocalShapes provides shapes,
        LocalTextSelectionColors provides selectionColors,
        LocalTypography provides typography
    ) {
        ProvideTextStyle(value = typography.body1) {
            PlatformMaterialTheme(content)
        }
    }
}
```

另外，主题系统设计了与主题名称同名的单例对象，通过其属性访问主题系统，这些属性只会获取当前 CompositionLocal 实例的值。这样对外暴露的 API 非常简洁。

```
object MaterialTheme {
    val colors: Colors
        @Composable
        @ReadOnlyComposable
        get() = LocalColors.current
    val typography: Typography
        @Composable
        @ReadOnlyComposable
        get() = LocalTypography.current
    val shapes: Shapes
```

```
        @Composable
        @ReadOnlyComposable
        get() = LocalShapes.current
    }
```

以上通过分析 MaterialTheme 的实现原理了解了主题系统的设计逻辑，开发者用 Compose 构建自定义主题可以采用以下几种方式：

- 自定义主题并扩展 MaterialTheme。
- 替换 Material 系统的部分实现，保留其他实现。
- 完全自定义实现并替换 MaterialTheme。

1. 扩展 MaterialTheme

Compose Material 采用与 Material 主题相近的模型，使其满足 Material 准则并保持简单和类型安全。开发者也可以使用其他值扩展颜色、字体排版和形状集。

最简单的方法是添加扩展属性，并像使用其他 MaterialTheme 的 API 一样使用。另一种扩展 MaterialTheme 的方法是定义"包装"了 MaterialTheme 及其属性值的扩展主题。假设需要添加两种颜色（tertiary 和 onTertiary），并保留现有的 Material 颜色。首先定义一个结构体，包含新增的两种颜色，然后用 staticCompositionLocalOf 创建这个结构体类的 CompositionLocal 实例，最后实现扩展主题的可组合函数和单例类，并在可组合函数中通过 CompositionLocalProvider 函数封装 MaterialTheme 和扩展的颜色属性的 CompositionLocal 实例。

2. 替换 Material 系统

除了通过扩展 MaterialTheme 实现自定义的主题系统，开发者还可以自定义实现主题的部分属性系统，以替换 MaterialTheme 的属性。

替换 MaterialTheme 中的主题系统和扩展其主题系统的实现方法类似，它们的区别在于替换 Material 系统时定义主题系统的结构体类的字段名称与 MaterialTheme 的主题属性字段对应相同，即在使用替换的 Material 主题系统时，访问与 MaterialTheme 相同名称的属性时，将得到替换后的主题属性值。

3. 完全自定义

开发者还可以实现一个完全自定义的设计系统，设计系统不局限于 Material 中的概念，开发者可以修改现有的系统并引入全新的系统，设计出新的类和类型结构，以使这些概念与主题兼容。

4.2 Compose 的文字控件

文字是任何界面内容中的核心部分，对于 UI 设计来说文字的显示样式是非常重要的。Android View 中处理文字的控件 TextView 是 Android 开发者使用非常频繁的基础控件，其实现代码超过 1 万行，使用 TextView 控件开发出精美的文字界面也常常需要处理非常多的属性及其相关逻辑。而使用

Jetpack Compose 可以更轻松地处理文字的显示和编辑等，Compose 可以充分利用其构建块的组合，开发者无须覆盖各种属性和方法，也无须扩展大型类，即可拥有特定的可组合项设计以及符合预期运行的逻辑。

▶▶ 4.2.1 显示文字

Compose 提供了基础的 BasicText 用于实现显示文字，还提供了更高级的 Text 可组合函数，它遵循 Material Design 的准则。在 Compose 中显示文字的最基本方法是使用可组合函数 Text，以字符串对象传入要显示的文字即可。以下代码预览效果如图 4-6 所示。

● 图 4-6　显示文字

```
@Composable
fun SimpleText() {
    Text("Hello World!")
}
```

对比使用 Android View 代码实现文字显示的方法，要显示与图 4-6 同样的一行文字，需要在布局文件中有一个容器控件来添加 TextView 控件，以下代码省略了布局的代码内容，可以看出 Compose 版本的实现代码非常简洁高效！

```
fun displayText() {
    val textView = TextView(this)
    textView.text = "Hello World!"
    val container = findViewById<LinearLayout>(R.id.ll_view_container)
    container.addView(textView)
}
```

在实际项目中，需要显示的文字内容往往不能通过硬编码写入，更好的做法是使用字符串资源，即字符串内容定义在 res/values/strings.xml 文件中。这样一方面可以与其他 Android 视图共享相同的字符串资源，另一方面也方便与应用的国际化语言适配。在 Compose 中使用 stringResource 函数将资源文件中的字符串转成 String 对象，然后传给 Text 可组合函数即可，以下代码预览效果如图 4-6 所示。

```
@Composable
fun StringResourceText() {
    Text(stringResource(R.string.hello_world))
}
```

在应用界面上显示文字除了文字内容本身外，还需要根据设计给文字添加各种样式属性。使用 Android View 开发文字布局时，给 TextView 控件的属性设置文字样式：

```
<TextView
    android:layout_width="wrap_content"
    android:layout_height="wrap_content"
    android:layout_gravity="center"
```

```
android:gravity="center"
android:text="Welcome to Android World"
android:textColor="@color/design_default_color_primary"
android:textSize="16sp"
android:textStyle="bold" />
```

Compose 中的文字控件也有很多属性, 通过 Text 可组合函数的可选参数来为文字内容设置样式, 每当设置其中任何一个参数, 都会将样式应用于整个文字值, 通过设置文字属性实现显示样式丰富的文字。

```
@Composable
fun Text(
    text: String, //文字内容
    modifier: Modifier = Modifier, //应用到文字上的修饰符
    color: Color = Color.Unspecified, //文字的颜色
    fontSize: TextUnit = TextUnit.Unspecified, //字号大小
    fontStyle: FontStyle? = null, //斜体
    fontWeight: FontWeight? = null, //字体粗细
    fontFamily: FontFamily? = null, //字体族
    letterSpacing: TextUnit=TextUnit.Unspecified,//字符间距
    //在文字上绘制装饰内容,如下画线
    textDecoration: TextDecoration? = null,
    textAlign: TextAlign? = null, //文本在段落中的对齐方式
    lineHeight: TextUnit = TextUnit.Unspecified, //行高
    overflow: TextOverflow=TextOverflow.Clip, //文字溢出效果
    softWrap: Boolean = true, //文本是否在换行符处中断
    maxLines: Int = Int.MAX_VALUE, //最大行数
    //计算新的文本布局时执行的回调
    onTextLayout: (TextLayoutResult) -> Unit = {},
    style: TextStyle = LocalTextStyle.current //文本样式
)
```

▶▶ 4.2.2 文字的样式

本节用示例逐一验证 Text 中文字样式的设置和效果, 其中涉及颜色的样式效果, 请读者在手机上运行本节的示例代码进行体验。

1. 设置颜色

给指定的文字设置颜色很简单, 通过 color 参数设置目标颜色值即可, Color 的定义和使用参考4.1节的主题元素。

```
@Composable
fun TestTextColor() {
    Text(text = "Hello Compose!", color = Color.Green)
}
```

2. 修改字号

文字的字号通过 fontSize 参数来控制，它的类型是 TextUnit，TextUnit 中实现了与文字尺寸相关的两种类型：UNIT_TYPE_SP 和 UNIT_TYPE_EM，对于每种类型都提供了 Int、Float 和 Double 的扩展函数实现。例如以 Int.sp 的形式给文字设置字号大小：

```
@Composable
fun TestTextSize() {
    Text(text = "Hello Compose!", fontSize = 30.sp)
}
```

3. 设置斜体

Compose 通过 FontStyle 这个类型的参数将文字设置为斜体字，FontStyle 源码中提供了两种类型：Normal 和 Italic，若要将文字设置为斜体，则直接将 Text 可组合函数的 fontStyle 设置为 FontStyle.Italic。

```
@Composable
fun TestFontStyle() {
    Text(text = "Hello Compose!", fontStyle = FontStyle.Italic)
}
```

4. 设置粗体

Compose 提供了 FontWeight 类型给文字设置粗细类型，FontWeight 采用 1~1000 范围内的整数值定义字体的粗细，默认提供了 100、200、…、900 共 9 种表示字体粗细的值，开发者可以查询 FontWeight 源码，同时也可以使用 1~1000 范围内的值自定义字体粗细。

5. 文字字体

Text 可组合函数中有一个参数 fontFamily，用于设置可组合项中文字的字体，Compose 提供了 5 种字体。

```
sealed class FontFamily(val canLoadSynchronously: Boolean) {
    companion object {
        // 平台默认的字体
        val Default: SystemFontFamily = DefaultFontFamily()
        // 具有低对比度和简单笔画结尾的字体系列
        val SansSerif = GenericFontFamily("sans-serif")
        // 脚本的正式文本样式
        val Serif = GenericFontFamily("serif")
        // 等宽字体,字形具有相同固定宽度
        val Monospace = GenericFontFamily("monospace")
        // 草书体,类似手写字体;若设备不支持该字体,则系统回退到默认字体
        val Cursive = GenericFontFamily("cursive")
    }
}
```

除了系统提供的字体，开发者还可以通过 FontFamily 来加载 res/font 文件夹中的自定义字体和字型，如图 4-7 所示。

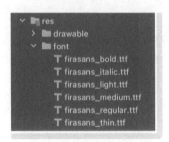

● 图 4-7 自定义字体和字型

每个自定义字体文件通过 Font 函数加载，然后将所有的 Font 对象添加到 FontFamily 函数中构建字体系列。

```
val firasansFonts = FontFamily(
    Font(R.font.firasans_bold, FontWeight.Bold),
    Font(R.font.firasans_italic, FontWeight.Normal, FontStyle.Italic),
    Font(R.font.firasans_light, FontWeight.Light),
    Font(R.font.firasans_medium, FontWeight.Medium),
    Font(R.font.firasans_regular, FontWeight.Normal),
    Font(R.font.firasans_thin, FontWeight.Thin)
)
```

然后，开发者就可以在 Text 可组合函数中使用上面定义的 fontFamily 了，由于 firasansFonts 可以包含不同的粗细度，因此需要手动设置 fontWeight 来选择合适的粗细度。

6. 字符间距

要给一段文字设置字符间的间距，使用 letterSpacing 参数，它也是 TextUnit 类型，所以其设置方式和字号大小的设置一样。

```
@Composable
fun TestLetterSpace() {
    Text(text = "Hello Compose!", letterSpacing = 4.sp)
}
```

7. 文字装饰

Text 可组合函数中的 textDecoration 参数，根据其字面意思理解是给文字设置装饰，查看其类型 TextDecoration 的源码可知，可以使用这个参数为文字设置下画线或者删除线。TextDecoration 源码中通过伴生对象提供了 3 个属性：None、Underline 和 LineThrough。

8. 对齐方式

文字的对齐方式使用 textAlign 参数设置，它可以在 Text 可组合项的 Surface 区域内设置文字的对齐方式。文字对齐方式的类型是 TextAlign，在其源码中使用半生对象定义了 6 种对齐方式：Left、Right、Center、Justify（向两边拉伸对齐）、Start 和 End。

需说明的是，手动设置 Text 可组合项的文字对齐方式，最好使用 TextAlign.Start 和 TextAlign.End 分别取代 TextAlign.Left 和 TextAlign.Right。这样系统可以根据具体语言的首选文字方向，将设置的文字对齐方式解析为相对于 Text 的正确的边缘方向对齐。例如，TextAlign.End 对于法语文字将向右侧对齐，而对于阿拉伯语文字则将向左侧对齐；如果使用 TextAlign.Right，无论对于哪种文字，都将向右侧对齐，而这对于阿拉伯文字的显示规则是不对的。

9. 设置行高

文字显示行的高度可以使用 lineHeight 参数设置，其类型也是 TextUnit，可以像设置字号大小和字符间距一样设置文字的行高，如图 4-8 所示。

> Jetpack Compose 是用于构建原生 Android 界面的新工具包。

● 图 4-8　设置文字的行高

```
@Composable
fun TestLineHeight() {
    Text(
        text = "Jetpack Compose 是用于构建原生 Android 界面的新工具包",
        lineHeight = 30.sp
    )
}
```

10. 文字溢出

有时候一段文字内容过多，超出了文字显示区域，即出现文字溢出。使用 Android View 中的 TextView 控件显示文字时，处理文字溢出使用了 android:ellipse 属性，它有 5 种取值，分别代表 5 种文字溢出的效果，如图 4-9 所示。

Compose 的 Text 可组合函数处理文字溢出使用 textOverflow 参数，根据其类型的源码可知，TextOverflow 提供了 Clip、Ellipsis 和 Visible 三种处理方式。其中 Clip 是在文字出现溢出的位置直接截断不能显示的内容，Ellipsis 的效果类似 android：ellipse 属性的 end 值，即在文字溢出的位置省略未显示的内容，Visible 的方式是尽可能显示所有文字，文字可能会超出可组合项范围显示。

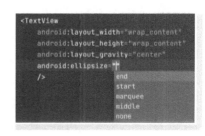

● 图 4-9　android:ellipse 属性的取值

11. 行数限制

在多行文本内容显示中可能需要限制文字的显示行数，Text 可组合函数中使用 maxLines 参数设置最多可以显示的文本行数。

```
@Composable
fun TestTextLines() {
    Text(text = "Hello Compose! ".repeat(30), maxLines = 2)
}
```

12. 文字多样式

在实际开发需求中，一段文字的显示通常可能包含多种不同的样式，比如有的关键词需要用特殊的颜色或粗体带下画线等，另外一些文字可能需要设置与相邻文字不同的字号和字体等，也就是说一段文字中包含多种样式。

Android View 中有相关的 API 可以实现文字多样式显示。Compose 中如果需要在同一 Text 可组合项中设置不同的样式，则使用 AnnotatedString，它是一个数据类，该字符串可以使用任意注解样式加以注解。

```
@Immutable
class AnnotatedString internal constructor(
    val text: String,// 要显示的文字内容
    // 位置范围在文字值内的内嵌样式
    val spanStyles: List<Range<SpanStyle>> = emptyList(),
    // 用于指定文字对齐、文字方向、行高和文字缩进样式
    val paragraphStyles: List<Range<ParagraphStyle>> = emptyList(),
    internal val annotations: List<Range<out Any>> = emptyList()
)
```

TextStyle 应用于 Text 可组合项，可以直接赋值给 Text 可组合函数的 style 参数，而 SpanStyle 和 ParagraphStyle 作用于 AnnotatedString。AnnotatedString 的值赋给 Text 可组合函数的 text 参数。SpanStyle 和 ParagraphStyle 的区别在于，ParagraphStyle 可应用于整个段落，而 SpanStyle 应用在字符级别。一旦用 ParagraphStyle 标记了一部分文字，该部分就会与其余部分隔开，就像在开头和末尾加上了换行符一样。

▶▶ 4.2.3 与用户交互

在实际产品需求中，界面布局上不仅需要显示文字以及为不同的文字显示不同的样式，而且需要这些文字可与用户交互，即用户可以选择和复制一段文字，也可以单击某些文字触发页面跳转等。

Jetpack Compose 支持在 Text 中进行精细的互动，文字选择会更加灵活，可以跨各种可组合项布局进行选择。但对文字的用户互动与其他可组合项控件不同，开发者无法为 Text 可组合项中的某一部分添加修饰符，需要借助其他 API 支持用户互动的实现。

1. 选择文字

Text 可组合项默认不可选择，所以默认情况下，用户无法从应用中选择和复制文字。要启用文字选择，可以使用 SelectionContainer 可组合项封装 Text。

```
@Composable
fun TestSelectableText() {
    SelectionContainer {
        Text("这些文字可以被选择")
    }
}
```

如果一段文字中有些可以被选择而有些不能被选择，就需要在可选择区域中对不可选择的文字停用选择功能，使用 DisableSelection 可组合项封装不可选择的部分。以下示例代码说明了如何设置文字可选择和不可选择，如图 4-10 所示。

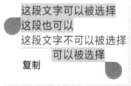

● 图 4-10　设置文字可选和不可选

```
@Composable
fun TestPartiallySelectableText() {
    SelectionContainer {
        Column {
            Text(text = "这段文字可以被选择")
            Text(text = "这段也可以")
            DisableSelection {
                Text(text = "这段文字不可以被选择")
            }
            Text(text = "这段又可以被选择")
        }
    }
}
```

2. 单击文字

如果要对整个 Text 可组合项添加点击事件并响应，可以给 Text 添加 clickable 修饰符，并在尾随 Lambda 中响应事件。

```
@Composable
fun TestClickText() {
    Text(text = "文字响应点击事件", modifier = Modifier.clickable {
        // 响应 Click 事件
    })
}
```

如果只是响应一段文字中部分内容的点击事件，对文字的不同部分执行不同的操作，则需要使用 ClickableText，它接收处理的文字必须是 AnnotatedString 类型的。

当需要为用户单击的文字某一部分附加额外信息，比如给特定范围的文字附加一个可在浏览器打开的网址，则需要附加一个注解，用于获取一个标记、一个项和一个文字范围作为参数，在 AnnotatedString 中，这些注解可以按照其标记或文字范围进行过滤。

▶▶ 4.2.4　编辑文字

要实现允许用户输入和修改文字内容，开发者一定要熟悉使用 Android View 的 EditText 控件，Compose 中提供了 TextField 控件来实现相同的功能。

TextField 的实现分为两种：一种是 Material Design 风格的实现，包括填充样式的 TextField 和带轮廓样式的 OutlinedTextField；另一种是 BasicTextField，允许用户通过硬件或软件键盘编辑文字，但没有提供提示或占位符等装饰。以下示例代码演示 TextField 和 OutlinedTextField 的简单使用，并放在一起对比两种样式的 TextField，如图 4-11 所示。

```
@Composable
fun TestFieldAndOutlinedText() {
    var text by remember { mutableStateOf("Hello") }
    Column {
        TextField(
            value = text,
            onValueChange = { text = it },
            label = { Text("TextField") }
        )
        OutlinedTextField(
            value = text,
            onValueChange = { text = it },
            label = { Text(text = "OutlinedTextField") })
    }
}
```

TextField 和 OutlinedTextField 是同一类型的文字编辑框，它们的可组合函数参数都一样，读者可以通过源码查看它们的函数定义，它们都是通过自定义 BasicTextField 实现了 Material Design 风格的布局。

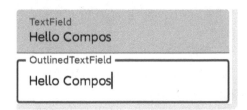

● 图 4-11　两种 Material 样式的 TextField

1. 设置 TextField 样式

TextField 和 BasicTextField 共用了许多参数，开发者可以对它们进行自定义，设置独特的 TextField 样式。这里以几个常用的参数说明如何设置 TextField 样式，读者可以尝试修改其他参数设置不同的样式。以下示例代码限制输入框最多显示输入两行文字，并将输入文字显示为蓝色加粗字体，运行效果如图 4-12 所示。

● 图 4-12　设置 TextField 样式

```
@Composable
fun TestTextFieldStyle() {
    var value by remember {
        mutableStateOf("Hello \nCompose \nInvisible")
    }
    TextField(
        value = value,
        onValueChange = { value = it },
        label = { Text("Enter text") },
        maxLines = 2,
        textStyle = TextStyle(color=Color.Blue, fontWeight=FontWeight.Bold),
```

```
        modifier = Modifier.padding(20.dp)
    )
}
```

2. 键盘选项

通过 TextField 参数可以设置键盘配置选项或启用自动更正（需要键盘支持），主要使用 keyboard-Options 和 keyboardActions 这两个参数。keyboardOptions 对应的类型提供以下参数，下面依次说明：

```
@Immutable
class KeyboardOptions constructor(
    val capitalization:KeyboardCapitalization=KeyboardCapitalization.None,
    val autoCorrect: Boolean = true,
    val keyboardType: KeyboardType = KeyboardType.Text,
    val imeAction: ImeAction = ImeAction.Default
)
```

（1）capitalization

capitalization 参数的类型为 KeyboardCapitalization，用于请求软键盘对文字进行大写输入，这个功能仅对于支持文字大写的语言有效，比如英文或汉语拼音。Compose 源码提供 4 种类型，源码及注释如下：

```
inline class KeyboardCapitalization internal constructor(internal val value: Int) {
    companion object {
        val None = KeyboardCapitalization(0)//默认值,表示不自动大写文本
        val Characters = KeyboardCapitalization(1)//表示将所有字符大写
        val Words = KeyboardCapitalization(2)//表示将每个单词的第一个字符大写
        //表示以句子为单位,将句子的第一个字符大写
        val Sentences = KeyboardCapitalization(3)
    }
}
```

（2）autoCorrect

autoCorrect 参数的类型是 Boolean，默认值为 true，这个参数的作用是通知键盘是否启用自动更正。需要注意的是，autoCorrect 参数只适用于基于文本的 keyboardType，如 Email 和 Uri，而对于数字类型的文本不起作用，大多数软键盘实现都会忽略这个参数。

（3）keyboardType

keyboardType 参数的类型是 KeyboardType，表示在编辑文本时使用的输入法编辑器（IME），支持8 种类型，以下是源码中定义的类型，在注释中说明了每种类型的应用场景。

```
inline class KeyboardType internal constructor(private val value: Int) {
    companion object {
        // 用于请求显示常规键盘的 IME
        val Text: KeyboardType = KeyboardType(1)
        // 用于请求能够输入 ASCII 字符的 IME
        val Ascii: KeyboardType = KeyboardType(2)
```

```
        // 用于请求能够输入数字的 IME
        val Number: KeyboardType = KeyboardType(3)
        // 用于请求能够输入电话号码的 IME
        val Phone: KeyboardType = KeyboardType(4)
        // 用于请求能够输入 URI 的 IME
        val Uri: KeyboardType = KeyboardType(5)
        // 用于请求能够输入电子邮件地址的 IME
        val Email: KeyboardType = KeyboardType(6)
        // 用于请求能够输入密码的 IME
        val Password: KeyboardType = KeyboardType(7)
        // 用于请求能输入数字密码的 IME
        val NumberPassword: KeyboardType = KeyboardType(8)
    }
}
```

（4）imeAction

imeAction 参数的类型是 ImeAction，这个参数用来定义键盘会执行的 IME 操作，通常是指对软键盘上右下角按钮的操作行为的定义，同时会在该按钮上显示特定的图标，用来表达 imeAction 的语义，不同的软键盘会有不同的定义。与 keyboardType 一样，Compose 库源码提供了一些 ImeAction 类型的定义，每种类型的具体作用见注释说明。

```
inline class ImeAction internal constructor(@Suppress("unused") private val value: Int) {
    companion object {
        // 使用平台和键盘的默认设置,让键盘来决定操作
        val Default: ImeAction = ImeAction(1)
        // 表示期望键盘不执行任何操作,默认是换行操作
        val None: ImeAction = ImeAction(0)
        // 表示用户想跳转到正在输入的文本的目标,比如访问 URL
        val Go: ImeAction = ImeAction(2)
        // 表示用户想要执行搜索,比如网络搜索查询
        val Search: ImeAction = ImeAction(3)
        // 表示用户想要发送正在输入的文本,比如发送邮寄内容
        val Send: ImeAction = ImeAction(4)
        // 表示用户想要返回到先前的输入,比如返回到表格的前一个字段
        val Previous: ImeAction = ImeAction(5)
        // 表示用户已完成输入,并且想进入下一步,比如进入表单的下一个输入框
        val Next: ImeAction = ImeAction(6)
        // 表示用户已完成输入操作
        val Done: ImeAction = ImeAction(7)
    }
}
```

通过 imeAction 参数指定了具体的 IME 操作类型后，还需要通过 TextField 的 keyboardActions 参数设置相应的交互逻辑，即监听 imeAction 的事件并执行相应的操作。读者可查看 KeyboardActions 类源码中定义的与 ImeAction 中的类型对应的响应行为。

3. 格式设置

在实际产品需求中，开发者可能会需要将某些输入内容做格式化处理，比如在输入密码的编辑框中将输入的内容用星号（＊）代替，或者对输入的账号每隔 4 位字符插入一个连字符，这时就需要对输入控件做格式设置。TextField 控件通过 visualTransformation 参数设置输入字符的格式，开发者可以实现用接口 VisualTransformation 来自定义输入字符的显示格式，开发者需要在 filter 方法中实现对输入的内容变换后的格式，Compose 中提供了对密码内容格式化的默认实现类 PasswordVisualTransformation。

4.3 Compose 的按钮控件

按钮控件也是 App 开发中使用非常多的 UI 控件，Android View 中的 Button 控件是每个 Android 开发者使用得心应手的控件。Compose 库中也提供了 Button 控件，本节将介绍 Compose 中 Button 控件的使用和实现原理。

▶▶ 4.3.1 创建和使用按钮

在 Compose 中创建按钮很简单，如下的 Composable 函数即创建了一个 Button：

```
@Composable
fun TestButton() {
    Button(onClick = { /* TODO*/ }) {
        Text(text = "这是一个按钮")
    }
}
```

按钮最核心的功能就是响应用户的点击事件，同时在按钮上显示必要的文案，说明该按钮的作用。Compose Button 是一个可组合函数，通过参数 onClick 传入要响应的事件，具体的事件逻辑在 Lambda 函数中实现，类似于在 Android View Button 中调用 Button 对象的 setOnClickListener，并在其回调方法 OnClick 中实现事件逻辑；Compose Button 的文案内容需要在 Button 的尾随 Lambda 中通过可组合函数 Text 实现。

要更好地使用 Compose Button，在实际产品需求中开发符合设计的按钮，需要对 Button 的参数有全面而准确的理解。下面对 Button 可组合函数的参数进行逐一解析，说明其使用方法。

```
@Composable
fun Button(
    onClick: ()-> Unit,
    modifier: Modifier = Modifier,
    enabled: Boolean = true,
    interactionSource: MutableInteractionSource = remember { MutableInteractionSource()},
    elevation: ButtonElevation? = ButtonDefaults.elevation(),
    shape: Shape = MaterialTheme.shapes.small,
```

```
    border: BorderStroke? = null,
    colors: ButtonColors = ButtonDefaults.buttonColors(),
    contentPadding: PaddingValues = ButtonDefaults.ContentPadding,
    content: @Composable RowScope.()-> Unit
)
```

1. onClick

onClick 参数是一个 Lambda 函数，开发者需要在该函数中实现单击此按钮的响应逻辑，这个参数的执行受 enabled 参数的控制，当 enable 值为 false 时，onClick 将不会被调用，也就不会响应点击事件。

2. modifier

modifier 参数是用于设置按钮的布局修饰符，比如设置按钮的宽高尺寸、边距大小等，类似于 Android View 控件需要设置 layout_width、layout_padding 等属性值，用于修饰控件的布局属性。在 8.3 节将详细讲解 modifier 的使用和原理。

3. enabled

enabled 参数用于控制按钮的启用状态，类型为 Boolean，Button 的此参数默认值为 true。enabled 参数还将控制 elevation 和 colors 等参数的内部实现，用于实现按钮在开启和不开启状态下的阴影高度和背景色等效果。

4. interactionSource

interactionSource 表示当前按钮的交互源，其类型为 MutableInteractionSource，如果要观察交互并自定义此按钮在不同交互中的外观、行为等，则可以创建并传递按钮的 MutableInteractionSource 对象，该对象被 remember 包装，具有记忆特性。

5. elevation

elevation 用于解析当前按钮在不同状态下的高度，它会控制按钮下方的阴影大小。它的类型是 ButtonElevation，这是一个接口类，开发者可以实现这个接口自定义按钮不同状态下的阴影区域高度。

6. shape

shape 参数用于定义 Button 的边框和阴影的形状，它的类型是 Shape，在 4.1 节关于 Compose 主题的讲解中详细介绍过 Shape 的实现。在 Android View 中要给 Button 设置形状，需要在 res/drawable/ 目录下定义标签为 <shape> 的资源文件，然后在 Button 控件中将该资源文件设置为 Button 的 background，这个开发过程非常复杂。而 Compose 中给 Button 控件设置形状则非常简单，开发者可以直接使用主题文件中定义好的 shape 成员，或者自定义 RoundedCornerShape 对象。

7. border

border 参数类型为 BorderStroke，默认值为 null，它可以用来绘制按钮的边框。构造 BorderStroke 需要传入宽度值和颜色值（或者是 Brush 对象，颜色值也会被封装成 Brush 对象）。

8. colors

colors 参数的类型是 ButtonColors，它是一个接口类，定义了分别设置 Button 的背景色和内容颜色的方法，源码如下。在 Button 的实现中会分别调用这两个方法解析出 colors 参数中的背景颜色值和内容颜色值，然后分别设置给 Surface 的参数 color 和 contentColor。

```
@Stable
interface ButtonColors {
    @Composable
    fun backgroundColor(enabled: Boolean): State<Color>

    @Composable
    fun contentColor(enabled: Boolean): State<Color>
}
```

ButtonColors 中的两个方法都接受 Boolean 类型的 enabled 参数，这就是创建 Button 时传入的 enabled 参数，ButtonColors 的两个方法的实现会根据 enabled 参数设置 Button 在启用和不启用状态下的颜色值。colors 参数的默认值是 ButtonDefaults.buttonColors()。

9. contentPadding

contentPadding 参数用于设置 Button 内容的边距值，在 Button 的内部实现中通过 Modifier.padding() 函数进行设置。它与 Button 的 modifier 参数中设置边距有一点区别，contentPadding 设置的是 Button 的 content 参数的边距，即 Button 的内容相对于边框的距离，而 modifier 参数设置的是 Button 控件相对于布局中其他控件的距离。contentPadding 的类型是 PaddingValues，包括 start、top、end、bottom 四个方向的边距值，Button 的实现中给 contentPadding 设置了默认值 ButtonDefaults.ContentPadding。

10. content

content 是一个插槽，开发者可以给 Button 设计自定义的内容，比如用文字加上带有语义的图标或者其他特殊形式的内容。关于插槽的内容详见第 8 章 Compose 运行原理，这里 content 参数是一个尾随 Lambda 函数，这个函数也是一个 Composable 函数。

▶▶ 4.3.2　Material 主题的按钮

Jetpack Compose 提供了 Material Design 的实现，Material 组件和布局作为可组合函数提供，比如 4.3.1 节中介绍的 Compose Button。同时在 Button 可组合函数参数中提供了 Material 主题的默认实现，比如其参数 elevation、shape 和 colors 等的默认实现。Compose 提供了许多此类组件，开箱即可使用。

对于按钮控件，除了可组合函数 Button，Compose 还提供了 Material Design 的多种实现，比如 OutlinedButton、TextButton、IconButton 和 FloatingActionButton，前两种都是基于 Button 实现的，后两种是有独特样式的按钮控件，这些按钮控件的实现有一个共同点：都会通过 modifier 参数传入一个表示 UI 元素类型的值 Role.Button，它将与控件可访问的语义属性关联，比如具有 OnClick 语义行为、具有 Disabled 语义属性。

1. OutlinedButton

OutlinedButton 可组合函数的参数与 Button 可组合函数一样，并且将其所有参数全部传给 Button 来实现其功能。OutlinedButton 类型的按钮一般不需要设置阴影高度，所以其 elevation 参数默认为 null，参数 border 和 colors 也分别给出了不同于 Button 对应参数的默认值。

设计 OutlinedButton 主要是用于响应那些在 App 布局中有重要提示性，但不是主要行为的按钮，它的重要级别低于 ContainedButton，即基础的 Button 可组合函数的实现。OutlinedButton 的示例如图 4-13 所示。

2. TextButton

TextButton 可组合函数的参数也与 Button 可组合函数一样，它同样将其参数全部传给 Button 来实现它的功能。TextButton 通常用于响应不太明显的动作，它的重要级别比 OutlinedButton 低，一般用于对话框或者卡片中响应点击事件的按钮。它的参数 elevation 和 border 默认都是 null，其 colors 参数提供了默认值 ButtonDefaults.textButtonColors( )。TextButton 示例如图 4-14 所示。

● 图 4-13　OutlinedButton 示例

● 图 4-14　TextButton 示例

3. IconButton

IconButton 使用一个可单击的图标响应一个动作行为，它一般用于 App Bar 中作为导航图标。根据 Material Design 的规范，一个 IconButton 的可单击范围最小尺寸应设为 48×48 dp，其图标内容通过 content 参数设置一个 Icon 可组合函数，material-icons-core 库中提供了许多 Icon 设计，开发者也可以自定义 Icon，要求其尺寸大小为 24×24 dp。

4. FloatingActionButton

FloatingActionButton 常被简称为 FAB，它通常用于在屏幕上执行主要的或最常见的操作，它会出现在 App 页面内所有内容的前面，通常是中间带有一个指示动作图标的圆形控件。

Compose 中提供了两种 FAB 控件，一种是常规的图标形式的 FAB，并设置了默认的尺寸；另一种是扩展的 FAB，它的宽度比常规 FAB 要大，带有文字标签，图标是可选的设置项。FAB 中设置图标的方式与 IconButton 一样。FAB 的演示示例如图 4-15 所示。

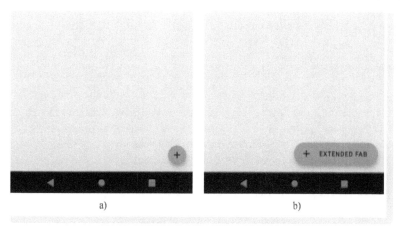

● 图 4-15　FAB 演示示例

a）常规样式的 FAB　b）扩展样式的 FAB

▶▶ 4.3.3　自定义按钮

虽然 Compose 库中已经提供了许多开箱即用的按钮控件，但是开发者仍然可以设计出独特样式和风格的按钮。

自定义按钮的方法与自定义主题类似，开发者也可以采用三种方式进行自定义：

1）修改 Button 可组合函数的部分属性值，保留其他属性。

2）扩展或者封装现有的 Button 可组合函数，设置自定义样式的属性值。

3）仿照 Button 的实现方式完全自定义按钮组件。

第一种方式自定义按钮最简单，与直接使用默认的 Button 控件用法一样，只是对可组合函数参数的自定义。第二种方式也是比较简单的实现方式，开发者可以有更多的自定义元素。示例代码如下：

```
@Composable
fun MyButton(
    onClick: ()-> Unit,
    modifier: Modifier = Modifier,
    content: @Composable RowScope.()-> Unit
) {
    Button(
        colors = ButtonDefaults.buttonColors(
            backgroundColor = MaterialTheme.colors.secondary
        ),
        onClick = onClick,
        modifier = modifier,
        content = content
    )
}
```

利用第三种自定义方式，开发者可以设计出完全不同于默认 Material 风格的按钮。可以参考

FloatingActionButton 的实现源码，利用 Compose 的基础组件实现精美的按钮控件。

```
@Composable
fun FloatingActionButton(
    onClick: ()->Unit,
    modifier: Modifier = Modifier,
    interactionSource: MutableInteractionSource = remember { MutableInteractionSource() },
    shape: Shape = MaterialTheme.shapes.small.copy(CornerSize(percent = 50)),
    backgroundColor: Color = MaterialTheme.colors.secondary,
    contentColor: Color = contentColorFor(backgroundColor),
    elevation: FloatingActionButtonElevation = FloatingActionButtonDefaults.elevation(),
    content: @Composable ()->Unit
) {
    Surface(
        modifier = modifier,
        shape = shape,
        color = backgroundColor,
        contentColor = contentColor,
        elevation = elevation.elevation(interactionSource).value,
        onClick = onClick,
        role = Role.Button,
        interactionSource = interactionSource,
        indication = rememberRipple()
    ) {
        CompositionLocalProvider(LocalContentAlpha provides contentColor.alpha) {
            ProvideTextStyle(MaterialTheme.typography.button) {
                Box(
                    modifier = Modifier
                        .defaultMinSize(minWidth = FabSize, minHeight = FabSize),
                    contentAlignment = Alignment.Center
                ) { content() }
            }
        }
    }
}
```

4.4 Compose 的图片控件

图片是应用中生动有趣的交互元素，现代 App 中几乎每个页面都有大量的图片内容，用户也更喜欢使用"有图有真相"的 App。所以，图片控件是 UI 系统不可或缺的控件。Compose 库中的 Image 组件提供了类似 Android View 中 ImageView 的功能，并且具有更友好的 API 供开发者使用。本节主要介绍 Compose 图片控件的使用和 API 原理。

▶▶ 4.4.1 创建和使用图片控件

在 Compose 中创建图片控件也非常简单，如下的 Composable 函数创建了一个图片控件并可显示一张本地图片：

```
@Composable
fun TestImage() {
    Image(
        painter = painterResource(id = R.drawable.scenary),
        contentDescription = "This is an Image"
    )
}
```

Image 可组合函数的完整参数定义如下。Image 可组合函数将对给定的 painter 对象进行绘制和布局，布局的尺寸大小默认根据 painter 的固有尺寸进行调整，同时也提供了可选参数 modifier 实现尺寸的调整。通过 modifier 参数还可以实现其他附加内容，比如背景。contentDescription 参数用于设置描述图片内容的文字，这是为了支持可访问服务的辅助功能项，除非图片内容用于装饰目的或者不代表用户可以执行的有效操作，都应该给该参数设置内容，设置的文本内容可以是本地化的文字。

```
@Composable
fun Image(
    painter: Painter,
    contentDescription: String?,
    modifier: Modifier = Modifier,
    alignment: Alignment = Alignment.Center,
    contentScale: ContentScale = ContentScale.Fit,
    alpha: Float = DefaultAlpha,
    colorFilter: ColorFilter? = null
)
```

Compose 中还提供了另外两个 Image 的重载函数，它们与上面定义的 Image 可组合函数唯一的区别在于第一个参数，它们传入的分别是 ImageBitmap 和 ImageVector 对象，其实现部分都是调用下面这个 Image 函数，即分别将 ImageBitmap 和 ImageVector 对象封装成 Painter 对象。

ImageBitmap 是 Compose 中定义的图形对象，它是用 ARGB 值表示像素信息的二维数组。它对应到 Android View 中的 Bitmap 对象，Compose 提供了 AndroidImageBitmap 类将 Bitmap 对象转成 ImageBitmap 对象。ImageVector 是 Compose 中定义的矢量图对象，它继承了 Painter 接口类，通过可组合函数 rememberVectorPainter 封装 ImageVector 对象为 Image 可接受的对象。

Image 的 painter 参数类型 Painter 是一个抽象类，Compose 1.1.0 版本中提供了 4 个子类实现，如图 4-16 所示。BitmapPainter 和 VectorPainter 类即是 ImageBitmap 和 ImageVector 对应的 Painter 实现。

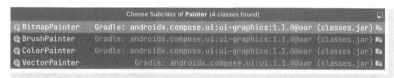

● 图 4-16　Painter 的实现类

▶▶ 4.4.2　设置图片样式

开发者应该很熟悉对 Android View 中的 ImageView 控件设置图片的显示样式，比如通过 scaleType 属性设置图片的缩放拉伸样式，使用 Compose Image 控件设置图片样式需要了解其参数的意义。

1. alignment

alignment 参数用于设置图片的对齐方式，其类型是 Alignment。Alignment 通常用于定义一个布局在其父布局内的对齐方式，在 Compose 的布局中会经常用到。关于布局对齐方式，将在 5.1 节详细介绍。Image 中的 alignment 参数用于在 PainterModifier 类中绘制 painter 对象时计算其显示位置，默认值设置了 Alignment.Center，表示将 painter 相对于 Image 控件的宽和高居中绘制显示。

2. contentScale

contentScale 参数用于设置 painter 的横纵方向的缩放比例，当 painter 的固有尺寸和 Image 控件的宽高大小不同时，对 painter 进行缩放。contentScale 参数的类型 ContentScale 是一个接口类，定义了一个抽象方法 computeScaleFactor，在 ContentScale 的伴生对象中定义了表示不同缩放模式的类型，这些类型都通过实现 computeScaleFactor 方法来计算横轴或纵轴方向的缩放比例因子。

ContentScale 中定义的缩放类型与 ImageView 中的 ScaleType 属性值类似，其中一些缩放类型与 ScaleType 中的某些值有相同的作用。

3. alpha

alpha 参数是一个 Float 类型的值，取值为 0~1，表示图片的不透明度。Image 可组合函数中 alpha 的默认值为 DefaultAlpha = 1.0f，表示所绘制的 painter 为完全不透明，当 alpha 取值为 0.0f 时表示完全透明。

如何理解图片的不透明度？下面以示例代码及运行结果来说明 alpha 取值对图片显示的不透明度的影响。

```
@Composable
fun TestImageAlpha() {
    Box (contentAlignment = Alignment.Center){
        Text(text = "文字内容")
        Image(
            painter = painterResource(id = R.drawable.scenary),
            contentDescription = "This is an Image",
            alpha = 0.8f //设置图片的不透明度
        )
    }
}
```

上面的代码中用 Box 布局排列了一个 Text 控件和一个 Image 控件，分别显示文字内容和图片内容。修改 Image 的 alpha 值分别为 0.8 和 0.2，比较运行结果中图片和文字的显示效果，如图 4-17 所示。可以发现，当 alpha 取值较大时，图片的不透明度较高，文字被遮盖更严重；当 alpha 取值较小时，图片的不透明度较低，文字显示更清晰。

a)   b)

● 图 4-17　设置 Image 的 alpha

a）alpha 取值 0.8　b）alpha 取值 0.2

4. colorFilter

colorFilter 参数用于给图片添加颜色滤镜，其类型为 ColorFilter。ColorFilter 中提供了 3 种添加滤镜的方法，源码如下。

```
@Immutable
class ColorFilter internal constructor(internal val nativeColorFilter: NativeColorFilter) {
    companion object {
        @Stable
        fun tint(color: Color, blendMode: BlendMode = BlendMode.SrcIn): ColorFilter = actu-
alTintColorFilter(color, blendMode)

        @Stable
         fun colorMatrix(colorMatrix: ColorMatrix): ColorFilter = actualColorMatrixColor-
Filter(colorMatrix)

        @Stable
        fun lighting(multiply: Color, add: Color): ColorFilter = actualLightingColorFilter
(multiply, add)
    }
}
```

tint 方法是将 color 参数作为源色值，通过 blendMode 提供的混合模式对 Image 内容进行着色，其中混合模式的实现在 Android 系统版本 29 以下采用了 PorterDuff 图像合成模式。colorMatrix 方法是通过一个 4 行 5 列的颜色矩阵，对图片中的颜色值进行转换，将颜色矩阵应用到 RGBA 格式的颜色值上，可以得到该颜色值的每个通道被映射到 0~255 范围内的值，所以这个方法可以用于改变像素的饱和度，或者将 YUV 格式的颜色转换到 RGB 格式。lighting 方法用于给图片内容添加简单的光照效果，并提供了两个 Color 类型的参数，一个用于乘法运算，另一个用于加法运算。

▶▶ 4.4.3　加载网络图片

在实际项目需求中，App 中展示的图片不仅仅是集成在 apk 中的本地图片资源，大量的图片内容需要从服务器动态地加载并显示。在 Android View 中，要显示网络图片资源，开发者可以自己实现下载网络图片文件的逻辑，然后加载显示下载后的图片，也可以使用业界开源的优秀图片加载框架，比如 Fresco 和 Glide，这些开源库都支持通过简单的设置方便地加载网络图片资源。Compose 中借助开源库 Coil 可以很方便地加载网络图片资源。

使用 Coil 图片库需要在 build.gradle 文件中添加如下依赖项：

```
implementation("io.coil-kt:coil-compose:2.0.0-rc02")
```

Coil 库中提供了类似 Compose 库中的标准图片组件 Image 的组件，叫作 AsyncImage，AsyncImage 也是一个可组合函数，它负责执行异步请求图片并渲染请求到的图片内容，它提供了与 Image 可组合函数相同的参数列表，另外支持设置 placeholder/error/fallback 等 Painter 对象和 onLoading/onSuccess/onError 等状态回调函数。AsyncImage 的定义如下：

```
@Composable
fun AsyncImage(
    model: Any?,
    contentDescription: String?,
    imageLoader: ImageLoader,
    modifier: Modifier = Modifier,
    placeholder: Painter? = null,
    error: Painter? = null,
    fallback: Painter? = error,
    onLoading: ((State.Loading) -> Unit)? = null,
    onSuccess: ((State.Success) -> Unit)? = null,
    onError: ((State.Error) -> Unit)? = null,
    alignment: Alignment = Alignment.Center,
    contentScale: ContentScale = ContentScale.Fit,
    alpha: Float = DefaultAlpha,
    colorFilter: ColorFilter? = null,
    filterQuality: FilterQuality = DefaultFilterQuality,
)
```

model 参数既可以是 ImageRequest.data 值，也可以是 ImageRequest 对象，ImageRequest.data 的类型默认支持 String、Uri、HttpUrl、File、DrawableRes、Drawable、Bitmap 和 ByteBuffer。imageLoader 参数负责执行图片请求，它封装了网络请求和图片缓存管理相关的方法，网络请求部分使用了 OkHttp 库。

与 Android View 中常用图片库的设计中提供了设置默认图以及图片请求回调等功能类似，AsyncImage 中也通过参数提供了这些功能。placeholder 用于设置图片请求过程中的默认图，error 参数可以设置当图片请求失败时的状态图，fallback 参数可以设置当请求的图片资源为空时的填充图，当图片请求开始执行时会回调 onLoading 方法，当图片请求成功完成时回调 onSuccess，当图片请求失败后回调 onError 方法。

下面的示例代码用于加载一张网络图片，设置了图片加载过程中显示的默认图，将图片内容的缩放类型设置为 ContentScale.Crop，并通过 modifier 参数设置显示图片为圆形。

```
AsyncImage(
    model = ImageRequest.Builder(LocalContext.current)
        .data("https://example.com/image.jpg")
        .crossfade(true)
        .build(),
    placeholder = painterResource(R.drawable.placeholder),
    contentDescription = stringResource(R.string.description),
    contentScale = ContentScale.Crop,
    modifier = Modifier.clip(CircleShape)
)
```

Coil 库中还提供了 AsyncImage 的一个变体实现，叫作 SubcomposeAsyncImage，它为 AsyncImage Painter 的状态自定义实现提供了 API。AsyncImage 和 SubcomposeAsyncImage 内部都是基于 rememberAsyncImagePainter 这个基础 API 实现的，它返回 AsyncImagePainter 对象并管理其状态。AsyncImagePainter 是可以异步执行图片请求和渲染的 Painter，这个 Painter 与 Compose 库的 Image 可组合函数接收的 painter 对象是同一个抽象类。

AsyncImagePainter 的类定义很清楚地说明了它的功能：

```
@Stable
class AsyncImagePainter internal constructor(
    request: ImageRequest,
    imageLoader: ImageLoader
) : Painter(), RememberObserver {
    ...// 省略源码
}
```

相比 AsyncImage，SubcomposeAsyncImage 增加了如下 3 个参数作为插槽，接受开发者自定义的图片加载状态：

```
loading: @Composable (SubcomposeAsyncImageScope.(State.Loading) -> Unit)? = null
success: @Composable (SubcomposeAsyncImageScope.(State.Success) -> Unit)? = null
error: @Composable (SubcomposeAsyncImageScope.(State.Error) -> Unit)? = null
```

另外还有一个 SubcomposeAsyncImage 的重载函数没有上面的 3 个参数，而是提供一个名为 content 的尾随 Lambda 接受开发者自定义状态，使用示例如下：

```
SubcomposeAsyncImage(
    model = "https://example.com/image.jpg",
    contentDescription = stringResource(R.string.description)
) {
    val state = painter.state
    if (state is AsyncImagePainter.State.Loading || state is AsyncImagePainter.State.
Error) {
```

```
        CircularProgressIndicator()
    } else {
        SubcomposeAsyncImageContent()
    }
}
```

需要注意的是，Coil 官网资料上也说明了，SubcomposeAsyncImage 的实现会有性能损耗问题，主要是由于图片尺寸引起的内部约束布局的计算性能，所以建议不要在有较高的性能要求的 UI 布局中使用 SubcomposeAsyncImage 加载图片，比如列表。另外，如果在布局设计中要接受一个 Painter 对象，但不能使用 AsyncImage 可组合函数加载图片，可以直接使用 rememberAsyncImagePainter 加载网络图片，示例代码如下。

```
val painter = rememberAsyncImagePainter("https://example.com/image.jpg")
```

4.5 小结和训练

本章主要介绍了 Compose 的基础控件使用和原理分析，这些基础控件构成了界面中的基本元素，任何一个复杂界面都离不开这些基础控件。全面掌握这些基础控件的各个属性和特点后，开发者就能更好地处理界面开发实现中的细节问题。

这一章开启了 Compose 编程的真正实践，学习了基本的界面编程元素后，读者可以上手小试牛刀，体验一下 Compose 开发的乐趣。读者可以创建一个 Demo 工程，尝试以下练习内容：

1. 修改 Demo 工程默认生成的主题，尝试自定义一套不同风格的主题，并在 Demo 工程中应用新的主题。

2. 在 Demo 工程中使用 Text 控件，分别显示常量字符串和字符串资源，然后实现可选择的文字，以及编辑文字等交互动作。

3. 尝试使用 TextButton 设计几个不同样式且带文字的按钮。

4. 使用 Image 控件加载工程中的图片资源，并修改图片的显示样式。

5. 尝试加载网络图片资源。

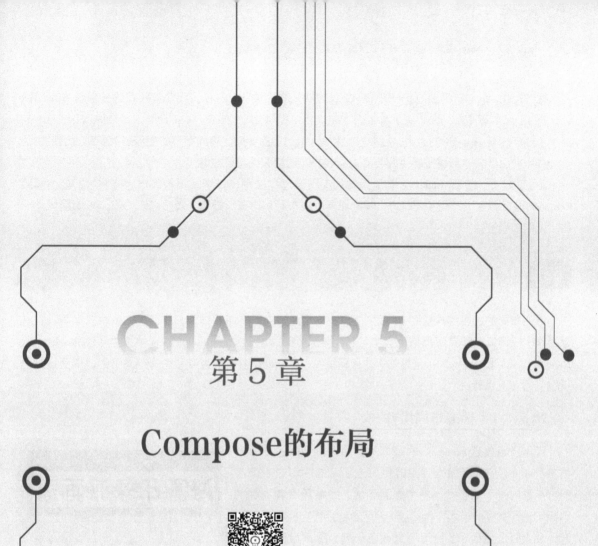

CHAPTER 5
第 5 章

Compose的布局

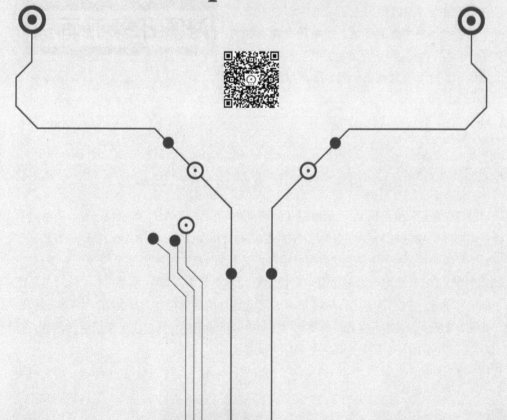

　　用户使用 App 功能时，首先直观感受到的就是界面的 UI 内容，开发者只有通过合理的布局设计，将 UI 元素有序排列在手机屏幕上，才能给用户提供生动有趣的 App 功能。如果说基础的 UI 控件和主题样式是 App UI 的血肉，那么布局就是 App UI 的骨架。前面章节的内容里或多或少已经用到了一些布局设计，本节将主要讲解与 Compose 的布局相关的基础内容。

　　本章内容重点介绍 Compose 布局组件的实现原理和使用，在掌握了基础布局控件后，再讲解用 Compose 进行自定义布局实现，进一步实现自适应布局和约束布局等。最后介绍 Compose 库提供的一些复杂的布局控件。

5.1　Compose 布局基础

　　界面布局的主要目的是将 UI 元素按照一定的规则进行有序的排列，使得整体界面视觉美观且易于操作。任何复杂的界面都是由基本的布局模式组成的，比如 Android View 中提供了 LinearLayout、RelativeLayout 和 FrameLayout 等基本的布局组件，Compose 中也有类似功能的布局组件，本节详细分析它们的实现原理。

▶▶ 5.1.1　标准布局组件

　　可组合函数是 Compose 的基本构建块，用于描述界面中的某一部分，它接受输入并生成屏幕上显示的内容。一个可组合函数内部可能会发出多个界面元素，如果开发者不对这些元素进行有序的排列，Compose 编译器就会将它们堆叠在一起，在界面上显示为多种元素重叠在一起，示例代码的运行效果图（如图 5-1 所示）。

● 图 5-1　没有布局的界面效果

```
@Composable
fun ArtistNameCard() {
    Text("Alfred Sisley")
    Text("法国印象派画家")
}
```

　　对界面内容进行布局设计就是将 UI 元素按照某种规则进行排列，可能是横向或纵向的线性排列，也可能是层级式的排列。Android View 中提供了 FrameLayout、LinearLayout 和 RelativeLayout 等基础布局组件，任何一个复杂的界面都可以通过这些布局组件实现界面元素的有序排列。

　　Compose 同样提供了一系列可用的布局组件来帮助排列界面元素，其中提供了 3 种标准布局组件：Column、Row 和 Box，它们并不是 Android View 的布局组件的简单对应，而是对 3 种基本的布局样式的抽象，如图 5-2 所示。通常开发者只需要利用这些标准布局组件，通过自定义可组合函数，就可以将 UI 元素组合成精美的复杂界面，满足应用的设计需求。

　　分析这几种标准布局组件的源码，它们的参数结构很相似，第一个参数都是 modifier，用于布局

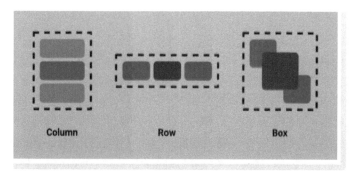

● 图 5-2　标准布局组件模板样式

设置修饰符，下一节将讲解布局中的修饰符；最后一个参数都是扩展自该布局对应的 Scope 类型的插槽函数。Column 和 Row 的参数更加相似，第二个参数设置 Arrangement，第三个参数设置 Alignment，只是它们分别有各自的实现内容。下面以 Column 的源码为例说明标准布局组件的实现原理。

```
@Composable
inline fun Column(
    modifier: Modifier = Modifier,
    verticalArrangement: Arrangement.Vertical = Arrangement.Top,
    horizontalAlignment: Alignment.Horizontal = Alignment.Start,
    content: @Composable ColumnScope.()-> Unit
) {
    val measurePolicy = columnMeasurePolicy(verticalArrangement, horizontalAlignment)
    Layout(
        content = { ColumnScopeInstance.content()},
        measurePolicy = measurePolicy,
        modifier = modifier
    )
}
```

　　Row 和 Box 的源码与 Column 的源码内容相似、实现原理也相同。Row 和 Column 的参数类型相同，只是有各自具体实现的差别，Box 没有 Arrangement 类型的参数，而有一个 Boolean 类型的参数用于控制是否要应用约束 Box 的布局内容。

　　参数 Arrangement 用于设置线性布局的方向，有两种类型：Arrangement.Vertical 和 Arrangement.Horizontal，Column 取前者，而 Row 取后者，这两个类型与 Android View 中 LinearLayout 的 orientation 属性的取值类似。Vertical 类型下有 Arrangement.Top 和 Arrangement.Bottom 两个取值，分别表示将 Column 布局的子元素竖直地放置在竖轴靠近顶部和底部的位置；Horizontal 类型下有 Arrangement.Start 和 Arrangement.End 两个取值，分别表示将 Row 布局的子元素水平地放置在横轴的开始和结束位置。

　　参数 Alignment 用于设置布局容器内的子元素的对齐方式，与 Arrangement 的类型对应，当布局方向为 Arrangement.Vertical 时，需要设置水平方向的对齐方式，取值类型为 Alignment.Horizontal；当布局方向为 Arrangement.Horizontal 时，需要设置竖直方向的对齐方式，取 Alignment.Vertical 类型的值。

Alignment.Horizontal 和 Alignment.Vertical 也有对应的可按字面意思理解的具体取值，开发者可以自行查看源码。

▶▶ 5.1.2 布局中的修饰符

在前面章节的示例代码中，读者已经遇到过很多地方使用了 modifier 参数，即 Compose 中的修饰符，修饰符在布局、配置尺寸和设置交互行为等方面发挥着重要作用。修饰符是 Compose 中很重要的设计，包括多种不同的类型，可以影响不同的行为，例如绘制修饰符（DrawModifier）、指针输入修饰符（PointerInputModifier）以及焦点修饰符（FocusModifier）等。关于 Compose 修饰符的设计原理将在第 8.3 节集中讲解，本节主要介绍布局中经常使用的修饰符。

1. 内边距

使用 Android View 设计布局时，开发者需要了解布局元素的盒子模型，在盒子外面相对于其他布局元素的间距用 margin 来表示，在盒子里面边框相对于布局内容的间距用 padding 表示，开发者需要明确知道该设置什么边距值。Compose 的修饰符设计使这种行为变得明确且可预测，并且开发者可以更好地控制，以实现期望的确切行为，所以 Compose 中表示边距的修饰符只有 padding。名称带有 padding 的修饰符函数与设置可组合项的内边距相关，这样的修饰符包括：padding、absolutePadding、paddingFrom 和 paddingFromBaseLine，有 4 个 padding 的重载函数：

```
fun Modifier.padding(all: Dp)
```

传入一个边距值，对 UI 元素的 left、top、right 和 bottom 4 个方位设置同样的边距，适合元素四周边距相同的元素。

```
fun Modifier.padding(
    horizontal: Dp = 0.dp,
    vertical: Dp = 0.dp
)
```

传入两个参数分别表示元素水平方向两边的边距和竖直方向两边的边距，适合水平方向边距相同，竖直方向边距相同，但水平方向和竖直方向边距不同的元素。

```
fun Modifier.padding(
    start: Dp = 0.dp,
    top: Dp = 0.dp,
    end: Dp = 0.dp,
    bottom: Dp = 0.dp
)
```

为可组合项的 start、top、end 和 bottom 分别设置边距值，适合四周边距不同的 UI 元素。

```
fun Modifier.padding(paddingValues: PaddingValues)
```

通过传入一个 PaddingValues 对象来设置元素的边距。

absolutePadding 也是分别传入 4 个方向的边距值，它与 padding 的区别是不支持 RTL（right-to-left，

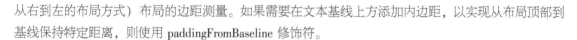

从右到左的布局方式）布局的边距测量。如果需要在文本基线上方添加内边距，以实现从布局顶部到基线保持特定距离，则使用 paddingFromBaseline 修饰符。

2. 尺寸

Compose 提供的标准布局默认会封装其子项，但开发者也可以通过 size 修饰符设置布局的尺寸，如下所示：

```
@Composable
fun ArtistCard(/* ...*/) {
    Row(
        modifier = Modifier.size(width = 400.dp, height = 100.dp)
    ) {
        Image(/* ...*/)
        Column { /* ...*/ }
    }
}
```

如果子项指定的尺寸不符合来自父项布局的约束条件，则可能不会采用该尺寸。如果开发者希望可组合项的尺寸固定不变，不考虑传入的约束条件，可以在子项中使用 requiredSize 修饰符。在如下示例代码中，即使父项的 height 设置为 100.dp，Image 的高度还是 150.dp，因为 requiredSize 修饰符的优先级更高。

```
@Composable
fun ArtistCard(/* ...*/) {
    Row(
        modifier = Modifier.size(width = 400.dp, height = 100.dp)
    ) {
        Image(
            /* ...*/
            modifier = Modifier.requiredSize(150.dp)
        )
        Column { /* ...*/ }
    }
}
```

布局基于约束条件，通常父项会将这些约束条件传递给子项，子项应该遵守这些约束条件。但是这样不一定始终符合界面设计要求，有几种方法可以避免这种子项行为。例如，将 requiredSize 等修饰符直接传递给子项，替换子项从父项接收的约束条件，也可以使用行为不同的自定义布局。当子项不遵守其约束条件时，布局系统会让父项对此置若罔闻。父项会将子项的 width 和 height 值视为已根据父项提供的约束条件强制转换过，然后布局系统会假定子项遵守这些约束条件，将子项居中放置在父项分配的空间中。开发者可以通过对子项应用 wrapContentSize 修饰符来替换此居中行为。

如果希望子布局填充父项允许的所有可用高度或宽度，可以使用修饰符 fillMaxHeight 或 fillMaxWidth，Compose 还提供了 fillMaxSize 修饰符，将对高度和宽度同时生效。

在 Compose 中，有些修饰符仅适用于某些可组合项的子项。例如与尺寸相关，如果开发者希望使某个子项与父项 Box 同样大，而不影响 Box 尺寸，则使用 matchParentSize 修饰符。这是 Compose 通过自定义作用域强制实施的类型安全机制，限定作用域的修饰符会将父项应知晓的关于子项的一些信息告知父项，这些修饰符通常称为 "父项数据修饰符"。在 Android View 系统中，没有任何类型安全机制，开发者通常会尝试不同的布局参数，以发现应考虑哪些参数，以及这些参数在特定父项上下文中的意义。

（1）Box 中的 matchParentSize

matchParentSize 仅在 BoxScope 中可用，意味着它仅适用于 Box 可组合项的直接子项，在下面的示例中，子项 Spacer 从其父项 Box 获取自己的尺寸，而 Box 又会从其最大的子项 ArtistCard 中获取自己的尺寸，这样，在 Spacer 中设置的背景色只会填充到 ArtistCard 的布局范围内，如图 5-3 所示。

```
@Composable
fun MatchParentSizeComposable() {
    Box {
        Spacer(Modifier.matchParentSize().background(Color.LightGray))
        ArtistCard()
    }
}
```

如果使用 fillMaxSize 代替上述代码中的 matchParentSize，Spacer 将占用父项 Box 允许的所有可用空间，反过来使父项展开并填满所有可用空间，如图 5-4 所示。

● 图 5-3　matchParentSize 的作用示例　　● 图 5-4　用 fillMaxSize 代替 matchParentSize 的作用示例

（2）Row 和 Column 中的 weight

如前文所述，默认情况下可组合项的尺寸由其封装的内容定义。开发者可使用仅可在 RowScope 和 ColumnScope 中使用的 weight 修饰符，将可组合项的尺寸设置为可在其父项内按权重灵活调整。这与 Android View 的 LinearLayout 布局中的 layout_weight 属性类似。

3. 偏移量

若要在相对于原始位置一定偏移量的位置放置布局，可通过添加 offset 修饰符，并在 x 轴和 y 轴中设置偏移量来实现。偏移量可以是正数，也可以是非正数。padding 和 offset 之间的区别在于，向可组合项添加 offset 不会改变其测量结果，可组合项整体发生了位移。

offset 修饰符应用于水平方向的偏移，同时会根据布局方向决定偏移方向，在从左到右的布局中，一个正的 offset 值将向右偏移元素，而在从右到左的布局中，正的 offset 值将向左偏移元素。如果在布局中偏移元素时不考虑布局方向，则使用 absoluteOffset 修饰符，这样一个正的偏移值始终将元素向右偏移。

4. 点击事件

若要给布局元素添加点击事件实现用户交互逻辑，可以使用内置的 clickable 修饰符，clickable 使可组合项响应应用用户输入并显示涟漪。clickable 修饰符具有几个重载函数，开发者可以通过参数设置是否响应点击事件和点击事件的涟漪效果，交互逻辑在 clickable 提供的尾随 Lambda 表达式中实现。

▶▶ 5.1.3 布局模型

使用 Android View 系统实现某些嵌套布局时，比如嵌套地使用 LinearLayout 或 RelativeLayout，可能由于多次测量会出现一些性能问题。Compose 实现的布局过程会避免多次测量，因此可以根据需要进行深层次嵌套，而不会影响性能。那么 Compose 是如何避免多次测量的呢？

Jetpack Compose 可将状态转换为界面，这个过程分为三步：组合、布局、绘制，如图 5-5 所示。组合阶段执行可组合函数，这些函数可以生成界面，从而创建界面树。

下面以示例代码 SearchResult 可组合函数说明布局模型的运行机制，在组合阶段该函数会生成类似右侧的界面树，如图 5-6 所示。

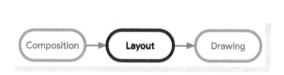

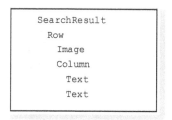

● 图 5-5 Compose 状态转换为界面的过程　　● 图 5-6 界面树示例

```
@Composable
fun SearchResult(...) {
  Row(...) {
    Image(...)
    Column(...) {
      Text(...)
      Text(...)
    }
  }
}
```

可组合项中可以包含逻辑和控制流，因此可以根据不同的状态生成不同的界面树。在布局阶段，Compose 遍历界面树，测量界面的各个部分，并将每个部分放置在屏幕 2D 空间中。也就是说，每个节点决定了其各自的宽度、高度以及 x 和 y 坐标。在绘制阶段，Compose 将再次遍历这棵界面树，并渲染所有元素。

布局阶段又细分为两个阶段：测量和放置，这相当于 View 系统中的 onMeasure 和 onLayout。但在 Compose 中，这两个阶段会交叉进行，因此可以把它看成一个布局阶段。界面树中每个节点布局的过程可分为三个步骤，如图 5-7 所示，每个节点必须执行：

第一步，测量所有子节点；

第二步，确定自身的尺寸；

第三步，放置所有子节点。

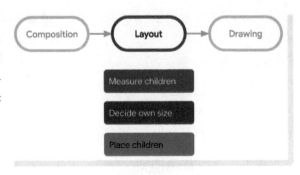

● 图 5-7　节点布局的过程

上述示例代码 SearchResult 可组合函数生成界面树的布局过程可进行如下描述，示意图如图 5-8 所示。

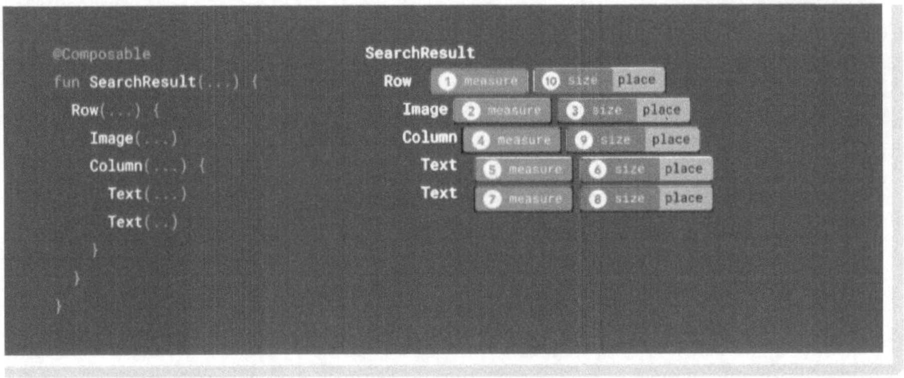

● 图 5-8　界面树布局过程示例

1）系统要求根节点 Row 对自身进行测量。

2）根节点 Row 要求其第一个子节点（即 Image）进行测量。

3）由于 Image 是一个叶子节点（即没有子节点），该节点会报告尺寸并返回放置指令。

4）根节点 Row 要求其第二个子节点（即 Column）进行测量。

5）节点 Column 要求其第一个子节点 Text 进行测量。

6）第一个节点 Text 是叶子节点，该节点会报告尺寸并返回放置指令。

7）节点 Column 要求其第二个子节点 Text 进行测量。

8）第二个节点 Text 是叶子节点，该节点会报告尺寸并返回放置指令。

9）节点 Column 已测量完其子节点，并已确定其子节点的尺寸和放置位置，接下来它可以确定自己的尺寸和放置位置了。

10）根节点 Row 已测量完其子节点，并根据其所有子节点的测量结果决定其自身尺寸和放置指令。

在 Compose 的布局模型中，通过单次传递即可完成界面树的布局。首先，系统会要求每个节点对自身进行测量，然后，以递归方式完成所有子节点的测量，并将尺寸约束条件沿着界面树向下传递给子节点。最后，确定叶子节点的尺寸和放置位置，并将经过解析的尺寸和放置指令沿着树向上回传。简而言之，父节点会在其子节点之前进行测量，但会在其子节点的尺寸和放置位置确定之后，再对自身进行调整。

5.2 Compose 布局进阶

开发者掌握了 UI 系统的基础布局组件后，能够利用这些组件开发基本的产品界面内容，但是若想灵活运用布局组件并开发出复杂绚丽的界面效果，还需要学会自定义布局，以及其他高级的布局组件。

▶▶ 5.2.1 自定义布局

在实现自定义布局方面，采用原生 View 系统需要根据需求实现 onMeasure / onLayout / onDraw 等模板方法，并在自定义 View 类中定义大量的属性字段实现布局样式，整个过程相当烦琐。Compose 布局的目标之一是让开发者能够轻松地编写自定义布局，那么它提供了哪些基础能力来实现这个目标呢？

在 Compose 中，界面元素由可组合函数表示，可组合函数在被调用后，会发出一部分界面，这部分界面随后会呈现在屏幕上的界面树中。每个界面元素都有一个父元素，还可能有多个子元素。此外，每个元素在其父元素中都有一个位置和一个尺寸，位置指定为（x，y），尺寸指定为 width 和 height。

父元素定义其子元素的约束条件，元素需要在这些约束条件内定义尺寸，约束条件可限制元素的最小和最大 width 和 height。如果某个元素有子元素，它可能会测量每个子元素，以帮助确定其尺寸，一旦某个元素确定并报告了它自己的尺寸，就有机会根据它自身的位置和尺寸定义如何放置它的子元素。

理解了 Compose 的布局过程和上一节介绍的布局模型，接下来进一步了解布局的具体实现方式。

1. 使用 Layout 可组合项

在组合阶段，采用 Row、Column、Text 等高级别的可组合项来表示界面树，每个高级别的可组合项实际上都是由低级别的可组合项构建而成。以上一节的示例代码 SearchResult 可组合函数为例，可以发现它由若干更低级别的基础构建块组成，查看其中每一个可组合函数的源码，可以发现这些可组合项最终都会包含一个或多个 Layout 可组合项，如图 5-9 所示。

Layout 可组合项是 Compose 界面中的基础构建块，它会生成一个 LayoutNode 节点，Compose 中的界面树本质上就是一棵 LayoutNode 树。Layout 可组合项的函数签名如下：

```
@Composable inline fun Layout(
    content: @Composable ()-> Unit,
    modifier: Modifier = Modifier,
```

```
    measurePolicy: MeasurePolicy
)
```

```
@Composable                              SearchResult
fun SearchResult(...) {                      Row
  Row(...) {                              Layout
                                            Image
    Image(...)                          Layout
    Column(...) {                         Column
                                        Layout
      Text(...)                             Text
      Text(..)                          BasicText
                                        CoreText
    }                                 Layout
  }                                       Text
                                        BasicText
}                                       CoreText
                                      Layout
```

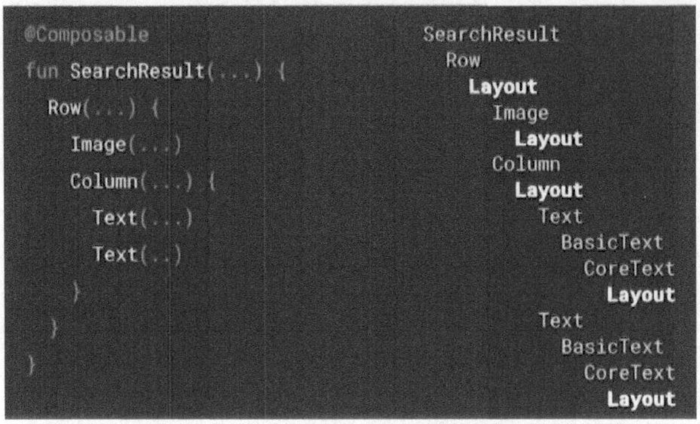

● 图 5-9 可组合函数内部实现示例

其中，content 用于接收子可组合项，根据布局的设计，content 中也会包含子 Layout。modifier 参数所指定的修饰符将应用于该布局，关于修饰符的使用，可以参考 5.1.2 节内容。measurePolicy 参数的类型是 MeasurePolicy，它是一个函数式接口，指定了布局测量和放置项目的方式，这里就是使用 Layout 可组合项实现自定义布局的核心内容。开发者在代码中实现 MeasurePolicy 函数式接口。

在实现自定义布局的可组合项中，通过调用 Layout 可组合函数并以尾随 Lambda 的形式提供 MeasurePolicy 作为参数，实现其 measure 函数。measure 函数接受两个参数：measurables 是需要测量的子项列表，Measurable 类型会公开用于测量项目的函数；而 constraints 是来自父项的约束条件，用于限制 Layout 的最大和最小宽度与高度。

以下示例代码实现了一个自定义的 Column 布局，可组合子项受 Layout 约束条件（没有 minWidth 和 minHeight 约束条件）的约束，每一个子项的放置位置基于前一个子项的 yPosition 值，它们 x 坐标的值都为 0。

```
@Composable
fun MyCustomColumn(
    modifier: Modifier = Modifier,
    content: @Composable ()-> Unit
) {
    Layout(
        modifier = modifier,
        content = content
    ) { measurables, constraints ->
        val placeables = measurables.map { measurable ->
            // 根据父项的约束条件测量子项
            measurable.measure(constraints)
        }
        // 按约束条件的最大值设置布局的尺寸
```

```
layout(constraints.maxWidth, constraints.maxHeight) {
    // 用于记录已经放置的子项的 y 坐标值
    var yPosition = 0
    // 放置每一个子项
    placeables.forEach { placeable ->
        // 根据子项的起始坐标放置其位置
        placeable.placeRelative(x = 0, y = yPosition)
        yPosition += placeable.height
    }
}
```

上述代码中放置子项使用了 Placeable 的 placeRelative 函数，它可以在从右到左的语言系统中将布局方向适配为从右到左，即它会自动将坐标进行水平镜像处理。开发者可以通过更改 LocalLayout-Direction 来更改可组合项的布局方向，如果要将可组合项手动放置在屏幕上，则 LayoutDirection 是 layout 修饰符或 Layout 可组合项 LayoutScope 的一部分，应使用 place 函数放置可组合项。

另外，从上面的代码逻辑可以了解到，放置子项的函数只适用于 Placeable 对象，而 Placeable 又是 measure 函数的返回值，这样从 API 设计上就限制了测量和放置的顺序，开发者不能放置未经测量的元素。

下面用一段测试代码验证前面设计的自定义布局，显示效果如图 5-10 所示。

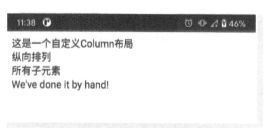

● 图 5-10　使用 Layout 自定义布局示例

```
@Composable
fun TestCustomLayout(modifier: Modifier = Modifier) {
    MyCustomColumn(modifier.padding(8.dp)) {
        Text("这是一个自定义 Column 布局")
        Text("纵向排列")
        Text("所有子元素")
        Text("We've done it by hand!")
    }
}
```

2. 使用布局修饰符

在第 5.1.2 节中已经介绍了修饰符在布局中的使用，这里主要讲解如何利用布局修饰符实现自定义布局。

布局修饰符 LayoutModifier 提供了一个 measure 方法，该方法的作用与 Layout 可组合项的参数 MeasurePolicy 的 measure 方法基本相同，不同之处在于，LayoutModifier 的 measure 方法只作用于单个 Measurable，而不是 List<Measurable>，这是因为修饰符的应用对象是单个项目。通过自定义 Layout-Modifier 实现其 measure 方法，使得修饰符可以修改约束或者实现自定义放置逻辑，就像使用 Layout

可组合项实现布局一样。

下面以 padding 修饰符的主要实现逻辑来说明通过自定义修饰符实现自定义测量和放置布局。

```
fun Modifier.padding(all: Dp) = this.then(PaddingModifier(
    start = all, top = all, end = all, bottom = all, rtlAware = true
))

private class PaddingModifier(
    val start: Dp = 0.dp,
    val top: Dp = 0.dp,
    val end: Dp = 0.dp,
    val bottom: Dp = 0.dp,
    val rtlAware: Boolean
) : LayoutModifier {

    override fun MeasureScope.measure(
        measurable: Measurable,
        constraints: Constraints
    ): MeasureResult {
        val horizontal = start.roundToPx() + end.roundToPx()
        val vertical = top.roundToPx() + bottom.roundToPx()
        // 按 padding 尺寸收缩外部约束来修改测量
        val placeable = measurable.measure(
                    constraints.offset(-horizontal, -vertical))
        // 计算布局的最大宽度和高度值
        val width = constraints.constrainWidth(placeable.width + horizontal)
        val height = constraints.constrainHeight(placeable.height + vertical)
        return layout(width, height) {
            // 按所需的 padding 执行偏移,以放置内容
            if (rtlAware) {
                placeable.placeRelative(start.roundToPx(), top.roundToPx())
            } else {
                placeable.place(start.roundToPx(), top.roundToPx())
            }
        }
    }
}
```

padding 修饰符的布局逻辑通过 PaddingModifier 实现，该类继承自 LayoutModifier，然后实现它的 MeasureScope.measure 方法。在 measure 方法中首先通过传入的 measurable 参数根据传入的约束条件 constraints 进行测量，得到 placeable 对象，然后计算当前布局可用的最大宽度和高度值，最后调用 layout 方法对布局进行放置。

除了上面通过继承 LayoutModifier 类实现其 measure 方法来自定义布局，开发者还可以使用 layout 修饰符来修改元素的测量和布局方式。

layout 修饰符是一个 Lambda 实现的，其内部实现逻辑也是通过 LayoutModifier 的实现类复写其

measure 方法来实现的；它的参数包括可以测量的元素（一个 measurable 对象）以及该可组合项的传入约束条件（以 constraints 的形式传递）。下面以一个文本的自定义 padding 修饰符来说明使用 layout 进行自定义修饰符的实现方法。

假设要在屏幕上显示 Text，并控制从顶部到第一行文本基线的距离，Compose 库中通过 padding-FromBaseline 修饰符提供这一功能，查看源码可以发现它是通过继承 LayoutModifier 类实现的，这里笔者以 layout 修饰符进行简单的实现。

```
fun Modifier.firstBaselineToTop(
    firstBaselineToTop: Dp
) = layout { measurable, constraints ->
    // 根据约束条件测量可组合项
    val placeable = measurable.measure(constraints)

    // 检查可组合项是否有第一行文本基线
    check(placeable[FirstBaseline] != AlignmentLine.Unspecified)
    val firstBaseline = placeable[FirstBaseline]

    // 计算可组合项的放置位置,即 y 坐标和高度
    val placeableY = firstBaselineToTop.roundToPx()- firstBaseline
    val height = placeable.height + placeableY
    layout(placeable.width, height) {
        // 放置可组合项
        placeable.placeRelative(0, placeableY)
    }
}
```

在 layout 修饰符的 Lambda 函数中实现对测量组合项、计算尺寸和放置可组合项的流程，与实现 LayoutModifier 的 measure 方法的流程类似。不论用什么方式实现自定义布局，都离不开测量子项、计算自身尺寸和放置子项的步骤。

验证上面的自定义修饰符，并与普通的 padding 修饰符做比较，示例代码如下，运行效果如图 5-11 所示。

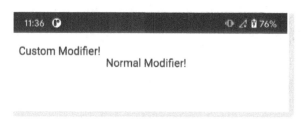

● 图 5-11　自定义修饰符与普通的 padding 修饰符对比

```
@Composable
    fun TestCustomModifier() {
        Row(
```

```
        Modifier.padding(start = 8.dp)
    ) {
        Text(text = "Custom Modifier!", modifier = Modifier.firstBaselineToTop(32.dp))
        Spacer(modifier = Modifier.width(8.dp))
        Text(text = "Normal Modifier!", modifier = Modifier.padding(0.dp, 32.dp))
    }
}
```

▶▶ 5.2.2　自适应布局

众所周知，由于 Android 系统是开源的手机操作系统，各个手机厂商在源码基础上进行定制开发，形成各自品牌特点，同时产生了多种多样的手机类型和屏幕规格，这也是 Android 生态下令人诟病的"碎片化"问题。Android 设备的多样性，要求应用开发者开发的应用界面要能适应不同的屏幕尺寸、屏幕方向和设备类型。

为解决屏幕适配问题，行业内有多种开源的适配方案，通常的方案包括：①为不同的屏幕尺寸设计不同的布局界面；②根据屏幕像素密度动态计算布局元素的尺寸。后来，谷歌官方推出了自适应布局的设计方案，即可以利用原生系统的绘制能力更好地进行布局的多屏幕适配。自适应布局会根据可用的屏幕空间自动调整，比如简单地调整布局或完全更改布局，以填充屏幕空间或充分利用额外的屏幕空间。

Jetpack Compose 作为声明式界面工具包，非常适合用来设计和实现可自行调整的布局，针对各种尺寸以不同方式呈现内容。本节介绍一些使用 Compose 来构建自适应界面的指南。

1. 显式地大幅调整根级可组合项布局

使用 Compose 布局整个应用时，根级可组合项会占用分配给应用进行渲染的所有空间，在设计应用界面时，有必要更改屏幕的整体布局，以充分利用屏幕空间。

设计界面时应避免根据物理硬件值来确定布局，因为应用可能运行在不同类型的物理设备（手机、平板或可折叠设备）或者多窗口模式下，物理屏幕与如何显示内容无关。根据分配给应用的实际屏幕区域来决定如何显示，利用 Jetpack WindowManager 库提供的当前窗口指标，让布局能够自动适应可用的屏幕空间。

2. 复用灵活的嵌套可组合项

将可组合项放置在各种不同的位置，可提高它们的可复用性。如果某个可组合项被假定始终放置在某个特定的位置，并具有特定的尺寸，那么就很难在其他位置或在可用空间不同的情况下重复使用它。所以，对于非根级的可组合项，应避免隐式依赖"全局"尺寸信息，以提高其可复用性。

比如，要设计一个嵌套的可组合项来实现可适配不同排版的列表详情布局，该布局可能会显示一个窗格或并排显示两个窗格。这里希望将适配的决策纳入应用的整体布局中，因此从根级可组合项传递此决策，伪代码逻辑如下：

```
@Composable
fun AdaptivePane(
```

```
    showOnePane: Boolean,
    /* ...*/
) {
    if (showOnePane) {
        OnePane(/* ...*/)
    } else {
        TwoPane(/* ...*/)
    }
}
```

再比如，想要让一个可组合项根据剩余空间单独调整其布局，在设计带有图片和文字内容的卡片时，希望卡片在空间允许的情况下能显示更多描述信息，示意如图 5-12 所示。

那么应该根据什么尺寸来决定布局的设计逻辑呢？对于多屏幕设备或者不是全屏显示的应用，屏幕的实际尺寸将不准确。由于

● 图 5-12　根据剩余空间大小决定显示的内容布局

a）剩余空间只能显示卡片名称　b）剩余空间可以显示更多信息

该组合项不是根级可组合项，为了最大限度地提高可复用性，也不应该直接使用当前的窗口指标。如果组件在放置时有内边距，或者有导航栏或应用栏等组件，那么系统为可组合项分配的空间量与应用可使用的总空间量可能会存在很大的差距。因此，应使用系统分配给可组合项用于进行渲染的实际宽度，可以通过如下两种方法获取该宽度值：

1）使用一系列修饰符或自定义布局来构建自适应布局。这适用于想更改内容的显示位置或方式。

2）使用 BoxWithConstraints 可组合项用于更改显示的内容。这个可组合项提供的测量约束条件可用来根据可用空间调用不同的可组合项，BoxWithConstraints 会将组合推迟到布局阶段，从而在布局阶段执行更多的工作。

3. 确保不同尺寸下所有数据可用

如果可以利用额外的屏幕空间，在大屏幕上向用户显示的内容可以比小屏幕上多。当实现具有此行为的可组合项时，开发者可能为了提高效率，根据当前屏幕尺寸来加载数据。但是这违背了单向数据流的原则，即可以提升数据并直接提供给可组合项，以实现正确的渲染。应该向可组合项提供足够的数据，确保可组合项在任何尺寸下，都始终具有需要显示的所有内容，即使某些数据有时不会用到。

始终传递数据可通过降低自适应布局的有状态程度来使其更简单，并可以避免在不同尺寸之间切换（这可能是由于窗口大小调整、屏幕方向变化或折叠/展开设备造成的）所带来的负面影响。这一原则还可以用在布局发生变化时保留状态，通过提升可能不会在所有尺寸下使用的信息，可以在布局尺寸发生变化时保留用户的状态。

▶▶ 5. 2. 3　约束布局

在 Android View 中提供了约束布局控件 ConstraintLayout，使用它可以扁平化地实现用 LinearLayout

和 RelativeLayout 方式实现的嵌套较深的布局，Compose 也提供了同样名称和类似功能的控件。ConstraintLayout 有助于根据可组合项的相对位置将它们放置在屏幕上，它是使用多个嵌套 Row、Column、Box 和自定义布局元素的替代实现方案。在实现对齐要求比较复杂的较大布局时，ConstraintLayout 很有用。

在 View 系统中使用 ConstraintLayout 构建扁平的视图层级结构会有比较好的性能，而 Compose 能够高效地处理较深的布局层次结构，所以开发者在考虑使用 ConstraintLayout 时，应关注是否有助于提高可组合项的可读性和可维护性。

使用 Compose 中的 ConstraintLayout，需要在 build.gradle 中添加以下依赖项，因为 constraintLayout-compose 库的版本与 Jetpack Compose 不同。

```
implementation "androidx.constraintlayout:constraintlayout-compose:1.0.0"
```

Compose 中的 ConstraintLayout 支持 DSL：

1）ConstraintLayout 中的每个可组合项都需要有与之关联的引用，引用通过 createRefs( ) 或 createRef( ) 创建，前者可创建多个可组合项的引用，后者只为某一个可组合项创建引用。

2）通过修饰符 constrainAs( ) 将可组合项与前面定义的引用关联，该修饰符将引用名称作为参数，然后在主体 Lambda 中为其指定约束条件。

3）约束条件是通过 linkTo( ) 或其他有用的方法指定的。

4）parent 是 ConstraintScope 中定义的引用，可用于指定对 ConstraintLayout 可组合项本身的约束条件。

下面通过一段示例代码说明 Compose 约束布局的使用。该约束布局设计了一个 Text 控件和两个 Button 控件的相对位置，Text 内容在父布局中居中显示，两个 Button 在 Text 下方，分别相对于 Text 的 start 和 end 水平居中显示，效果如图 5-13 所示。读者可以结合上述代码实现和注释内容，理解约束布局的使用。

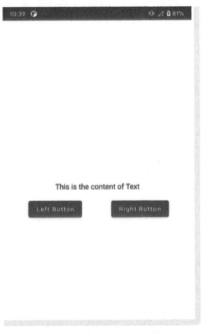

● 图 5-13 约束布局示例

```
@Composable
fun TestConstraintLayout() {
    ConstraintLayout(modifier = Modifier.fillMaxSize()) {
        val (text, buttonLeft, buttonRight) = createRefs()
        Text("This is the content of Text", Modifier.constrainAs(text){
            centerTo(parent)
        })
        Button(
            onClick = { /* Do something */ },
```

```
    modifier = Modifier.constrainAs(buttonLeft) {
        top.linkTo(text.bottom, margin = 16.dp)
        centerAround(text.start)
    }
) {
    Text("Left Button")
}

Button(
    onClick = {/* ......*/},
    modifier = Modifier.constrainAs(buttonRight) {
        top.linkTo(buttonLeft.top)
        centerAround(text.end)
    }
) {
    Text("Right Button")
    }
  }
}
```

从上面的示例代码可以看出，约束条件是通过修饰符以内嵌方式指定应用在它们的可组合项中的。在某些情况下，最好将约束条件与应用它们的布局分离开来，即解耦约束条件和布局。例如，希望根据屏幕配置来更改约束条件，或在两个约束条件集之间添加动画效果。

对于这种情况，开发者可以通过 ConstraintSet 来定义布局中可组合项的约束条件集，使用 layoutId 修饰符将在 ConstraintSet 中创建的引用分配给可组合项，然后将约束条件集作为参数传递给 ConstraintLayout。当需要更改约束条件时，只需传递不同的 ConstraintSet 即可。

5.3　Compose 的复杂控件

Jetpack Compose 实现的布局系统主要有两个目标：实现高性能和让开发者能够轻松编写自定义布局。通过前面章节的内容，读者已经知道 Compose 布局是以可组合函数为基础，借助于 Kotlin 语法糖进行界面元素的管理。

在本章前两节中详细介绍了 Compose 提供的标准布局组件和其他基础布局组件的使用，并从 Compose 的布局模型开始逐步深入分析 Compose 布局的实现原理，然后根据其原理介绍了自定义布局的两种实现方式，并进一步介绍了 Compose 中如何实现布局的自适应和约束布局。接下来本节会介绍 Compose 库提供的 Material 风格开箱即用的高级控件。

▶▶ 5.3.1　列表

列表是应用开发者经常会使用到的高阶布局组件，Android View 系统中从 ListView 到 RecyclerView 的应用和实现原理，每个 Android 开发者都能如数家珍。开发者在接触一个新的 UI 系统时，往往也会关注它如何实现列表布局、怎么处理列表加载的性能问题、怎么实现一些特殊的 UI 效果等。本节笔者将带着这些问题来学习和讲解 Compose 列表布局的相关内容。

在 5.1.1 小节中介绍了 Compose 的标准布局组件 Column 和 Row 的使用，它们分别用于将传入的 content 中的可组合项进行纵向和横向的排列，实际上它们是构建了纵向和横向的列表布局，再给它们分别添加实现滚动手势的修饰符 verticalScroll 和 horizontalScroll，则可让列表实现滚动效果，后面会在 7.4.2 小节中详细介绍滚动修饰符的使用。

使用滚动手势修饰符实现的列表滚动是让列表内容整体滚动，无论列表项是否在可视窗口范围内，Column 和 Row 都会对所有列表项进行组合和布局，因此如果要在列表中加载大量的列表项内容，那么使用 Column 或 Row 布局就可能导致性能问题。

1. 延迟可组合项

为了避免过早地将可视窗口范围之外的列表项进行布局，Compose 提供了延迟可组合项的组件，只会对在组件可视窗口之内的列表项进行布局。实现高性能的列表布局可以使用延迟可组合项 Lazy-Column 和 LazyRow，它们的区别就在于列表项布局和滚动方向不同。联系 Column 和 Row 的功能可知，LazyColumn 可以实现垂直滚动的列表，而 LazyRow 可实现水平滚动的列表。下面讲解的列表布局主要以 LazyColumn 为例。

构建列表布局的简单示例代码如下所示，可以看出 Compose 中实现列表布局的代码非常简单，不像 Android View 中使用 RecyclerView 实现列表那样需要构建复杂的 Adapter 类来处理业务数据和列表项 View 的绑定逻辑，也不需要设置 LayoutManager。

```
@Composable
fun MessageList(messages: List<Message>) {
    LazyColumn {
        items(messages) { message ->
            MessageItem(message)
        }
    }
}
```

下面结合 LazyColumn 的源码分析 Compose 列表布局的实现逻辑，LazyColumn 的方法签名如下：

```
@Composable
fun LazyColumn(
    modifier: Modifier = Modifier,
    state: LazyListState = rememberLazyListState(),
    contentPadding: PaddingValues = PaddingValues(0.dp),
    reverseLayout: Boolean = false,
    verticalArrangement: Arrangement.Vertical =
        if (!reverseLayout) Arrangement.Top else Arrangement.Bottom,
    horizontalAlignment: Alignment.Horizontal = Alignment.Start,
    flingBehavior: FlingBehavior = ScrollableDefaults.flingBehavior(),
    content: LazyListScope.()-> Unit
)
```

参数 modifier 与其他组件的 modifier 参数类似，可以通过它设置列表整体的尺寸、内边距、背景等。state 用于控制或观察列表的状态，用于响应和控制列表滚动位置等，后面会详细介绍。参数 reverseLayout 用于控制列表滚动的初始方向和布局位置，当设置该值为 true 时，列表初始状态是在底部项位置，列表可以从底部向顶部滚动，当设置为 false 时，则初始位置和滚动方向与之相反，该参数默认值为 false。参数 contentPadding 用于设置列表内容的内边距，通过下面的示例代码来理解这个参数的意义：

```
LazyColumn(
    contentPadding = PaddingValues(horizontal = 16.dp, vertical = 8.dp),
) {
    // ...
}
```

在这个示例中，列表内容的水平方向两侧（即列表内容的左侧和右侧）设置内边距为 16.dp，列表内容的顶部和底部内边距为 8.dp。对于水平方向的内边距容易理解，列表中所有项的左侧和右侧将使用 16.dp 的内边距；而对于纵向，列表中只有第一项的顶部和最后一项的底部分别使用 8.dp 的内边距，列表中间项内容的顶部和底部不使用该内边距值。

对于列表中各项之间的间距如何设置呢？这就要用到参数 verticalArrangement，对于 LazyRow 设置列表项内容间距则用参数 horizontalArrangement。通过 Arrangement.spacedBy 方法指定列表项的间距值，当可展示的列表项的总高度（用 LazyRow 时考虑列表项的总宽度）小于列表区域的最小高度（或宽度）值时，可以用这个参数列表指定具体的排列方式。对于 LazyColumn，可选的排列方式有 Top 和 Bottom，对于 LazyRow，可选的排列方式有 Start 和 End，另外还有几种排列方式是两种列表延迟可组合项都可选的方式，包括 Center、SpaceEvenly、SpaceBetween 和 SpaceAround，根据字面意思即可理解这些排列方式的意义。

参数 horizontalAlignment 是用来设置列表项的对齐方式的，LazyRow 对应的设置对齐方式的参数是 verticalAlignment，即纵向的列表需设置水平方向的对其方式，横向的列表需设置竖直方向的对齐方式。horizontalAlignment 的取值有 Start、CenterHorizontally 和 End，verticalAlignment 的取值有 Top、CenterVertically 和 Bottom。另外，Compose 库中还提供了其他几种对齐方式，读者可以查看源码 Alignment 接口中的定义。

参数 flingBehavior 用于定义滑动列表的 Fling 行为的处理逻辑。列表布局延迟可组合项的 content 参数不接受 @Composable 内容块，而是提供一个 LazyListScope.( )块。该 LazyListScope 块提供一个 DSL，允许应用描述列表项的内容，然后延迟组件负责按照布局和滚动位置的要求添加每个列表项的内容。

LazyListScope 的 DSL 提供了多种函数来描述布局中的列表项，最基本的函数包括：item( )用于添加单个列表项，items（Int）用于添加多个列表项。LazyListScope 实际上是一个接口，它定义了如下几个方法：

```
@LazyScopeMarker
interface LazyListScope {
```

```
fun item(key: Any? = null, content: @Composable LazyItemScope.()-> Unit)

fun items(
    count: Int,
    key: ((index: Int) -> Any)? = null,
    itemContent: @Composable LazyItemScope.(index: Int) -> Unit
)

@ExperimentalFoundationApi
fun stickyHeader(key: Any? = null, content: @Composable LazyItemScope.()-> Unit)
}
```

该接口中有两个添加列表项的方法，还有一个添加粘性标题的方法，从方法的参数可以看出，描述列表项布局的方法接收由应用开发者实现的 @Composable 内容块。

LazyListScopeImpl 类中提供了对 LazyListScope 接口的实现，这几个接口方法都没有提供参数可传入业务数据，通常业务层的列表数据会通过 List 或 Array 传入。那么，LazyListScope 是如何接收业务数据的呢？原来，在 LazyDsl.kt 文件中提供了 LazyListScope 的几个扩展函数，它们会接收 List 或 Array 数据。

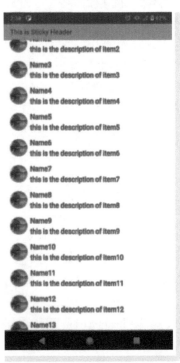

2. 列表项动画

在 Android View 中使用 RecyclerView 实现列表，可以为列表项添加动画，但是 Compose 的延迟布局可组合项暂时没有提供列表项动画功能。

3. 粘性标题

前面讲 LazyListScope 接口时提到有一个方法是用于添加粘性标题的，但是该 API 被标记为 @ExperimentalFoundationApi，即实验性的 API。"粘性标题" 在显示分组数据列表时非常有用，比如即时聊天应用或电话应用的通信录页面根据联系人的姓氏分组，定位功能的城市选择页面根据城市所在省份进行分组，以及其他适合分组显示数据内容的场景，使用粘性标题可以方便地显示出当前展示的内容所属的组别。

下面实现一个带有粘性标题的简单列表，标题项将始终显示在布局的顶部，而其他列表项可以上下滚动。以下是核心示例代码，运行效果如图 5-14 所示。

● 图 5-14　粘性标题示例

```
@ExperimentalFoundationApi
@Composable
fun ListWithHeader(items: List<Message>) {
    LazyColumn {
```

```
        stickyHeader {
            MessageHeader()
        }
        items(items) { item ->
            MessageItem(item)
        }
    }
}
```

如果实际需求中要在列表中显示有多个分组的数据，该如何实现呢？假设按照联系人的姓氏首字母分组显示通信录列表，那么首先在构造数据时，需要将姓氏与联系人组构造成 key-value 的 Map 数据结构，然后在构造列表的可组合函数里接收这个 Map，并遍历 Map 分别显示姓氏首字母和各联系人信息。完整的示例代码请查询本书提供的代码仓库地址。

4. 网格列表

网格列表的布局样式在有图片处理功能的应用中很常见，比如相册应用中展示历史照片、微信朋友圈和微博消息中展示图片内容等。使用 RecyclerView 实现网格布局有多种方式，但都有不同程度的复杂性，Compose 中实现网格布局相对比较简单，将使用实验性的 API LazyVerticalGrid 实现网格布局。LazyVerticalGrid 的函数签名如下：

```
@ExperimentalFoundationApi
@Composable
fun LazyVerticalGrid(
    cells: GridCells,
    modifier: Modifier = Modifier,
    state: LazyListState = rememberLazyListState(),
    contentPadding: PaddingValues = PaddingValues(0.dp),
    verticalArrangement: Arrangement.Vertical = Arrangement.Top,
    horizontalArrangement: Arrangement.Horizontal = Arrangement.Start,
    content: LazyGridScope.()-> Unit
)
```

LazyVerticalGrid 大部分参数的意义及用法与 LazyColumn 类似，这里主要关注 cells 和 content 两个参数。

cells 参数的类型是 GridCells，描述了构成网格列表的单个格子，一般是确定布局中一行或一列显示单元格的个数，它提供了两种确定单元格数量的方式：固定的行数或列数和自适应确定行数或列数。源码定义如下：

```
@ExperimentalFoundationApi
sealed class GridCells {
    @ExperimentalFoundationApi
    class Fixed(val count: Int) : GridCells()

    @ExperimentalFoundationApi
```

```
class Adaptive(val minSize: Dp) : GridCells()
}
```

Fixed 类接收一个表示单元格行数或列数的值，表示给网格布局设置固定的网格行数或列数，比如给 LazyVerticalGrid 设置 GridCells.Fixed（4），则网格列表固定显示 4 列单元格，每个单元格所占的宽度值将是网格布局总宽度的 1/4。

Adaptive 类将接收一个数值表示单元格的最小宽度值，在单元格宽度不小于该值基础上，将在网格布局的行或列范围内显示尽量多的网格。假设 LazyVerticalGrid 设置了 GridCells.Adaptive（20.dp），网格布局的可用宽度是 88.dp，那么它将显示 4 列网格，每个网格的宽度值是 22.dp，满足单元格的宽度值不小于设置的最小宽度值，且在网格布局范围内显示了尽可能多的网格列数。

LazyVerticalGrid 的 content 参数用于设置单元格的内容，其类型是 LazyGridScope，与前面讲的 LazyListScope 类似，它定义了两个接口方法，并实现了几个扩展函数，用于加载设计了单元格布局的可组合函数。

5. 响应和控制滚动位置

许多应用都需要对列表的滚动位置和列表项布局的更改进行监听，并做出响应。比如当列表顶部的项划出屏幕窗口范围后，用户可通过单击界面上的"回到顶部"按钮让列表快速回到顶部；当列表顶部的项在屏幕窗口内时，"回到顶部"按钮不显示。

在 RecyclerView 中实现回到顶部的功能，可以通过 OnScrollListener 监听并判断用户的动作，根据列表项的位置控制回到顶部按钮的显示和隐藏，当单击按钮后，通过 smoothScrollToPosition 方法让列表回到顶部位置，实现这一功能需要处理多个监听和状态管理。

Compose 是声明式的 UI 框架，通过状态提升和数据驱动 UI 显示。前面介绍 LazyColumn 和 LazyVerticalGrid 的函数签名时注意到一个参数 state，它的类型是 LazyListState，延迟组件即通过提升 LazyListState 来支持响应滚动位置。

```
@Composable
fun MessageList(messages: List<Message>) {
    val listState = rememberLazyListState()
    LazyColumn(state = listState) {
        // ...
    }
}
```

还是以"回到顶部"的需求为例，应用需要了解第一个可见列表项的相关信息，为此，可以通过 LazyListState 提供的 firstVisibleItemIndex 和 firstVisibleItemScrollOffset 属性来做控制，根据用户是否滚动经过第一个列表项来显示和隐藏按钮，关键逻辑如下：

```
// 如果列表中第一个可见的项不再是列表的第一个项时,则显示回到顶部的按钮
val showButton = remember {
    derivedStateOf {
        listState.firstVisibleItemIndex > 0
```

```
    }
}

AnimatedVisibility(visible = showButton.value) {
    ScrollToTopButton()
}
```

当回到顶部的按钮显示出来后，用户可以在距离列表内容顶部很远的位置单击该按钮，使得列表快速回到顶部项的位置。通过 LazyListState 对象中的函数来实现：scrollToItem( )函数用于"立即"滚动到指定的位置；animateScrollToItem( )使用动画平滑地滚动到指定列表项。这两个函数都是挂起函数，所以需要在协程中调用这些函数。

6. 数据分页

在实际应用中需要在列表中显示的数据内容可能会非常多，需要对数据进行分页加载，可以借助 Jetpack Paging 库根据需要加载和显示小块的列表。Paging 库只有 3.0 以上的版本才提供 Compose 支持，所以要在 Compose 中使用 Paging，需先将其升级到 3.0 及更高的版本。

如需显示分页内容列表，可以使用 collectAsLazyPagingItems( )扩展函数，然后将返回的 LazyPagingItems 传入 LazyColumn 中的 items( )。可以通过检查 item 是否为 null，在加载数据时显示占位符。

7. 列表项键

通常，每个列表项的状态均与该项在列表中的位置相对应，但是数据集发生变化可能会导致问题，因为位置发生变化的列表项实际上会丢失所有记忆状态。比如在列表中有 LazyRow 嵌套在 LazyColumn 中，当列表的行位置发生变化后，用户将丢失在该行的 LazyRow 列表中的滚动位置。

要解决这个问题，可以为每个列表项提供一个稳定且唯一的键，为 key 参数提供一个块来实现。这让笔者想起了在 Android View 中用 ListView 实现列表时，为了提高列表的加载性能，在 getView 方法实现中给已加载的 View 设置 tag。这里给列表项设置项键有类似的作用，提供稳定的键可使项状态在发生数据集更改后保持一致。

为了方便数据在组件间进行传递，列表项键的数据需要支持序列化，即它的类型必须是能够存储在 Bundle 中的类型。

▶▶ 5.3.2　Scaffold 脚手架

类似 Flutter 或其他的 UI 框架库，Compose 提供了非常便捷的脚手架组件 Scaffold，它提供了适用于各种组件和其他屏幕元素的内容槽，开发者只需关注具体插槽中布局内容的开发即可。下面是 Scaffold 可组合函数的方法签名：

```
@Composable
fun Scaffold(
    modifier: Modifier = Modifier,
    scaffoldState: ScaffoldState = rememberScaffoldState(),
    topBar: @Composable ()-> Unit = {},
    bottomBar: @Composable ()-> Unit = {},
```

```
    snackbarHost: @Composable (SnackbarHostState) -> Unit = { SnackbarHost(it) },
    floatingActionButton: @Composable ()-> Unit = {},
    floatingActionButtonPosition: FabPosition = FabPosition.End,
    isFloatingActionButtonDocked: Boolean = false,
    drawerContent: @Composable (ColumnScope.()-> Unit)? = null,
    drawerGesturesEnabled: Boolean = true,
    drawerShape: Shape = MaterialTheme.shapes.large,
    drawerElevation: Dp = DrawerDefaults.Elevation,
    drawerBackgroundColor: Color = MaterialTheme.colors.surface,
    drawerContentColor: Color = contentColorFor(drawerBackgroundColor),
    drawerScrimColor: Color = DrawerDefaults.scrimColor,
    backgroundColor: Color = MaterialTheme.colors.background,
    contentColor: Color = contentColorFor(backgroundColor),
    content: @Composable (PaddingValues) -> Unit
)
```

Scaffold 可组合函数的参数中 modifier、backgroundColor 和 contentColor 是在之前介绍的组件中也遇到过的参数设计，这些参数的作用与普通组件的相关参数作用类似。下面详细介绍其他的参数功能，这些参数主要为 Scaffold 提供的几类插槽服务。

1. 应用栏

Scaffold 提供了 topBar 和 bottomBar 两个设置应用栏的参数，前者位于布局内容的顶部，后者位于布局内容的底部，并分别提供了 TopAppBar 和 BottomAppBar 可组合函数，实现了 Material Design 的顶部和底部应用栏。

顶部应用栏提供了与当前屏幕相关的内容和响应动作，用于表示应用的品牌、页面标题或者导航信息，顶部应用栏也可以转换为带上下文语义的操作栏。顶部应用栏可以一直显示在应用内页面的顶部，也可以随着页面内容向上滚动而隐藏，在应用栏上可以设计一些应用内明确的引导性的功能，不同页面的应用栏设计应该具有显示位置和内容的一致性，这样让用户对整个 App 更容易熟悉。

常规的顶部应用栏设计如图 5-15 所示。在应用栏的最左边放置导航按钮，挨着导航按钮的右边显示页面标题信息，在应用栏的右侧可以设计一些带有上下文语义的操作按钮，如果在当前页面内有更多操作功能，可以在应用栏最右侧实现一个打开悬浮菜单的按钮。

顶部应用栏 TopAppBar 有两个重载的可组合函数实现，方法定义如下所示。第一个方法提供了给应用栏添加标题、导航图标和响应动作的插槽，可以方便实现常规的应用栏样式；第

● 图 5-15　顶部应用栏设计示例

二个方法只提供了 content 插槽，开发者可以灵活地自定义应用栏的布局。

```
@Composable
fun TopAppBar(
    title: @Composable ()-> Unit,
```

```
    modifier: Modifier = Modifier,
    navigationIcon: @Composable (()-> Unit)? = null,
    actions: @Composable RowScope.()-> Unit = {},
    backgroundColor: Color = MaterialTheme.colors.primarySurface,
    contentColor: Color = contentColorFor(backgroundColor),
    elevation: Dp = AppBarDefaults.TopAppBarElevation
)

@Composable
fun TopAppBar(
    modifier: Modifier = Modifier,
    backgroundColor: Color = MaterialTheme.colors.primarySurface,
    contentColor: Color = contentColorFor(backgroundColor),
    elevation: Dp = AppBarDefaults.TopAppBarElevation,
    contentPadding: PaddingValues = AppBarDefaults.ContentPadding,
    content: @Composable RowScope.()-> Unit
)
```

底部应用栏是在应用界面底部提供几个主要响应动作的导航操作栏，包括悬浮按钮，底部应用栏上的操作控件不要超过 5 个。Material Design 的官方设计规范中底部应用栏的设计示例如图 5-16 所示，在应用栏的最左侧有一个导航菜单控制按钮，如果需要悬浮按钮，它的位置可以在底部应用栏居中或者偏右侧的某个位置，显示更多菜单的控件位于右侧其他操作按钮的末尾。

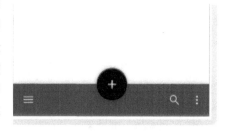

● 图 5-16　底部应用栏设计示例

底部应用栏的 Compose API 有 BottomAppBar 和 Bottom-Navigation 两种，它们的方法定义分别如下。

BottomAppBar 主要是用来实现上面讲的底部应用栏样式，它提供了一个 content 尾随 Lambda，开发者可以在其中实现应用栏上的布局。通常可以在底部应用栏上添加一个悬浮按钮（FAB），它可以浮在 BottomAppBar 之上，也可以嵌入其中。当参数 cutoutShape 不为空时，应用栏的形状将出现一块凹陷的位置，在 Android 10 以上版本的系统中会绘制出凹陷位置的阴影效果，当设计 FAB 时，可以将其形状与凹陷位置重合，使得 FAB 呈现内嵌在底部应用栏上的效果。

```
@Composable
fun BottomAppBar(
    modifier: Modifier = Modifier,
    backgroundColor: Color = MaterialTheme.colors.primarySurface,
    contentColor: Color = contentColorFor(backgroundColor),
    cutoutShape: Shape? = null,
    elevation: Dp = AppBarDefaults.BottomAppBarElevation,
    contentPadding: PaddingValues = AppBarDefaults.ContentPadding,
    content: @Composable RowScope.()-> Unit
)
```

BottomNavigation 可以被用来实现在底部应用栏上显示应用的主要功能区，用户可以从底部应用栏直接切换到不同的功能页面上，这也是国内主流 App 底部应用栏通用的设计方式。BottomNavigation 中需要包含多个 BottomNavigationItem，通过 content 参数承接它们，每个 BottomNavigationItem 代表了一个功能项。

```
@Composable
fun BottomNavigation(
    modifier: Modifier = Modifier,
    backgroundColor: Color = MaterialTheme.colors.primarySurface,
    contentColor: Color = contentColorFor(backgroundColor),
    elevation: Dp = BottomNavigationDefaults.Elevation,
    content: @Composable RowScope.()-> Unit
)
```

2. 悬浮操作按钮

悬浮操作按钮即前面提到的 FAB，Scaffold 为其提供了 floatingActionButton 插槽，它可以接受任何可组合内容，Compose 中提供了 Material Design 的 FAB 可组合项 FloatingActionButton。与 FAB 相关的还有两个参数：floatingActionButtonPosition 和 isFloatingActionButtonDocked。其中 floatingActionButtonPosition 用来设置 FAB 的水平位置，FAB 通常被设计在屏幕底部区域，默认会在底部应用栏的上方，所以系统设计的 FAB 水平位置取值有 Center 和 End，然后在系统内根据这两个取值计算 FAB 的显示位置。isFloatingActionButtonDocked 参数原来设置 FAB 是否要与底部应用栏重叠显示，当该参数值为 false 时，FAB 显示在底部应用栏的顶部上方。当该值为 true 时，FAB 停靠在底部应用栏上，它有一半的区域与底部应用栏重叠，如图 5-17 所示。

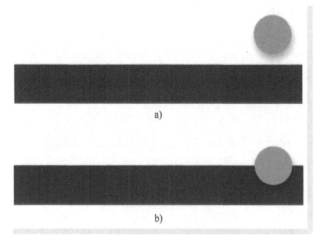

● 图 5-17　FAB 显示位置示例

a) isFloatingActionButtonDocked = false　b) isFloatingActionButtonDocked = true

前面讲了 BottomAppBar 支持带有 cutoutShape 参数的 FAB 刘海屏，它接受任何 Shape，最好提供与停靠组件使用一致的 Shape。例如以下示例中 FloatingActionButton 使用 MaterialTheme.shapes.small，并将 50% 的边角大小作为其 Shape 参数的默认值。运行效果如图 5-18 所示。

```
Scaffold(
    bottomBar = {
        BottomAppBar(
            cutoutShape = MaterialTheme.shapes.small.copy(
                CornerSize(percent = 50)
            )
        ) {
            /* Bottom app bar content */
        }
    },
    floatingActionButton = {
        FloatingActionButton(onClick = { /* TODO*/ }) {
            /* FAB content */
        }
    },
    floatingActionButtonPosition = FabPosition.Center,
    isFloatingActionButtonDocked = true
) {
    /* Scaffold content */
}
```

● 图 5-18　FAB 刘海屏示例

3. 信息提示控件

在 Android View 中，开发者常用的信息提示控件有 Toast 和 Snackbar，Toast 仅作为信息提示的控件，Snackbar 是符合 Material Design 规范的信息提示控件，它从屏幕底部快速弹出消息，并且可以添加点击行为。在 Compose 中 Scaffold 提供了显示消息提示控件的方式，并且提供了一个 snackbarHost 插槽，用于加载自定义的 Snackbar。

在 Scaffold 中显示消息提示控件是通过参数 scaffoldState 包含的 SnackbarHostState 属性实现的，使用 rememberScaffoldState 创建一个 ScaffoldState 实例，并通过 scaffoldState 参数将其传递给 Scaffold。SnackbarHostState 提供对 showSnackbar 函数的访问权限，并通过一个 Mutex 锁控制其每次只展示一个 Snackbar。showSnackbar 是一个挂起函数，需要 CoroutineScope 开启协程，在其中调用 showSnackbar 响

应界面事件，从而在 Scaffold 中显示 Snackbar，示例代码如下。

```
val scaffoldState = rememberScaffoldState()
val scope = rememberCoroutineScope()
Scaffold(
    scaffoldState = scaffoldState,
    floatingActionButton = {
        ExtendedFloatingActionButton(
            text = { Text("Show snackbar") },
            onClick = {
                scope.launch {
                    scaffoldState.snackbarHostState.showSnackbar("Snackbar")
                }
            }
        )
    }
) {
    // Screen content
}
```

一条 Snackbar 显示的内容和可选的操作以及显示时长通过如下接口定义：

```
interface SnackbarData {
    val message: String
    val actionLabel: String?
    val duration: SnackbarDuration
    // 当 Snackbar 的操作被执行后,通知这个消息的监听器
    fun performAction()
    // 当 Snackbar 显示超时或者用户主动关闭时调用
    fun dismiss()
}
```

snackbarHostState. showSnackbar 函数可接受额外的 actionLabel 和 duration 参数，并返回 Snackbar-Result，然后业务层在对应的回调状态中执行响应逻辑。

```
val scaffoldState = rememberScaffoldState()
val scope = rememberCoroutineScope()
Scaffold(
    scaffoldState = scaffoldState,
    floatingActionButton = {
        ExtendedFloatingActionButton(
            text = { Text("Show snackbar") },
            onClick = {
                scope.launch {
                    val result = scaffoldState.snackbarHostState
                        .showSnackbar(
                            message = "Snackbar",
                            actionLabel = "Action",
                            duration = SnackbarDuration.Indefinite
```

```
                        )
                    when (result) {
                        SnackbarResult.ActionPerformed -> {
                            /* Handle snackbar action performed */
                        }
                        SnackbarResult.Dismissed -> {
                            /* Handle snackbar dismissed */
                        }
                    }
                }
            }
        }
    )
    }
) {
    // Screen content
}
```

4. 抽屉式导航栏

通过左右滑动打开和关闭的抽屉式导航栏在很多应用中也有使用，Scaffold 为这种模态抽屉式导航栏提供了 drawerContent 插槽，该槽使用 ColumnScope 将抽屉式导航栏内容可组合项的布局设为列式布局。

Scaffold 的参数列表中还有几个与抽屉式导航栏有关的参数，用 drawerGesturesEnabled 参数控制抽屉式导航栏是否响应拖动，用 drawerShape 设置抽屉表单的形状，drawerElevation 用来控制抽屉页面下方的阴影大小，drawerBackgroundColor 和 drawerContentColor 分别用来设置抽屉页面的背景颜色和布局内容的背景颜色，这两个参数的值默认是一样的，drawerScrimColor 设置的颜色表示抽屉在打开状态时，屏幕内其他区域的遮盖颜色。

与显示消息提示控件的实现类似，以编程方式打开和关闭抽屉式导航栏的实现逻辑也通过使用 scaffoldState 参数传递给 Scaffold，ScaffoldState 中包含一个 DrawerState 属性，它提供对 open 和 close 函数的访问权限，以及对与当前抽屉式导航栏状态相关的属性的访问权限。这些挂起函数也需要 CoroutineScope，在协程中被调用以响应界面事件。

```
val scaffoldState = rememberScaffoldState()
val scope = rememberCoroutineScope()
Scaffold(
    scaffoldState = scaffoldState,
    drawerContent = {
        // Drawer content
    },
    floatingActionButton = {
        ExtendedFloatingActionButton(
            text = { Text("Open or close drawer") },
            onClick = {
                scope.launch {
```

```
                    scaffoldState.drawerState.apply {
                        if (isClosed) open() else close()
                    }
                }
            )
        }
    }
) {
    // Screen content
}
```

5. 屏幕内容

Scaffold 也提供了与其他组件类似的 content 尾随 Lambda 槽，开发者通过它设计屏幕的主体布局内容，它会收到作用于内容根目录的 PaddingValues 实例，以便偏移顶部栏和底部栏。

▶▶ 5.3.3 Material 布局

Jetpack Compose 提供了丰富的 Material Design 实现，在前面的章节中已经介绍了一些 Material 组件，它们是用于创建界面的交互式构建块，Compose 中还有许多此类组件，开发者根据组件的参数定义开箱即可使用。本小节将介绍其他几个常用的 Material 布局。

1. 模态抽屉式导航栏

什么是模态？对于 UI 设计而言，如果一个弹框会打断用户在当前屏幕范围内的其他操作，强制用户在弹框上进行某些操作后才能退出弹框，否则不可以操作这个弹框以外的其他区域，那么这种弹框就是模态弹框；相反，如果弹框不会打断用户在弹框以外区域的操作，那就是非模态的弹框。前面讲到的 Scaffold 中的抽屉式导航栏就是模态的，而消息提示控件 Snackbar 是非模态的。

如果开发者想实现不含 Scaffold 的模态抽屉式导航栏，可以使用 ModalDrawer 可组合项，它接受与 Scaffold 类似的抽屉式导航栏参数，它也是通过 DrawerState 属性来控制导航栏的打开与关闭。

抽屉式导航栏还可以设计成从屏幕底部弹出，使用 BottomDrawer 可组合项替换 ModalDrawer 即可，它的 UI 效果如图 5-19 所示。

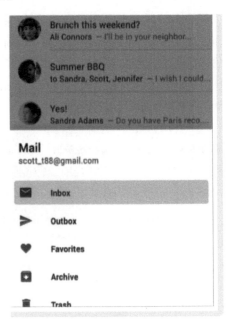

● 图 5-19　底部抽屉式导航栏示例

2. 底部动作条

底部动作条通常用来实现一些锚定在屏幕底部的作为当前页面补充功能的面板，比如地图导航类 App 一般会在展示地图的页面底部位置显示一些位置服务的功能，如图 5-20 所示，国内的地图或打车 App 都有类似的设计。

底部动作条分为模态和非模态的设计，Compose 中提供了 ModalBottomSheetLayout 和 BottomSheetScaffold 可组合项，分别实现模态底部动作条和标准底部动作条。

模态底部动作条可组合项的参数比较简单，提供了设置动作条的形状、高度和颜色的参数，颜色分别有设置动作条面板的背景色、内容颜色和动作条以外区域的颜色，提供了两个插槽，分别是接收底部动作条内容的 sheetContent 和接收动作条以外屏幕内容的 content。另外该可组合项提供 Modal-BottomSheetState 类型的参数 sheetState，用于控制底部动作条的显示状态，显示状态用一个枚举类型 ModalBottomSheetValue 表示，它有三种状态：Hidden、Expanded 和 HalfExpanded。模态底部动作条组件的使用示例如下：

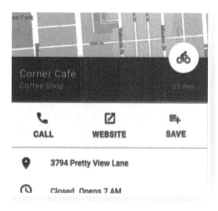

● 图 5-20   底部动作条示例

```
val sheetState = rememberModalBottomSheetState(
    ModalBottomSheetValue.Hidden
)
ModalBottomSheetLayout(
    sheetState = sheetState,
    sheetContent = { // Sheet content }
) {
    // Screen content
}
```

标准底部动作条 BottomSheetScaffold 接收与 Scaffold 类似的参数，例如 topBar、floatingActionButton 和 snackbarHost，BottomSheetScaffold 还支持侧边的抽屉式导航栏，通过插槽 drawerContent 设置，其他与抽屉式导航栏相关的参数与 Scaffold 中抽屉式导航栏的参数一致。底部动作条内容使用 sheetContent 插槽设置，该槽使用 ColumnScope 将动作条内容可组合项的布局设为列。

BottomSheetScaffold 还接收一些设置动作条样式和状态的参数，例如，使用 sheetPeekHeight 参数设置动作条的可视高度，使用 sheetGesturesEnabled 参数来控制动作条是否响应拖动。通过 BottomShe-etScaffoldState 完成以编程方式展开和收起动作条的操作，其中包含一个 BottomSheetState 属性，使用 rememberBottomSheetScaffoldState 创建一个 BottomSheetScaffoldState 实例，并通过 scaffoldState 参数将其传递给 BottomSheetScaffold。BottomSheetState 可提供对 expand 和 collapse 函数的访问权限，以及对与当前动作条状态相关属性的访问权限。

3. 背景幕

背景幕是在应用的所有界面元素后面出现一层背景，并显示上下文和可操作的内容，在国内应用设计中形象地将其称为"负一楼页面"，通常会在负一楼页面中加载一些活动内容。Material Design 的背景幕设计样式如图 5-21 所示。

● 图 5-21　背景幕设计示例

Material Design 规范要求背景幕由两个表面组成——后层和前层。后层显示动作和上下文，这些动作和上下文会控制并通知前层的内容。Compose 提供 BackdropScaffold 可组合项，实现背景幕的设计，它主要包含 3 个插槽来实现背景幕的主体元素：appBar、backLayerContent 和 frontLayerContent。

BackdropScaffold 接受一些额外的背景幕参数，例如，使用 peekHeight 和 headerHeight 参数来设置后层的可视高度和前层的最小非活动高度，可使用 gesturesEnabled 参数指定背景幕是否响应拖动。可以通过 BackdropScaffoldState 完成以编程方式显示和隐藏背景幕，通过 rememberBackdropScaffoldState 创建一个 BackdropScaffoldState 实例，并通过 scaffoldState 参数将其传递给 BackdropScaffold。Backdrop-ScaffoldState 可提供对 reveal 和 conceal 函数的访问权限，以及对与当前背景幕状态相关属性的访问权限。

5.4　小结和训练

本章主要讲解了 Compose 的布局设计，对应 Android View 的标准布局控件，介绍了 Compose 的标准布局组件及其使用场景，深入分析了 Compose 的布局模型和实现原理；然后进一步讲解了如何进行自定义布局设计，并介绍了 Compose 实现的自适应布局和约束布局；最后讲解了应用中常用的布局控件列表和其他 Material 风格的控件，在应用开发中可开箱即用。

读者可以在自己的 Demo 工程中进行以下练习，来加深对本章内容的理解：

1. 应用标准布局组件实现一些基本的页面布局设计。

2. 分别应用 Layout 可组合项和布局修饰符实现一个自定义布局，并加入列表中。

3. 结合自适应布局和约束布局设计较复杂的布局界面。

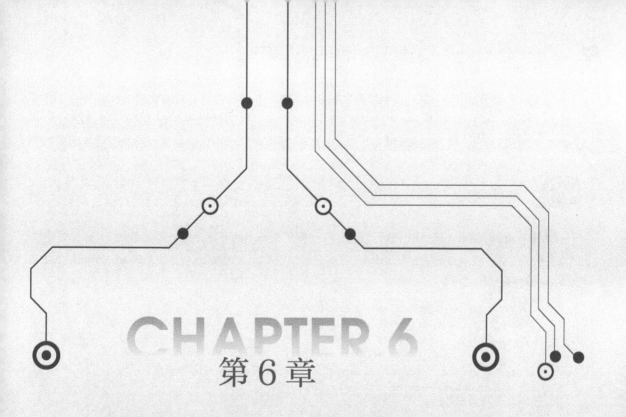

第6章

使用Compose绘制图形

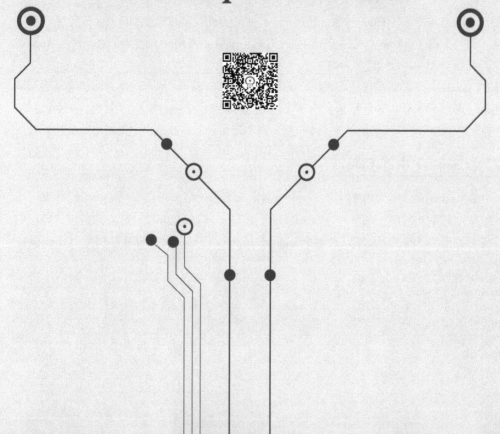

在 App 界面开发中除了要使用到各种基础控件和布局控件，往往还需要实现各种特殊设计的界面效果，也就是 Android 开发者熟悉的界面开发自定义 View。任何复杂的界面都是由一些基本的图形元素构成的，比如点、线、矩形和圆等图形，本章会逐一介绍使用 Compose 如何绘制这些基本图形。

6.1   Compose 绘制图形的基础

使用 Android View 系统 API 进行自定义 View 有一些基本的套路，比如需要继承 View 类并提供默认的构造函数，重点是需要重写 onDraw 方法进行自定义图形的绘制。使用 Android View 进行自定义 View 的模板代码如下：

```
class MyCustomView @JvmOverloads constructor(
    context: Context, attrs: AttributeSet? = null, defStyleAttr: Int = 0
) : View(context, attrs, defStyleAttr) {

    override fun onDraw(canvas: Canvas?) {
        super.onDraw(canvas)
        //自定义图形绘制
    }
}
```

从上面的代码可以看出，在 View 上绘制自定义的图形都是通过 canvas 实现的，另外，通过 Canvas 绘制图形元素还需要借助 Paint 对象，通过 Paint 对象设置线条的宽度和样式，设置颜色和字体大小等属性，同时不能在 onDraw 方法中创建 Paint 对象，以免影响 View 的性能问题，使用 Android View 的 API 实现自定义 View 是比较复杂的工作。

利用 Jetpack Compose 可以更轻松地处理自定义图形，借助 Compose 的声明性方法，绘制图形需要的所有属性都通过一个 API 进行配置，而不必在方法调用和 Paint 辅助对象之间来回切换，Compose 负责高效地创建和更新所需的对象。本节就一起学习 Compose 绘制自定义图形的基础原理。

▶▶ 6.1.1   Compose 中的 Canvas

Compose 中的 Canvas 具体指代两个内容：一个是自定义图形的核心可组合项 Canvas，开发者用 Compose 绘制图形时将直接使用它；另一个 Canvas 是桥接 android.graphics.Canvas 对象的接口类，它将 Compose 中绘制图形的 API 的具体实现传递给 android.graphics.Canvas 对象的对应方法。Compose 中的这两个 Canvas 分别定义如下。

```
@Composable
fun Canvas(modifier: Modifier, onDraw: DrawScope.()-> Unit) = Spacer(modifier.drawBehind
(onDraw))
// Canvas 接口类
interface Canvas {
    fun save()
```

```
    fun restore()
    fun saveLayer(bounds: Rect, paint: Paint)
    fun translate(dx: Float, dy: Float)
    fun scale(sx: Float, sy: Float = sx)
    fun rotate(degrees: Float)
    fun skew(sx: Float, sy: Float)
    ......
}
```

在 Compose 布局中使用可组合项 Canvas 的方式与放置其他 Compose 界面元素相同，在 Canvas 中可以通过精确控制元素的样式和位置来绘制元素，Canvas 的实现方法 Spacer 内部是通过 Layout 可组合项来实现布局的，源码如下：

```
@Composable
fun Spacer(modifier: Modifier) {
    Layout({}, modifier) { _, constraints ->
        with(constraints) {
            val width = if (hasFixedWidth) maxWidth else 0
            val height = if (hasFixedHeight) maxHeight else 0
            layout(width, height) {}
        }
    }
}
```

可组合项 Canvas 的 onDraw 参数是 DrawScope 扩展函数，以 Lambda 的形式传入。DrawScope 类似于前面讲的 LazyListScope，它是一种 DSL，也是一个维护自身状态且限定了作用域的绘图环境，开发者可以为一组图形元素设置参数。DrawScope 的定义节选如下：

```
@DrawScopeMarker
interface DrawScope : Density {
    // 当前的 DrawContext,它包含了创建绘制环境所需的依赖
    val drawContext: DrawContext
    val center: Offset
        get() = drawContext.size.center// 当前绘制范围的中心点(x, y)
    val size: Size
        get() = drawContext.size // 当前绘制范围的尺寸
    val layoutDirection: LayoutDirection// 定义绘制的内容的布局方向
    ......
    companion object {
        // 用于定义绘制操作中的混合模式
        val DefaultBlendMode: BlendMode = BlendMode.SrcOver
        val DefaultFilterQuality: FilterQuality = FilterQuality.Low
    }
}
```

DrawScope 接口继承自 Density，后者提供了屏幕上的各种尺寸转换方法，自定义图形绘制操作少不了各种尺寸的处理。DrawScope 的具体实现类 CanvasDrawScope 通过其 draw 方法向指定范围的画布

发出绘图的命令，又通过其成员 drawParams 持有了 Android View 中 Canvas 对象的桥接对象。draw-
Params 的类型定义如下：

```
@PublishedApi internal data class DrawParams(
    var density: Density = DefaultDensity,
    var layoutDirection: LayoutDirection = LayoutDirection.Ltr,
    var canvas: Canvas = EmptyCanvas(),
    var size: Size = Size.Zero
)
```

理解了 DrawScope 连接 Compose 的绘制上下文和 Canvas 对象的逻辑，就容易理解通过 Compose
的 Canvas 可组合项发出的绘制命令是如何实现绘制操作的，这些绘制命令就是 DrawScope 中提供的
绘制点、线、矩形和圆等图形的方法，后续几节内容将分别介绍如何使用这些方法。

▶▶ 6.1.2　Compose 中的 Paint

读者在使用 Android View 进行自定义图形绘制时，都会用到 Paint 对象，观察 android.graphics.
Canvas 类中以 "draw" 开头的图形绘制方法，它们都带有一个 Paint 类型的参数。通过 Paint 对象设置
一些属性，用于控制所绘图形的颜色、填充样式、线条的宽度、文字大小等，然后在 onDraw 方法中
通过 Canvas 对象调用绘制图形的 API 传入 Paint 对象。在 Android View 中自定义绘制图形时，使用
Paint 的示例代码如下。

```
private fun initPaint() {
    mPaint = Paint()
    mPaint.color = mTiltBgColor
    mPaint.style = Paint.Style.FILL
    mPaint.xfermode = PorterDuffXfermode(PorterDuff.Mode.SRC_OVER)
    mPaint.isAntiAlias = true

    mTextPaint = TextPaint(Paint.ANTI_ALIAS_FLAG)
    mTextPaint.isAntiAlias = true
    mTextPaint.textSize = mTextSize
    mTextPaint.color = mTextColor
}

override fun onDraw(canvas: Canvas) {
    super.onDraw(canvas)
    canvas.drawRect(mRect, mPaint) //绘制矩形
    canvas.drawText(mText, posX, posY, mTextPaint)//绘制文字
}
```

Compose 中定义的 Paint 是一个接口，它也是从 Compose 的图形绘制 API 中将设置的绘图属性转
交给底层的图形库进行实现，它支持跨平台的实现，默认提供了 android.graphics.Paint 类的实现。
Compose 中定义 Paint 的源码如下：

```
expect class NativePaint
expect fun Paint(): Paint
interface Paint {
    fun asFrameworkPaint(): NativePaint
    var alpha: Float
    var isAntiAlias: Boolean
    var color: Color
    var blendMode: BlendMode
    var style: PaintingStyle
    var strokeWidth: Float
    var strokeCap: StrokeCap
    var strokeJoin: StrokeJoin
    var strokeMiterLimit: Float
    var filterQuality: FilterQuality
    var shader: Shader?
    var colorFilter: ColorFilter?
    var pathEffect: PathEffect?
}
```

Compose 的 Paint 中定义的成员变量将在后面两节介绍图形 API 时详细讲解，它们的作用与读者熟悉的 Android View 中自定义 View 时用到的 Paint 的对应属性相同，比如 isAntiAlias 是用于绘制线条或图片时，设置是否应用抗锯齿能力，默认为 true，对应 android.graphics.Paint 类中的 setAntiAlias 方法的作用。

进入 Compose 提供的图形绘制 API，在 CanvasDrawScope 类的实现里，可以发现每个方法都将 Paint 相关的那些属性传入了一个名为 configurePaint 的方法中（在 drawPoints 方法中传入的是 configureStrokePaint 方法），通过这个方法构建了 Paint 对象。以下是 configurePaint 方法的定义，读者可自行查看 configureStrokePaint 方法的定义。

```
private fun configurePaint(
    color: Color, //另一个重载方法的参数为 brush: Brush?
    style: DrawStyle,
    alpha: Float,
    colorFilter: ColorFilter?,
    blendMode: BlendMode,
    filterQuality: FilterQuality = DefaultFilterQuality
): Paint
```

▶▶ 6.1.3　图形混合模式

Paint 类中有一个成员 blendMode 在图形绘制 API 中非常重要，它应用于绘制图形或者合成图层时，对颜色信息的合成。因为计算机生成图形图像是通过数字图像合成的方式实现的，在屏幕的每一个像素点上可能有多种颜色值的图形进行合成，这就需要设计这些颜色值合成的算法，以实现某种合成效果。BlendMode 的字面意思是混合模式，即形状和颜色等属性不同的图形叠加在一起时，合成新的图形的算法模式。

在 android.graphics.Paint 类中有两个方法用于设置图形混合模式：setXfermode 和 setBlendMode，BlendMode 实际上是在 Android Q（API Level 29）之后的 Android SDK 中新增的，在之前的版本中是使用 PorterDuffXfermode 实现的混合模式。理解图形的混合模式可以从 PorterDuffXfermode 开始，它包括定义在 PorterDuff.Mode 枚举类型中的 10 余个模式，代码如下所示：

```
public enum Mode {
    /* * [0, 0] */
    CLEAR       (0),
    /* * [Sa, Sc] */
    SRC         (1),
    /* * [Da, Dc] */
    DST         (2),
    /* * [Sa + (1 - Sa)* Da, Rc = Sc + (1 - Sa)* Dc] */
    SRC_OVER    (3),
    /* * [Sa + (1 - Sa)* Da, Rc = Dc + (1 - Da)* Sc] */
    DST_OVER    (4),
    /* * [Sa * Da, Sc * Da] */
    SRC_IN      (5),
    /* * [Sa * Da, Sa * Dc] */
    DST_IN      (6),
    /* * [Sa * (1 - Da), Sc * (1 - Da)] */
    SRC_OUT     (7),
    /* * [Da * (1 - Sa), Dc * (1 - Sa)] */
    DST_OUT     (8),
    /* * [Da, Sc * Da + (1 - Sa) * Dc] */
    SRC_ATOP    (9),
    /* * [Sa, Sa * Dc + Sc * (1 - Da)] */
    DST_ATOP    (10),
    /* * [Sa + Da - 2 * Sa * Da, Sc * (1 - Da) + (1 - Sa) * Dc]*/
    XOR         (11),
    /* * [Sa + Da - Sa* Da, Sc* (1 - Da)+Dc* (1 - Sa)+min(Sc, Dc)]*/
    DARKEN      (12),
    /* * [Sa + Da - Sa* Da, Sc* (1 - Da)+Dc* (1 - Sa)+max(Sc, Dc)]*/
    LIGHTEN     (13),
    /* * [Sa* Da, Sc * Dc] */
    MULTIPLY    (14),
    /* * [Sa + Da - Sa * Da, Sc + Dc - Sc * Dc] */
    SCREEN      (15),
    /* * Saturate(S + D) */
    ADD         (16),
    OVERLAY     (17);
    Mode(int nativeInt) {
    this.nativeInt = nativeInt;
    }
```

```
    public final int nativeInt;
}
```

PorterDuff 代表了 1984 年在 ACM SIGGRAPH《计算机图形学》出版物上发表过 "Compositing digital images"（合成数字图像）的 Tomas Porter 和 Tom Duff 两位计算机科学家，他们提出的合成图像概念极大地推动了图形图像学的发展。上面的代码中每种模式的注释都说明了该模式的 alpha 通道和颜色值的计算方式，要理解各个模式的计算方式，需要先弄明白上面的公式中各个元素的具体含义。

- Sa：全称为 Source alpha，表示原图的 Alpha 通道；
- Sc：全称为 Source color，表示原图的颜色；
- Da：全称为 Destination alpha，表示目标图的 Alpha 通道；
- Dc：全称为 Destination color，表示目标图的颜色。

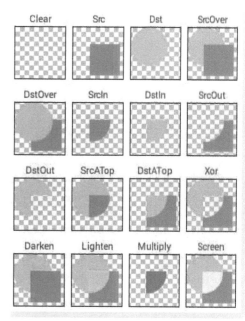

当 Alpha 通道的值为 1 时，图像完全可见；当 Alpha 通道值为 0 时，图像完全不可见；当 Alpha 通道的值介于 0 和 1 之间时，图像只有一部分可见。以 SCREEN 的计算方式为例：[Sa + Da − Sa * Da, Sc + Dc − Sc * Dc]，括号内包括两个值，其中前者 "Sa + Da − Sa * Da" 计算的值代表 SCREEN 模式的 Alpha 通道，而后者 "Sc + Dc − Sc * Dc" 计算 SCREEN 模式的颜色值，图形混合后的图片依靠这个矢量来计算 ARGB 的值。图 6-1 是经典的汇聚了上述混合模式的图像合成效果的示意图。

在 Android Q 中增加了 BlendMode 枚举类型，在 PorterDuff.Mode 的基础上新增了 11 种模式，更加丰富了图形图像合成的效果。表 6-1 列举出 BlendMode 中的模式名称及其含义说明，其中加粗的名称是 BlendMode 相对于 PorterDuff.Mode 新增的内容，Plus 替换了 Add。

● 图 6-1　图像合成效果示意图

表 6-1　BlendMode 模式说明

模式名称	说　明
Clear	删除源图片和目标图片
Src	放置目标图片，仅绘制源图片
Dst	放置源图片，仅绘制目标图片
SrcOver	将源图片合成到目标图片上
DstOver	将源图片合成到目标图片下

（续）

模 式 名 称	说　　明
SrcIn	显示源图片，但仅显示两张图片重叠的位置
DstIn	显示目标图片，但仅显示两张图片重叠的位置
SrcOut	显示源图片，但仅显示两张图片不重叠的位置
DstOut	显示目标图片，但仅显示两张图片不重叠的位置
SrcAtop	将源图片合成到目标图片上，但仅在与目标图片重叠的位置合成
DstAtop	将目标图片合成到源图片上，但仅在与源图片重叠的位置合成
Xor	对源图片和目标图片应用按位异或运算符，这将使它们重叠的地方保持透明
Plus	对源图片和目标图片的组成部分求和
Modulate	将源图片和目标图片的颜色分量相乘
Screen	将源图片和目标图片的分量逆值相乘，然后将结果相逆
Overlay	调整源图片和目标图片的分量以使其适合目标，然后将它们相乘
Darken	通过从每个颜色通道中选择最小值来合成源图片和目标图片
Lighten	通过从每个颜色通道中选择最大值来合成源图片和目标图片
ColorDodge	将目标除以源的倒数
ColorBurn	将目标的倒数除以源，然后将结果求倒数
HardLight	调整源图片和目标图片的分量以使其适合源图片，然后将它们相乘
SoftLight	对于小于 0.5 的源值使用 ColorDodge，对于大于 0.5 的源值使用 ColorBurn
Difference	从每个通道的较大值中减去较小值
Exclusion	从两张图片的总和中减去两张图片乘积的两倍
Multiply	将源图片和目标图片的各分量（包括 Alpha 通道）分别相乘
Hue	获取源图片的色相以及目标图片的饱和度和光度
Saturation	获取源图片的饱和度以及目标图片的色相和亮度
Color	获取源图片的色相和饱和度以及目标图片的光度
Luminosity	获取源图片的亮度以及目标图片的色相和饱和度

　　上面的表格中对模式的说明可能比较枯燥并且不易理解，下面通过一个简单的示例演示其中的混合模式，读者可以使用下面的示例代码，修改其中的 blendMode 参数，然后运行查看不同的模式效果，需要注意分析运行效果时，要考虑 Canvas 的背景色，它会参与到图像合成的颜色计算中。

```
@Composable
fun TestBlendMode() {
    Canvas(modifier = Modifier.size(100.dp), onDraw = {
        drawCircle(
            Color.Red,
            radius = 80f,
            center = Offset(110f, 110f),
```

```
            blendMode = BlendMode.SrcIn
        )
        drawRect(
            color = Color.Blue,
            topLeft = Offset(110f, 110f),
            size = Size(130f, 130f),
            blendMode = BlendMode.Difference
        )
    })
}
```

6.2 Compose 绘制点、线和矩形

点、线、面是构成图形的基本元素，在设计界面内容时，往往需要单独绘制这些内容，图形绘制库也单独提供了 API 来绘制它们。

▶▶ 6.2.1 使用 Canvas 绘制点

上一节提到 DrawScope 中提供了绘制点的方法，实际上在 DrawScope 中有两个 drawPoints 方法，用于绘制给定坐标的一组点，两个方法的区别仅在于设置所绘制的点颜色的参数，一个是 Color，另一个是 Brush，方法定义如下：

```
fun drawPoints(
    points: List<Offset>,
    pointMode: PointMode,
    color: Color, //另一个 drawPoints 方法此处参数是 brush: Brush
    strokeWidth: Float = Stroke.HairlineWidth,
    cap: StrokeCap = StrokeCap.Butt,
    pathEffect: PathEffect? = null,
    alpha: Float = 1.0f, //透明度取值范围是 0.0f~1.0f
    colorFilter: ColorFilter? = null,
    blendMode: BlendMode = DefaultBlendMode
)
```

drawPoints 方法中一共有 9 个参数，其中 points、pointMode 和 color（或 brush）3 个参数必须由开发者在调用时指定，其他几个参数都有默认值。下面分别说明这些参数的意义和用法。

1. points

points 参数的类型是 List<Offset>，Offset 表示一个二维平面的坐标点，表明 points 参数接受一组点坐标的集合。

2. pointMode

pointMode 的字面意思是点绘制模式，它定义了 3 种绘制点的类型。

```
@Immutable
inline class PointMode internal constructor(@Suppress("unused") private val value: Int) {
    companion object {
        val Points = PointMode(0)
        val Lines = PointMode(1)
        val Polygon = PointMode(2)
    }
}
```

其中，Points 类型表示将每一个点按照实心点的方式绘制，并根据 cap 参数的类型绘制为圆形点或者方形点，圆形点直径或者方形点的边长是 strokeWidth 参数设定的值；Lines 类型表示将传入的点序列按顺序每两个点绘制成一个线段，当传入奇数个点时，忽略最后一个点；Polygon 类型表示将传入的所有点绘制成一条线。

3. color / brush

参数 color 笔记容易理解，它给所绘制的点上色，其类型为 Color，在 4.1 节主题元素中已介绍了 Color 的定义和使用。

drawPoints 的另一个重载方法用参数 brush 替换了 color。brush 意为刷子，这里用来表达颜色主要是定义了渐变效果的颜色。开发者使用 Android View 实现 UI 设计时，一定也实现过渐变色，渐变效果主要包括 3 种类型：线性渐变、放射渐变和扫描渐变，其中线性渐变是指在同一个方向上颜色从起始色值渐变为最终色值，包括水平方向、竖直方向或者偏向某个角度的渐变；放射渐变是指从圆心位置向圆周方向扩散开的渐变效果；扫描渐变是从一个角度的位置开始绕圆心做圆周运动，在走过的路径上发生的颜色渐变。

Compose 中渐变效果在底层也是通过 Android View 系统中的图形库实现的，在上层 Brush 类中封装了若干实现渐变的方法，开发者可查看 Compose 库中的 Brush 类源码。

4. strokeWidth

strokeWidth 用于设置点的宽度，如果是圆形点，该值为点的直径，如果是方形点则为点的边长，默认值 Stroke.HairlineWidth 为 0.0f，所以默认所绘制的点不可见。

5. cap

参数 cap 用于定义线段首尾的样式，它有 3 种类型，定义说明如下方示例代码。当用于绘制点时，cap 取 Round 类型绘制圆形点，取另外两种类型时绘制方形点；用于绘制直线时，cap 取 Round 类型时直线两端是圆形，取另外两种类型绘制直线时其两端是方形的。Butt 和 Square 的区别就是是否会有延伸内容。

```
@Immutable
inline class StrokeCap internal constructor(@Suppress("unused") private val value: Int) {
    companion object {
        // 起点和终点轮廓是扁平的且没有延伸内容
        val Butt = StrokeCap(0)
```

```
        // 在起点和终点轮廓有半圆形的延伸,半圆部分的直径是线宽长度
        val Round = StrokeCap(1)

        // 起点和终点轮廓有半块方形的延伸,延伸部分的宽度是线宽长度的一半
        val Square = StrokeCap(2)
    }
}
```

6. pathEffect

参数 pathEffect 用于设置一组点的整体显示样式,比如绘制一段虚线样式的点,或者绘制一段虚线和等长实线交替出现的线段。Android 图形库中也提供了 PathEffect 类型用于实现虚线样式,Compose 中的 PathEffect 类型实际上就是封装了 Android 图形库的对应实现。

```
interface PathEffect {
    companion object {
        fun cornerPathEffect(radius: Float): PathEffect = actualCornerPathEffect(radius)
        fun dashPathEffect(intervals: FloatArray, phase: Float = 0f): PathEffect = actual-
DashPathEffect(intervals, phase)
        fun chainPathEffect(outer: PathEffect, inner: PathEffect): PathEffect = actual-
ChainPathEffect(outer, inner)
        fun stampedPathEffect(
            shape: Path,
            advance: Float,
            phase: Float,
            style: StampedPathEffectStyle
        ): PathEffect = actualStampedPathEffect(shape, advance, phase, style)
    }
}
```

7. alpha

参数 alpha 取 0.0f 到 1.0f 之间的 Float 类型值,用于设置点或路径的不透明度,设置 0.0f 时表示完全透明,而 1.0f 表示完全不透明。在 4.4.2 节详细讲解过 alpha 的意义和用法,读者可以回顾该小节的内容以加深理解,这个参数在后面要介绍的其他图形绘制 API 中也存在并有同样的意义。

8. colorFilter

参数 colorFilter 作用于 color/brush 参数,给绘制的图形添加颜色滤镜。在 4.4.2 节详细讲解过 ColorFilter 类型,这里的 colorFilter 参数的类型与之相同。

9. blendMode

blendMode 参数用于设置绘制图形可能用到的混合算法,每个图形绘制 API 都会用到这个参数,并且关于它的原理和用法需要更大篇幅的充分讲解,将在 6.1.3 节专门讲解混合模式的原理和使用。Compose Canvas 的图形绘制 API 给参数 blendMode 设置了默认值为 BlendMode.SrcOver,确保将绘制的内容合成到目标画布的最上层。

下面用一个示例演示 drawPoints 方法的使用，修改 pointMode 和 cap 参数的值，通过运行结果体会该参数值的意义，其他参数更适合在绘制线和面的图形中展示其效果。

```
@Composable
fun TestDrawPoints() {
    val points = arrayListOf(
        Offset(50f, 60f),
        Offset(100f, 90f),
        Offset(120f, 120f),
        Offset(150f, 160f),
        Offset(180f, 180f),
        Offset(200f, 210f),
        Offset(240f, 250f)
    )
    Canvas(modifier = Modifier.fillMaxSize(), onDraw = {
        drawPoints(
            points,
            pointMode = PointMode.Points,//PointMode.Lines,PointMode.Polygon
            color = Color.Red,
            strokeWidth = 10f,
             cap = StrokeCap.Butt //StrokeCap.Sqaure,StrokeCap.Round
        )
    })
}
```

图 6-2 展示了参数 pointMode 分别取值 PointMode.Points、PointMode.Lines 和 PointMode.Polygon 的绘图效果。

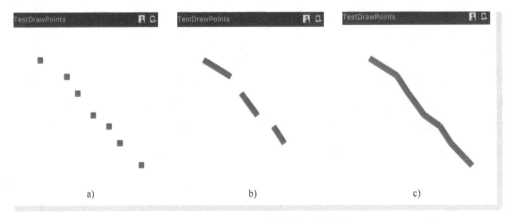

• 图 6-2　pointMode 参数的取值及演示

a) pointMode = PointMode.Points　b) pointMode = PointMode.Lines　c) pointMode = PointMode.Polygon

图 6-3 展示了参数 cap 分别取值 StrokeCap.Round、StrokeCap.Butt 和 StrokeCap.Sqaure 的绘图效果。

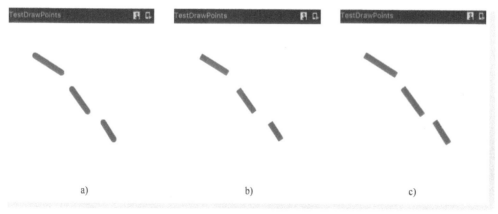

• 图 6-3　cap 参数的取值及演示

a）cap = StrokeCap.Round　b）cap = StrokeCap.Butt　c）cap = StrokeCap.Sqaure

▶▶ 6.2.2　使用 Canvas 绘制线

了解了绘制点的方法后，自然会想到应该如何绘制一条线。线是由无数的点组成的，两个点就能确定一条直线，那么用 Compose 的 Canvas 如何绘制直线呢？同样，在 DrawScope 中提供了绘制线的方法 drawLine。与绘制点的方法一样，drawLine 也有两个重载方法，区别在于绘制线的颜色参数，方法定义如下：

```
fun drawLine(
    color: Color, //另一个drawLine方法此处参数是 brush: Brush
    start: Offset,
    end: Offset,
    strokeWidth: Float = Stroke.HairlineWidth,
    cap: StrokeCap = Stroke.DefaultCap,
    pathEffect: PathEffect? = null,
    alpha: Float = 1.0f,
    colorFilter: ColorFilter? = null,
    blendMode: BlendMode = DefaultBlendMode
)
```

drawLine 方法的参数除了 start 和 end 之外，其他参数都与 drawPoints 方法的同名参数有相同的意义和用法，本小节不再一一详细介绍那些参数。start 和 end 参数的类型都是 Offset，Offset 表示二维平面的一个坐标点，在 Canvas 中绘制图形时，包含两个浮点数的 Offset 是相对于画布原点的偏移坐标。drawLine 方法中 start 和 end 确定了线段两端的坐标。下面是一个简单的示例，用来绘制一条线段：

```
@Composable
fun TestDrawLine() {
    Canvas(modifier = Modifier.size(100.dp), onDraw = {
        drawLine(
```

```
        color = Color.Blue,
        start = Offset(50f, 30f),
        end = Offset(210f, 220f),
        strokeWidth = 20f,
        cap = StrokeCap.Round
    )
})
}
```

在 Canvas 可组合项的 lambda 函数中调用 drawLine 方法，设置线段的颜色为蓝色，通过 Offset 定义线段的起点和终点，设置线段宽度为 20，定义线段的末端样式为 Round。预览效果如图 6-4 所示。

● 图 6-4　使用 Canvas 绘制线段

▶▶ 6.2.3　使用 Canvas 绘制矩形

如何在平面上确定一个矩形？相信读者都很清楚在数学上定义矩形是有一个角是直角的平行四边形，在编程中我们通常用 left、top、right 和 bottom 四个方位的值围起来的区域表示一个矩形；在平面直角坐标系中画一个矩形，它必定有一组对边与 x 轴平行，另一组对边与 y 轴平行，所以只需要确定一个点坐标和 x 方向以及 y 方向的长度值，就可以画出一个矩形了。手机屏幕可以抽象为二维的平面坐标系，DrawScope 中提供的绘制矩形的方法就采用了平面坐标系画矩形的思路，其方法定义如下：

```
fun drawRect(
    color: Color, //brush: Brush
    topLeft: Offset = Offset.Zero,
    size: Size = this.size.offsetSize(topLeft),
    alpha: Float = 1.0f,
    style: DrawStyle = Fill,
    colorFilter: ColorFilter? = null,
    blendMode: BlendMode = DefaultBlendMode
)
```

drawRect 方法的参数也比较简单，参数 color 或 brush 同前面讲的绘制点和线的方法中的 color（brush），参数 topLeft 确定了矩形的左上角的顶点坐标，参数 size 的类型 Size 定义了二维尺寸的值，即它包含 width 和 height 两个值，它们分别用于确定矩形在屏幕宽和高方向的长度值，这样 topLeft 和 size 两个参数就共同确定了所绘制矩形的位置和范围。如下面的示例，预览效果如图 6-5 所示。

```
@Composable
fun TestDrawRect() {
    Canvas(modifier = Modifier.size(100.dp), onDraw = {
        drawRect(
            color = Color.Red,
```

```
            topLeft = Offset(50f, 60f),
            size = Size(200f, 120f)
        )
    })
}
```

● 图 6-5 使用 Canvas 绘制矩形（填充）

从上面的预览图看到所绘制的矩形中间是被填充的，但如果想要绘制一个没有填充的矩形框怎么办呢？drawRect 方法中提供了一个参数 style，用于设置绘制矩形的样式，它的类型为 DrawStyle，DrawStyle 包括两种子类型：Fill 和 Stroke，根据字面意思可知，Fill 表示填充样式，而 Stroke 表示笔画样式，Fill 和 Stroke 类型的定义如下：

```
sealed class DrawStyle
// 填充样式
object Fill : DrawStyle()
// 笔画样式
class Stroke(
    // 设置笔画的宽度,以像素为单位
    val width: Float = 0.0f,
    // 设置笔画的斜接值,当连接角度很锐利时这个参数用于
    // 控制斜交连接的角度,取值须大于等于 0
    val miter: Float = DefaultMiter,
    // 设置笔画末端的样式,与前面所讲的 StrokeCap 类型相同
    val cap: StrokeCap = StrokeCap.Butt,
    // 设置直线和曲线段在描边路径上连接的处理方式
    val join: StrokeJoin = StrokeJoin.Miter,
    // 设置应用在笔画上的虚线样式,默认值 null 表示绘制实线
    val pathEffect: PathEffect? = null
) : DrawStyle()
```

填充样式比较简单，对于笔画样式需要设置更详细的样式参数，参数说明见上面的代码注释。这里只定义了 Fill 和 Stroke 的类型，将它们设置给 Paint 对象的代码实现是在 CanvasDrawScope 类中，代码如下。

```
private fun selectPaint(drawStyle: DrawStyle): Paint =
    when (drawStyle) {
        Fill -> obtainFillPaint()
        is Stroke ->
            obtainStrokePaint()
                .apply {
                    if (strokeWidth != drawStyle.width)
                        strokeWidth = drawStyle.width
                    if (strokeCap != drawStyle.cap)
                        strokeCap = drawStyle.cap
                    if (strokeMiterLimit!= drawStyle.miter)
                        strokeMiterLimit = drawStyle.miter
                    if (strokeJoin != drawStyle.join)
                        strokeJoin = drawStyle.join
                    if (pathEffect != drawStyle.pathEffect)
                        pathEffect = drawStyle.pathEffect
                }
    }
```

理解了 drawRect 方法的 style 参数的意义，就可以绘制出无填充的矩形框了，示例代码如下，预览效果如图 6-6 所示。

```
@Composable
fun TestDrawRect() {
    Canvas(modifier = Modifier.size(100.dp), onDraw = {
        drawRect(
            color = Color.Red,
            topLeft = Offset(50f, 60f),
            size = Size(200f, 120f),
            style = Stroke(width = 2f, miter = 2f, cap = StrokeCap.Round, join = StrokeJoin.
Miter)
        )
    })
}
```

● 图 6-6 使用 Canvas 绘制矩形（无填充）

上面 style 参数设置的 Stroke 类型含有一个参数 join，是之前没有介绍过的，它的类型为 Stroke-Join，用来设置直线和曲线段在描边路径上连接处的处理方式。它有 3 种连接方式，定义中的注释说明分别如下：

```
inline class StrokeJoin internal constructor(@Suppress("unused") private val value: Int) {
    companion object {
        // 在线段之间的连接部分形成尖角
        val Miter = StrokeJoin(0)
        // 在线段之间的连接部分形成半圆弧形
        val Round = StrokeJoin(1)
        // 在线段之间连接线段对接端的角,以在两条线段之间形成斜角的外观
        val Bevel = StrokeJoin(2)
    }
}
```

在实际的需求开发中，除了会用到 drawRect 绘制常规的矩形，还有一些需求要实现带圆角的矩形。读者也许验证过了上面讲的 StrokeJoin.Round 的作用，用它作为 join 参数的值构造的 Stroke 类型，赋值给 drawRect 方法的 style 参数，然后绘制的矩形就是圆角的。但这个圆角的弧度是固定的，而且比较小，绘制出的实际效果可能不明显，这就需要专门的绘制圆角矩形的方法，而且可以自定义圆角弧度大小。DrawScope 中提供了两个绘制圆角矩形的方法，其定义如下：

```
fun drawRoundRect(
    color: Color, //brush: Brush
    topLeft: Offset = Offset.Zero,
    size: Size = this.size.offsetSize(topLeft),
    cornerRadius: CornerRadius = CornerRadius.Zero,
    alpha: Float = 1.0f,
    style: DrawStyle = Fill,
    colorFilter: ColorFilter? = null,
    blendMode: BlendMode = DefaultBlendMode
)
```

该方法的参数相比 drawRect 方法仅多了一个参数 cornerRadius，类型为 CornerRadius，其他参数的意义和用法都相同。CornerRadius 类型中包含两个成员：x 和 y，它们分别用于构造 x 轴和 y 轴方向的圆弧半径，当没有设置 y 值时，y 轴方向的半径大小默认与 x 轴一致，当设置的值为负数时将默认取为 0。下面的示例沿用 drawRect 方法的示例，将其替换为调用 drawRoundRect 方法并添加 cornerRadius 参数，设置圆弧半径值为 30，预览效果如图 6-7 所示。

```
@Composable
fun TestDrawRoundRect() {
    Canvas(modifier = Modifier.size(100.dp), onDraw = {
        drawRoundRect(
            color = Color.Red,
            topLeft = Offset(50f, 60f),
            size = Size(200f, 120f),
```

```
        cornerRadius = CornerRadius(30f),
        style = Stroke(width = 2f, miter = 2f, cap = StrokeCap.Round, join = StrokeJoin.Miter)
    )
  })
}
```

● 图 6-7 用 Canvas 绘制圆角矩形

6.3 Compose 绘制圆、椭圆和弧形

圆、椭圆和弧形可以归为一类图形，它们是属于线和面的基本图形。它们与 6.2.3 小节介绍的矩形一样，都可以通过 API 中的 style 参数设置为填充或线条的样式。

▶▶ 6.3.1 使用 Canvas 绘制圆

圆形是基本图形之一，也是在实际需求中经常被使用到的一种图形，比如应用个人中心的用户头像通常会被设计成圆形图像。读者知道在平面上画一个圆形需要确定圆心坐标和圆的半径大小，在绘制圆形的 API 中也会设计这两个参数，下面是 Compose 的 DrawScope 中提供的绘制圆形的方法：

```
fun drawCircle(
    color: Color, //brush: Brush
    radius: Float = size.minDimension / 2.0f,
    center: Offset = this.center,
    alpha: Float = 1.0f,
    style: DrawStyle = Fill,
    colorFilter: ColorFilter? = null,
    blendMode: BlendMode = DefaultBlendMode
)
```

这里仅说明绘制圆形的两个关键参数：radius 和 center。radius 用于设置圆的半径，默认值是当前 Canvas 的宽或高较小值的一半；center 就是圆心的坐标，取值为 Offset 类型的一个对象，默认值是当前 Canvas 的中心点。下面使用 drawCircle 方法绘制一个圆心在当前 Canvas 中心、半径为 180 像素的

圆，设置圆形的颜色为 Color.Blue，Canvas 的宽高为 200dp，预览效果如图 6-8 所示。

```
@Composable
fun TestDrawCircle() {
    Canvas(modifier = Modifier.size(200.dp), onDraw = {
        drawCircle(
            color = Color.Blue,
            radius = 180f,
            center = center
        )
    })
}
```

上面的示例中其他参数都没有设置，即取默认值，所绘制的圆形为实心圆，如果要绘制空心圆，通过设置 style 参数为 Stroke 类型的值就可以实现。在上面示例代码的 drawCircle 方法中添加线宽等于 10f 的 Stroke 类型的 style 参数，运行后预览效果如图 6-9 所示。

● 图 6-8　用 Canvas 绘制圆形（实心圆）

● 图 6-9　用 Canvas 绘制圆形（空心圆）

▶▶ 6. 3. 2　使用 Canvas 绘制椭圆

学会了绘制圆形后，自然会联想到如何绘制椭圆，Compose 的 DrawScope 中也提供了绘制椭圆形的 API，即 drawOval，下面介绍这个 API 的方法定义和使用。

观察 API 的设计发现，绘制椭圆的方法和绘制矩形的方法参数完全一样，代码如下，确定椭圆位置和形状的核心参数是 topLeft 和 size。为什么会这样设计呢？读者应该清楚，椭圆的定义是平面内到两个定点的距离之和等于常数的动点的轨迹，椭圆有长轴和短轴，可以确定一个矩形，在给定椭圆的长轴和短轴的端点上分别与该矩形相切，设计绘制算法可以借助这些性质来绘制椭圆。

```
fun drawOval(
    color: Color, //brush: Brush
    topLeft: Offset = Offset.Zero,
    size: Size = this.size.offsetSize(topLeft),
    alpha: Float = 1.0f,
    style: DrawStyle = Fill,
    colorFilter: ColorFilter? = null,
```

```
    blendMode: BlendMode = DefaultBlendMode
)
```

示例代码如下，在尺寸为 100dp ＊ 100dp 的 Canvas 上，从左上角顶点（10f, 30f）处画一个长轴为 90dp、短轴为 60dp 的椭圆，预览效果如图 6-10 所示。其中通过 style 参数设置椭圆线宽为 5 像素，若不设置 style，则默认为填充样式的椭圆。如果设置参数 size 的宽高值相等，则会绘制出圆形，读者可以自行尝试。

```
@Composable
fun TestDrawOval() {
    Canvas(modifier = Modifier.size(100.dp), onDraw = {
        drawOval(
            color = Color.Blue,
            topLeft = Offset(10f, 30f),
            size = Size(90.dp.toPx(), 60.dp.toPx()),
            style = Stroke(width = 5f)
        )
    })
}
```

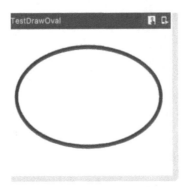

● 图 6-10　用 Canvas 绘制椭圆

▶▶ 6.3.3　使用 Canvas 绘制弧形

绘制弧形的方法参数相比绘制圆形和椭圆形要稍微复杂一点，通过如下 drawArc 方法的定义，可以发现参数列表中比 drawOval 方法增加了 3 个参数，其他参数都一样。

```
fun drawArc(
    color: Color, //brush: Brush
    startAngle: Float,
    sweepAngle: Float,
    useCenter: Boolean,
    topLeft: Offset = Offset.Zero,
    size: Size = this.size.offsetSize(topLeft),
```

```
    alpha: Float = 1.0f,
    style: DrawStyle = Fill,
    colorFilter: ColorFilter? = null,
    blendMode: BlendMode = DefaultBlendMode
)
```

drawArc 方法相比 drawOval 方法增加的 3 个参数分别是：startAngle，表示弧的起始位置偏角；sweepAngle，表示弧形扫过的角度；useCenter，表示是否绘制弧的边界与中心的连线，即是否要绘制闭合的弧形。startAngle 和 sweepAngle 都采用水平向右的方向为 0 度、顺时针方向为正的角度坐标系。

除了上面介绍的 drawArc 方法中特有的三个参数，它的其他参数与绘制椭圆的方法参数完全一样，为什么会这样设计呢？首先，弧形可能是圆形的，也可能是椭圆形的，那么如何通过一个 API 不用特别指明样式的参数，即可绘制两种不同的弧形呢？在绘制椭圆的 API 中，参数 size 的宽高取值相同时，绘制出了圆形，所以绘制弧形的 API 也利用这个特点，可以兼具绘制圆弧和椭圆弧的能力。讲到这里，读者可能会有另一个问题，为何要单独设计一个绘制圆的 API，而不是复用绘制椭圆的 API 呢？对于这个问题，笔者认为圆形是更常用的几何图形，并且绘制圆形需要的关键参数比较简单：圆心坐标和半径长度。所以提供单独的绘制圆形的 API 便于应用开发时直接使用。

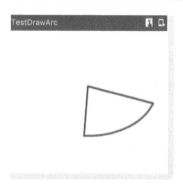

● 图 6-11　用 Canvas 绘制弧形

下面通过一个示例展示绘制弧形 API 的使用和效果。下面的示例中，弧形起始偏角为 20 度，弧形扫过的角度为 73 度，边界与中心相连形成闭合弧形，外切矩形相对于 Canvas 左上角偏移位置为（10f, 10f），外切矩形的长为 90.dp，宽为 60.dp，预览效果如图 6-11 所示。

```
@Composable
fun TestDrawArc() {
    Canvas(modifier = Modifier.size(100.dp), onDraw = {
        drawArc(
            color = Color.Blue,
            startAngle = 20f,
            sweepAngle = 73f,
            useCenter = true,
            topLeft = Offset(10f, 10f),
            size = Size(90.dp.toPx(), 60.dp.toPx()),
            style = Stroke(width = 2f)
        )
    })
}
```

图 6-11 绘制出的是椭圆弧形，读者可以修改上面的示例代码中参数 size 的宽高值，使其绘制出圆弧形，还可以修改开始角度和扫描角度，感受这两个角度参数的几何意义。

6.4 Compose 绘制图片和路径

图片和路径相对于前面讲过的图形是稍复杂一些的图形内容，Compose 也提供了专门的 API 绘制图片和复杂的路径图形。

▶▶ 6.4.1 使用 Canvas 绘制图片

在 4.4 节介绍过 Compose 的图片控件 Image，用它显示图片资源很简单，不过其内部实现逻辑还是很复杂的，它主要是通过 5.2 节讲解的自定义布局的原理实现的，涉及元素的测量、布局和绘制过程。当然 Image 控件最终的绘制过程也是将元素绘制到 Canvas 上，跟踪其实现代码可以发现在其 Painter 中实现的 onDraw 方法里会调用本节内容将要讲到的绘制图片的 API。在 Compose 的 DrawScope 中提供了两个 drawImage 方法，本小节就介绍它们的用法。

首先看第一个 drawImage 方法的定义，代码如下。它接收一个 ImageBitmap 类型的参数 image，这是要绘制的图片内容，可以通过读者熟悉的 BitmapFactory 加载图片文件，然后将生成的 Bitmap 对象转成 ImageBitmap。第二个参数 topLeft 是设置图片的左上角顶点在 Canvas 上的坐标，即图片开始绘制的左上角起点坐标，绘制的图片范围由所加载的图片宽高决定。

```
fun drawImage(
    image: ImageBitmap,
    topLeft: Offset = Offset.Zero,
    alpha: Float = 1.0f,
    style: DrawStyle = Fill,
    colorFilter: ColorFilter? = null,
    blendMode: BlendMode = DefaultBlendMode
)
```

这个 drawImage 方法的定义比较简单，核心参数就是设置图片内容的 image，其他参数都与前面介绍的其他 API 的同名参数一样。下面的示例代码设置图片的左上角坐标为（50f, 30f），预览效果如图 6-12 所示。

```
@Composable
fun TestDrawImage() {
    val context = LocalContext.current
    val bmp = BitmapFactory.decodeResource(context.resources, R.drawable.scenary)
    val imageBmp = bmp.asImageBitmap()
    Canvas(modifier = Modifier.fillMaxSize()) {
        drawImage(
            image = imageBmp,
            topLeft = Offset(50f, 30f)
        )
    }
}
```

● 图 6-12　用 Canvas 绘制图片

第二个 drawImage 方法定义稍微复杂一些，其参数也有更丰富的意义，下面详细说明其关键参数。

```
fun drawImage(
    image: ImageBitmap,
    srcOffset: IntOffset = IntOffset.Zero,
    srcSize: IntSize = IntSize(image.width, image.height),
    dstOffset: IntOffset = IntOffset.Zero,
    dstSize: IntSize = srcSize,
    alpha: Float = 1.0f,
    style: DrawStyle = Fill,
    colorFilter: ColorFilter? = null,
    blendMode: BlendMode = DefaultBlendMode,
    filterQuality: FilterQuality = DefaultFilterQuality
)
```

参数 image 与前一个 drawImage 方法的 image 参数一样，不必赘述，这里主要增加了 srcOffset、srcSize、dstOffset 和 dstSize 四个参数，这四个参数取值的数据类型都是 Int，与前面的 API 中 topLeft 的取值数据类型不同。根据参数命名可以判断，srcOffset 和 srcSize 与要绘制的原图片内容有关，前者表示从原图片中所取的内容，相对于原图片，它们的左上角顶点的偏移量默认值为 0，即从原图片左上角顶点开始；后者表示所取图片内容的尺寸，默认值为原图片的宽高值。dstOffset 表示绘制到 Canvas 上的图片左上角顶点相对于 Canvas 左上角点的偏移，默认值也为 0，表示从 Canvas 左上角顶点开始绘制；dstSize 表示绘制到 Canvas 的图片尺寸，默认值与原图片的尺寸相同。简单理解，这几个参数用于绘制图片，就是从原图片中取一块内容绘制到 Canvas 上的一定范围内，这会涉及对原图

. 169

片的裁剪和缩放。剩下的参数也是前面介绍过的通用参数，只有 filterQuality 是新增的参数，表示绘制图片到目标位置时，对图片缩放采样的质量，其默认值为采样双线性插值算法实现的 FilterQuality.Low。

下面的简单示例中使用了上面介绍的四个主要参数，预览效果如图 6-13 所示。

```
@Composable
fun TestDrawImage() {
    val context = LocalContext.current
    val bmp = BitmapFactory.decodeResource(context.resources, R.drawable.scenary)
    val imageBmp = bmp.asImageBitmap()
    Canvas(modifier = Modifier.fillMaxSize()) {
        drawImage(
            image = imageBmp,
            // 设置要截取的图片偏移量
            // 取原图片距离左边四分之一图片宽度的位置,距离上边 20dp 的位置
            srcOffset = IntOffset(imageBmp.width/4, 20.dp.roundToPx()),
            // 取原图片宽与原图相等,高为原图一半
            srcSize = IntSize(imageBmp.width, imageBmp.height/2),
            // 设置绘制图片的位置,在 Canvas 左上角点(20,80)处
            dstOffset = IntOffset(20, 80),
            // 绘制的图片宽为 480dp,高为 280dp
            dstSize = IntSize(480.dp.roundToPx(), 280.dp.roundToPx())
        )
    }
}
```

● 图 6-13　用 Canvas 绘制图片（对图片进行裁剪和缩放）

▶▶ 6.4.2　使用 Canvas 绘制路径

前面讲过的点、线、矩形、圆和圆弧等图形都是基本的有规则的几何图形，它们构成了复杂的图

形图像的基本元素。由直线和曲线构成的更复杂的几何图形一般称为路径，英文名为 Path。读者一定了解 Android View 系统绘制路径的方法，比如通过 lineTo( )、moveTo( )等方法构建 Path，然后通过 Canvas 对象调用 drawPath( )方法绘制出路径。Compose 的 DrawScope 中也提供了绘制路径的 API，方法定义如下：

```
fun drawPath(
    path: Path,
    color: Color, //brush: Brush
    alpha: Float = 1.0f,
    style: DrawStyle = Fill,
    colorFilter: ColorFilter? = null,
    blendMode: BlendMode = DefaultBlendMode
)
```

第一个参数 path 即需要绘制的路径 Path 对象，Compose 中的 Path 是一个跨平台实现的接口，源码如下，接口中定义的方法与 Android View 中的 Path 所提供的方法一致，方法的具体含义见下面详细的注释。

```
expect fun Path(): Path
/* expect class */ interface Path {
    // 确定如何计算路径内部的填充方式
    var fillType: PathFillType
    // 返回路径是否是凸的图形
    // 如果路径具有单个轮廓,并且仅在单个方向上弯曲,则该路径是凸的
    val isConvex: Boolean
    // 如果路径为空(不包含直线或曲线),则返回 true
    val isEmpty: Boolean
    // 从给定的坐标点开始一个新的子路径
    fun moveTo(x: Float, y: Float)
    // 从当前点以给定偏移量开始一个新的子路径,此方法的参数为偏移量值
    fun relativeMoveTo(dx: Float, dy: Float)
    // 从当前点到给定点添加一条直线段
    fun lineTo(x: Float, y: Float)
    // 从当前点到与当前点相距给定偏移量的点添加一条直线段
    fun relativeLineTo(dx: Float, dy: Float)
    // 以点(x1,y1)为控制点,添加从当前点到给定点(x2,y2)的二阶贝塞尔曲线
    fun quadraticBezierTo(x1: Float, y1: Float, x2: Float, y2: Float)
    // 添加从当前点到目标点的二阶贝塞尔曲线,其中控制点相对于当前点的偏移量
    // 为(dx1,dy1),目标点的偏移量为(dx2,dy2)
    fun relativeQuadraticBezierTo(dx1: Float, dy1: Float, dx2: Float, dy2: Float)
    // 以点(x1,y1)和(x2,y2)为控制点,从当前点到点(x3,y3)的三阶贝塞尔曲线
    fun cubicTo(x1: Float, y1: Float, x2: Float, y2: Float, x3: Float, y3: Float)
    // 添加当前点到目标点的三阶贝塞尔曲线,两个控制点和目标点的坐标都以当
    // 前点的偏移量确定
    fun relativeCubicTo(dx1:Float, dy1:Float, dx2:Float, dy2:Float, dx3:Float, dy3:Float)
    // 如果 forceMoveTo 为 false,则添加直线段和弧段
```

```
// 如果 forceMoveTo 为 true,则启动一个新的由弧段组成的子路径
// 此方法的开始和扫描过的角度单位为弧度
fun arcToRad(
    rect:Rect,startAngleRadians:Float,
    sweepAngleRadians:Float,forceMoveTo:Boolean
) {
arcTo(rect,degrees(startAngleRadians),degrees(sweepAngleRadians),forceMoveTo)
}
// 如果 forceMoveTo 为 false,则添加直线段和弧段
// 如果 forceMoveTo 为 true,则启动一个新的由弧段组成的子路径
// 此方法的开始和扫描过的角度单位为度
fun arcTo(rect:Rect, startAngleDegrees:Float, sweepAngleDegrees:Float, forceMoveTo:
Boolean)
// 添加一个矩形的路径
fun addRect(rect: Rect)
// 添加一个椭圆形路径
fun addOval(oval: Rect)
// 添加弧形路径,该弧段由遵循给定矩形所界定的椭圆边缘的弧组成,角度单位为弧度
fun addArcRad(oval: Rect, startAngleRadians: Float, sweepAngleRadians: Float)
// 添加弧形路径,该弧段由遵循给定矩形所界定的椭圆边缘的弧组成,角度单位为度
fun addArc(oval: Rect, startAngleDegrees: Float, sweepAngleDegrees: Float)
// 添加圆角矩形路径
fun addRoundRect(roundRect: RoundRect)
// 添加新的子路径,该路径是从原路径到给定的偏移量位置的新的路径
fun addPath(path: Path, offset: Offset = Offset.Zero)
// 关闭最后一个子路径
fun close()
// 清除所有子路径的 Path 对象,返回到创建时的状态
fun reset()
// 给定偏移量转换每个子路径的所有段
fun translate(offset: Offset)
// 计算路径控制点的边界矩形
fun getBounds(): Rect
// 将两个子路径进行逻辑操作(差分、合并、取相交、异或等)
// 并将操作结果设置为当前路径
fun op(
    path1: Path, path2: Path, operation: PathOperation
): Boolean
}
```

Compose 库中对 Path 默认提供了 android.graphics.Path 的实现，下面通过一个简单的示例了解其用法。

```
@Composable
fun TestDrawPath() {
    val path = Path()
    path.moveTo(30f, 30f)
```

```
    path.lineTo(110f, 20f)
    val rect = Rect(130f, 30f, 250f, 100f)
    path.arcTo(rect, 0f, 150f, false)
    path.relativeLineTo(-10f, 20f)
    path.quadraticBezierTo(10f, 100f, 100f, 220f)
    path.close()
    Canvas(modifier = Modifier.size(100.dp), onDraw = {
        drawPath(path, color = Color.Red, style = Stroke(width = 4f))
    })
}
```

在这段示例代码中，分别通过 lineTo 和 relativeLineTo 方法添加了两条直线段，通过 arcTo 方法添加了一段弧线段，通过 quadraticBezierTo 方法添加了一条二阶贝塞尔曲线，最后将路径的终点和起点连接形成闭合曲线，由这些方法构建了一个 path 对象，通过 drawPath 方法将路径绘制到 Canvas 上，预览效果如图 6-14 所示。

● 图 6-14　用 Canvas 绘制路径

6.5　小结和训练

本章讲解了 Compose 中绘制基本图形的内部原理和 API 使用，先讲解了与绘制图形有关的基础概念和 API 设计，然后逐个介绍了绘制点、线、矩形、圆、椭圆和弧形等图形的 API 及参数。

这一章内容包括大量的原理介绍以及实现分析，读者应结合各段示例代码进行理解，并将代码运行体验，通过运行效果理解参数的含义。对于图形绘制的底层实现原理，读者应该结合源码理解 Compose 的图形绘制，API 如何使用 android.graphics 库的基础能力，以及在 Compose 的图形库中如何管理绘制图形的参数。

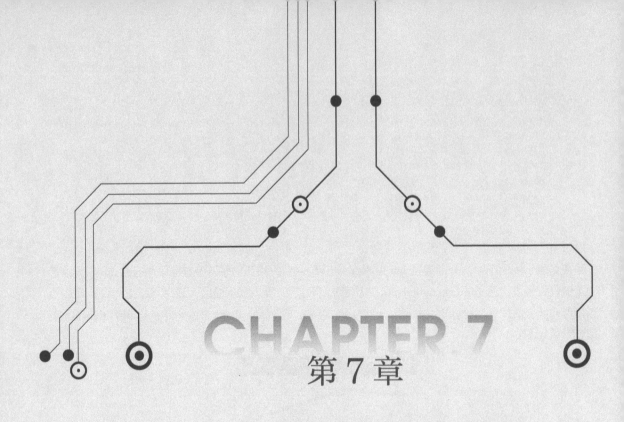

CHAPTER.7

第 7 章

Compose的动画和手势

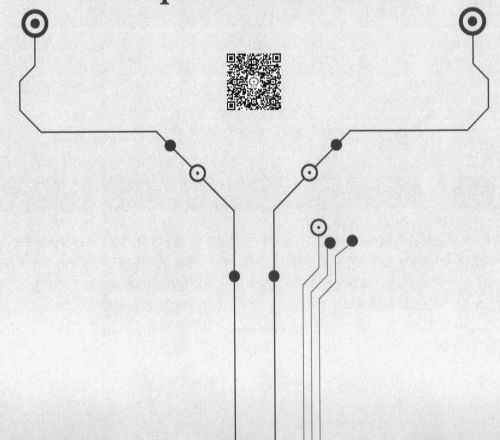

现代移动应用中有着非常丰富的动画内容，它们实现了自然流畅、易于理解的用户体验。动画的类型非常繁多，实现动画效果也非常烦琐，使用过 Android View 系统的动画 API 的开发者一定熟悉设置各种动画属性以及计算关键动画参数的复杂过程。Jetpack Compose 提供了一些功能强大且可扩展的 API，在应用界面中，开发者可以使用这些 API 轻松实现各种动画效果。

Jetpack Compose 的动画 API 有的是以可组合函数形式提供的，就像布局和其他界面元素一样，开发者可以在界面可组合函数中直接使用，它们属于高级别的动画 API。高级别的 API 通常是由较低级别的 API 支持实现的，低级别动画 API 一般使用 Kotlin 协程挂起函数构建。本章将首先介绍可用于许多实际场景的高级别 API，接着介绍可以提供进一步控制和自定义功能的低级别 API，然后利用这些动画 API 实现自定义动画和其他复杂的动画效果，最后介绍 Compose 的手势。

7.1 高级别动画 API

Compose 为几种常用的动画模式提供了经过专门设计的高级别动画 API，这些动画效果符合 Material Design 运动的最佳做法，比如放大缩小、淡入淡出等。

▶▶ 7.1.1 可见性动画

AnimatedVisibility 可组合项为其内容的出现和消失添加动画效果，它的方法签名如下：

```
@Composable
fun AnimatedVisibility(
    visible: Boolean,
    modifier: Modifier = Modifier,
    enter: EnterTransition = fadeIn() + expandIn(),
    exit: ExitTransition = shrinkOut() + fadeOut(),
    label: String = "AnimatedVisibility",
    content: @Composable() AnimatedVisibilityScope.() -> Unit
)
```

在 5.3.1 小节介绍列表中控制滚动位置时用到了这个 API，用它控制回到顶部按钮的显示和隐藏，通过 Boolean 类型的参数 visible 表达显示或隐藏由 content 传入的布局内容。动画效果通过参数 enter 和 exit 指定，enter 的类型是 EnterTransition，用来控制布局内容显示的入场动画，默认是逐渐淡入并展开的效果；exit 的类型是 ExitTransition，用来控制布局内容隐藏的退出动画效果，默认是缩小并淡出的动画。系统提供了 4 种类型的动画效果：fade（渐变，即淡入或淡出）、expand/shrink（像画卷一样伸展和收缩）、scale（以某个点为中心缩小或放大）和 slide（平移滑动）。

enter 和 exit 都可以通过"+"号添加多种动画效果，比如 enter 的默认值为 fadeIn() + expandIn()，EnterTransition 和 ExitTransition 类都实现了加法运算符重载，即可以直接使用"+"号连接多个相同类型的对象，这样在使用 API 的地方就可以方便地使用这个类型。如下是 EnterTransition 的实现源码，ExitTransition 的实现与其类似。

```
@Immutable
sealed class EnterTransition {
    internal abstract val data: TransitionData
    @Stable
    operator fun plus(enter: EnterTransition): EnterTransition {
        return EnterTransitionImpl(
            TransitionData(
                fade = data.fade ?: enter.data.fade,
                slide = data.slide ?: enter.data.slide,
                changeSize=data.changeSize?:enter.data.changeSize,
                scale = data.scale ?: enter.data.scale
            )
        )
    }
}
```

通过 "+" 号连接多个不同的入场（或出场）动画，它们的连接顺序不重要，因为这些连接起来的入场（或出场）动画会同时运行，不过这些动画效果作用到布局上会有一定的优先级：alpha 和 scale 的效果会最先生效，其次是 shrink 和 expand，最后是 slide。

下面就来看看 Compose 为 EnterTransition 和 ExitTransition 分别提供了哪些可以组合使用的具体动画效果。

首先看一下 EnterTransition 的动画：

- fadeIn：使用提供的动画规格，从指定的起始 alpha 到 1f 实现淡入效果，alpha 默认值为 0f，动画规格默认使用 spring。
- slideIn：从定义的起始偏移量到 IntOffset(0,0) 滑动布局内容。可以通过配置初始偏移量的值来控制滑动的方向，初始偏移量的 x 值为正，表示从右向左滑进场，x 值为负，表示从左往右滑进场；初始偏移量的 y 值为正，表示向上滑进场，y 值为负，则表示向下滑进场。
- scaleIn：通过逐渐放大内容的效果进场，由初始缩放比例放大到 1f，初始默认值为 0f。还可以通过参数确定布局的缩放中心，默认是布局的中心点。
- expandIn：将待显示的布局内容从某个初始大小的剪辑范围扩展到完整内容并被显示。布局内容的初始大小可通过 initialSize 参数设置，可指定具体的值，也可以是布局完整尺寸的比例值，默认值为（0，0）。展开内容所在的起始位置默认是在布局的右下角（RTL 布局系统中是在布局的左下角）。
- expandHorizontally：从水平方向展开布局内容，从一个初始的布局宽度扩展到完整显示布局内容，默认从布局内容的右侧开始向左侧展开显示。
- expandVertically：从竖直方向展开布局内容，从一个初始的布局高度扩展到完整显示布局内容，默认从布局内容下边开始到上边完成展开显示。
- slideInHorizontally：从定义的起始偏移量到 0，在水平方向滑动内容进行显示，偏移量为正值，表示从右向左滑动，为负值表示从左向右滑动。

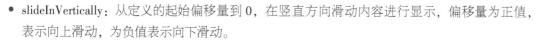

- slideInVertically：从定义的起始偏移量到 0，在竖直方向滑动内容进行显示，偏移量为正值，表示向上滑动，为负值表示向下滑动。

再来看 ExitTransition 的动画：

- fadeOut：使用提供的动画规格，从完全不透明到目标 alpha 值实现淡出效果，alpha 值默认为 0f，即完全透明，动画规格默认使用 spring。
- slideOut：从偏移值为（0，0）的位置向指定的目标偏移位置滑动，通过目标偏移值的正负号来确定滑动的方向，x 为正表示从左向右滑出场，x 为负表示从右向左滑出场；y 值为正表示向下滑出，y 值为负表示向上滑出。
- scaleOut：通过逐渐缩小内容的效果退出，从 1f 缩小到指定的缩放比例，默认的目标缩放比例为 0f。
- shrinkOut：将完整显示的布局内容以裁剪的方式收缩到目标大小的范围，通过 targetSize 参数设置最终显示的大小，默认为（0，0）。将布局内容最终收缩到的位置默认是布局的右下角（RTL 布局中的左下角）。
- shrinkHorizontally：从水平方向收缩布局内容退出显示，从完整显示收缩到显示指定宽度的内容，默认指定的目标宽度为 0，收缩到的目标位置默认为布局内容右侧（RTL 布局中的左侧）。
- shrinkVertically：从竖直方向收缩布局内容退出显示，从完整显示收缩到显示指定高度的内容，默认指定的目标高度为 0，收缩到的目标位置默认为布局内容底部。
- slideOutHorizontally：从 0 到定义的目标偏移量在水平方向滑动内容退出显示，目标偏移量为正值，表示向右滑出，为负值表示向左滑出。
- slideOutVeritaclly：从 0 到定义的目标偏移量在竖直方向滑动内容退出显示，目标偏移量为正值，表示向下滑出，为负值表示向上滑出。

对比上面列举的 EnterTransition 和 ExitTransition 动画定义，Enter 和 Exit 的动画效果刚好对应相反。用语言文字描述动画效果显得苍白无力，读者可以在下面的示例中尝试设置不同的动画，并体验不同的动画效果。

```kotlin
@Composable
fun TestAnimation() {
    val visible = remember { mutableStateOf(true) }
    Column(
        modifier = Modifier.fillMaxSize().padding(20.dp),
        horizontalAlignment = Alignment.CenterHorizontally
    ) {
        Button(onClick = { visible.value = !visible.value }) {
            Text(text = if (!visible.value) "进入动画" else "退出动画")
        }
        AnimatedVisibility(
            visible = visible.value,
            // 设置进场动画
            enter = slideInHorizontally(initialOffsetX = { -it }) + fadeIn(),
            // 设置退出动画
            exit = slideOutVertically(targetOffsetY = { it }) + fadeOut()
```

```
    ) {
        Image(
            painter = painterResource(id = R.drawable.scenary),
            contentDescription = ""
        )
    }
    }
}
```

1. 使用 MutableTransitionState

AnimatedVisibility 还提供了接受 MutableTransitionState 类型的扩展函数，通过参数 visibleState 传入 MutableTransitionState。这样，只要将 AnimatedVisibility 添加到组合树中，就会立即触发动画，当退出动画后，content 的可组合项也会被移出组合树，visibleState 的 currentState 和 targetState 值都将变为 false。

```
@Composable
fun TestMutableTransitionState() {
    val state = remember {
        MutableTransitionState(false).apply {
            targetState = true
        }
    }
    Column {
        AnimatedVisibility(visibleState = state) {
            Text(text = "Hello, world!")
        }
        Text(
            text = when {
                state.isIdle && state.currentState -> "Visible"
                !state.isIdle && state.currentState -> "Disappearing"
                state.isIdle && ! state.currentState -> "Invisible"
                else -> "Appearing"
            }
        )
    }
}
```

2. 为子项添加动画

在 AnimatedVisibility 作用域内，如果想要为某个直接或间接的子项添加不同的动画效果，可以使用 animateEnterExit 修饰符为其添加动画，其中每个子项的视觉效果均由 AnimatedVisibility 可组合项中指定的动画与子项，通过 animateEnterExit 修饰符设置的进入和退出动画构成。如果希望 AnimatedVisibility 不添加任何动画，各子项独立设置动画，可以在 AnimatedVisibility 可组合项中指定 EnterTransition.None 和 ExitTransition.None，子项动画通过 animateEnterExit 修饰符设置。

```
@ExperimentalAnimationApi
@Composable
fun TestChildAnimation() {
```

```
    val state = remember { mutableStateOf(true) }
Column(
    modifier = Modifier.fillMaxSize().padding(20.dp),
    horizontalAlignment = Alignment.CenterHorizontally
) {
    Button(onClick = { state.value = !state.value }) {
        Text(text = if (!state.value) "进入动画" else "退出动画")
    }
    AnimatedVisibility(
        visible = state.value,
        enter = fadeIn(),
        exit = fadeOut()
    ) {
        Box(Modifier.fillMaxSize().background(Color.LightGray)) {
            Image(
                painter=painterResource(id=R.drawable.scenary),
                contentDescription = "",
                modifier = Modifier
                    .align(Alignment.Center)
                    //通过 animateEnterExit 修饰符设置子项动画
                    .animateEnterExit(
                        enter = expandIn { IntSize(-it.width, -it.height) },
                        exit = slideOut { IntOffset(it.width, it.height) }
                    )
                    .sizeIn(minWidth = 256.dp, minHeight = 64.dp)
                    .background(Color.Red)
            )
            Text(text = "Hello Compose!")
        }
    }
}
}
```

3. 添加自定义动画

如果要在内置的进入和退出动画之外添加自定义动画，需要在 AnimatedVisibility 的 content Lambda 内通过 transition 属性访问底层的 Transition 实例，transition 属性与前面介绍的 animateEnterExit 修饰符都定义在 AnimatedVisibilityScope 接口类中。添加到 Transition 实例的所有自定义动画都将与通过 AnimatedVisibility 设置的内置动画同时运行，AnimatedVisibility 会等到 transition 中的所有动画都完成后，再移除其内容。对于独立于 AnimatedVisibilityScope.transition 创建的退出动画（例如使用 animate * AsState），AnimatedVisibility 将无法解释这些动画，因此可能会在它们完成之前，移除内容可组合项。

```
@ExperimentalAnimationApi
@Composable
fun TestCustomAnimation() {
```

```
val state = remember { mutableStateOf(true) }
Column(
    modifier = Modifier.fillMaxSize().padding(20.dp),
    horizontalAlignment = Alignment.CenterHorizontally
) {
    Button(onClick = { state.value = !state.value }) {
        Text(text = if (!state.value) "进入动画" else "退出动画")
    }
    AnimatedVisibility(
        visible = state.value,
        enter = expandIn(),
        exit = fadeOut()
    ) {
        //通过 transition 属性添加自定义动画
        val background by transition.animateColor(label = "animateColor")
            { state ->
                if (state == EnterExitState.Visible) Color.Blue
                else Color.Green
            }
        Box(modifier = Modifier.size(128.dp).background(background))
    }
}
```

7.1.2 布局内容动画

有时候需要给某个布局模块整体添加动画效果，比如使该布局从屏幕顶部"落下来"进入屏幕内，或者需要根据用户操作显示不同范围的布局内容，不同的布局内容切换时需要平滑地自然变化，这就需要设计布局内容动画。

1. AnimatedContent

AnimatedContent 可组合项会在布局内容根据目标状态发生变化时，为内容添加动画效果。为了反映出内容的变化，需要在 AnimatedContent 可组合项的 content Lambda 中使用 Lambda 的参数更新要显示的内容。AnimatedContent 可组合函数的方法签名如下：

```
@ExperimentalAnimationApi
@Composable
fun <S> AnimatedContent(
    targetState: S,
    modifier: Modifier = Modifier,
    transitionSpec: AnimatedContentScope<S>.()-> ContentTransform = {
        fadeIn(animationSpec = tween(220, delayMillis = 90)) + scaleIn(
initialScale = 0.92f, animationSpec = tween(220, delayMillis = 90))
with fadeOut(animationSpec = tween(90))
    },
```

```
    contentAlignment: Alignment = Alignment.TopStart,
    content: @Composable()AnimatedVisibilityScope.(targetState: S) -> Unit
)
```

它定义了一个泛型，用于接收发生变化的状态值，该值通过参数 targetState 传入，当发生变化后，会通过 content Lambda 的参数传给布局内容，在这个 API 的内部实现中会将状态值和布局内容的可组合函数构建一个映射关系。

内容的动画行为通过参数 transitionSpec 定义，该参数是一个 ContentTransform 类型的对象。创建 ContentTransform 对象时，可以使用中缀函数 with 来组合 EnterTransition 与 ExitTransition，然后可以使用中缀函数 using 将 SizeTransform 应用于 ContentTransform 对象。API 中定义的默认动画行为是初始内容淡出，然后目标内容淡入。

除了可用于 AnimatedVisibility 的所有 EnterTransition 和 ExitTransition 函数之外，AnimatedContent 还提供了 slideIntoContainer 和 slideOutOfContainer。这些是 slideInHorizontally/Vertically 和 slideOutHorizontally/Vertically 的便捷替代方案，它们可根据 AnimatedContent 的当前内容大小和目标内容大小动态计算滑动距离。

2. animateContentSize

AnimatedContent 是作为一个容器控制其内容根据目标状态的变化而执行动画效果，如果要将根据状态变化的动画作用在布局本身，则可以使用修饰符 animateContentSize。其方法定义如下：

```
fun Modifier.animateContentSize(
    animationSpec: FiniteAnimationSpec<IntSize> = spring(),
    finishedListener: ((initialValue: IntSize, targetValue: IntSize) -> Unit)? = null
)
```

参数 animationSpec 是一个可选的动画规格对象，用于指定尺寸变化的动画类型；finishedListener 参数是当布局尺寸变化的动画结束时被回调的监听器，这个回调方法的参数会接收到尺寸变化的初始值和目标值，当动画被意外中断后，这个参数的初始值就是中断发生时的尺寸大小。这两个参数可以用来确定布局尺寸变化的方向，比如在水平方向或竖直方向展开或者收缩。

让布局的尺寸大小随着目标状态的变化而变化的动画，在微信朋友圈的文字信息中有实际应用。对于多行文字的朋友圈内容，默认仅展示前面几行文字，并在该段文字区域的左下角有一个标签为"全文"的文字按钮，单击该按钮后，该条内容将全部展示出来，同时在文字区域左下角的文字按钮标签变为"收起"，意味着可以单击它收起这些内容。

微信朋友圈的这个动画效果仅仅作用在文字内容上，如果用 Android View 框架中的 TextView 组件也比较容易实现。但是如果要将文字内容下面的图片或者更复杂的布局放在一起实现这样的展开和收起的动画效果，采用 Android View 实现会比较麻烦。用 Compose 的 animateContentSize 修饰符就会很方便地实现，示例代码如下。

```
@Composable
fun TestExpandableContent() {
    val expanded = remember { mutableStateOf(false) }
```

```
Column(
    modifier = Modifier.fillMaxSize().padding(10.dp)
) {
    Column(modifier = Modifier.animateContentSize()) {
        Text(
            text = "白日里波澜壮阔的海面,到了傍晚时分,也在晚霞的映衬下逐渐伸展,微风渐渐蔓延开
来,水波一层层向外散开,被阳光烘烤的温暖的海面泛着金光,美丽极了! 云层开始由薄变厚,刚刚还是缥缈的薄薄
的云层,如今添上了一层灰色的披肩,暗灰笼罩着大半边天。",
            fontSize = 16.sp,
            textAlign = TextAlign.Justify,
            overflow = TextOverflow.Ellipsis,
            maxLines = if (expanded.value) Int.MAX_VALUE else 3
        )
        Image(
            painter = painterResource(id = R.drawable.scenary),
            contentDescription = "",
            modifier = Modifier.padding(6.dp, 10.dp)
                .size(
                    if (expanded.value) 256.dp else 128.dp,
                    if (expanded.value) 192.dp else 96.dp
                )
        )
    }
    Text(
        text = if (expanded.value) "收起" else "全文",
        color = Color.Gray,
        modifier = Modifier.clickable { expanded.value = ! expanded.value })
    }
}
```

动画效果不便于用静态的图片展示，读者可以将这段代码部署在 Android 系统手机上体验。
图 7-1 展示了布局收起和展开的两种静态效果。

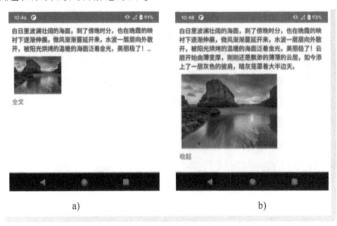

a)　　　　　　　　　　　　b)

• 图 7-1　使用 animateContentSize 实现动画示例

a）布局收起的状态　b）布局展开的状态

▶▶ 7. 1. 3　布局切换动画

在页面中两个布局发生切换时，若使用连贯的动画进行衔接，将会提高 UI 体验效果。Compose 中提供了 Crossfade 可组合项来实现布局切换动画，它可以使用淡入淡出动画在两个布局之间添加动画效果。这个动画 API 的使用比较简单，下面是它的方法定义：

```
@Composable
fun <T> Crossfade(
    targetState: T,
    modifier: Modifier = Modifier,
    animationSpec: FiniteAnimationSpec<Float> = tween(),
    content: @Composable (T) -> Unit
)
```

参数 targetState 是一个范型的状态值，它被用来标记切换的布局状态，每次改变这个状态值都会触发布局切换的动画，这个状态值会通过 content 的 Lambda 参数传递给布局。当新的状态值代表的布局淡入显示时，旧的状态值代表的布局将会淡出隐藏，通过 animationSpec 参数可以指定淡入淡出的动画。读者可以将以下示例代码部署在真机设备上体验这个动画效果。

```
@Composable
fun TestCrossFade() {
    var state by remember { mutableStateOf(false) }
    Column(
        modifier = Modifier.padding(10.dp),
        horizontalAlignment = Alignment.CenterHorizontally
    ) {
        Button(onClick = {
            state = !state
        }) {
            Text(if (!state) "Page A" else "Page B")
        }
        Crossfade(
            targetState = state,
            animationSpec = tween(1000, 100, LinearOutSlowInEasing)
        ) { screen ->
            when (screen) {
                false -> Image(
                    painter = painterResource(id = R.drawable.scenary),
                    contentDescription = "",
                    modifier = Modifier
                        .sizeIn(minWidth = 256.dp, minHeight = 128.dp)
                        .background(Color.Red)
                )
                true -> Image(
                    painter = painterResource(id = R.drawable.scenary),
                    contentDescription = "",
```

```
                modifier = Modifier
                    .sizeIn(minWidth = 256.dp, minHeight = 128.dp)
                    .background(Color.Blue)
            )
        }
    }
  }
}
```

7.2 低级别动画 API

所谓低级别的动画 API，是指一些基础的用于实现高级动画 API 的 API，在应用开发中可能不会直接使用这些 API，但也可以用它们来实现自定义的动画内容。Compose 提供了可组合项形式的低级别动画 API，它们包括 animate * AsState、updateTransition 和 rememberInfiniteTransition。

animate * AsState 函数是最简单的 API，可将即时值变化呈现为动画值；updateTransition 可创建过渡对象，用于管理多个动画值，并且根据状态变化运行这些值；rememberInfiniteTransition 与 updateTransition 类似，不过，它会创建一个无限过渡对象，以管理多个无限期运行的动画。这些 API 都基于更基础的 Animation API 实现，如图 7-2 所示。虽然大多数应用不会直接使用 Animation，但 Animation 的某些自定义功能可以通过更高级别的 API 获得。

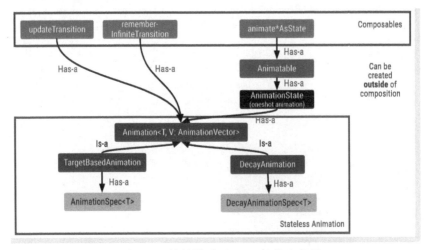

● 图 7-2 低级别动画 API 实现示意图

▶▶ 7.2.1 属性动画

读者在使用 Android View 的动画 API 时会用到属性动画，它是通过设置估值器在动画执行时间的过程内，不断地计算发生变化后的属性值，然后将新的属性值作用在发生动画的 View 上。作为声明式的 UI 框架，Compose 实现属性动画采用状态驱动 UI 更新，将所有发生动画的属性对象封装成状态值，然后在协程中计算新的属性值并执行动画。

animate * AsState 函数是 Compose 中最简单的低级别动画 API，它们是定义在 Compose 的 animation-core 库中的一组 Composable 重载函数，作用于不同的单个动画参数，比如 Dp、Color 或 Offset，animate * AsState 函数用于为单个值添加动画效果。这些可组合函数包含 3 个基本的参数，比如 animateDpAsState 的函数签名如下：

```
@Composable
fun animateDpAsState(
    targetValue: Dp,
    animationSpec: AnimationSpec<Dp> = dpDefaultSpring,
    finishedListener: ((Dp) -> Unit)? = null
): State<Dp>
```

这些参数作用说明如下：

- targetValue：设置动画的目标值。
- animationSpec：动画样式（本节后面会进行介绍）。
- finishedListener：动画结束的监听器，设置该参数后，可以在动画结束时收到通知。

开发者无须创建任何动画类的实例，也不必处理中断。在后台，系统会在调用点创建并记录一个动画对象（Animatable 实例），并将第一个目标值设为初始值；此后，只要为此可组合项提供不同的目标值，系统就会自动开始向该值播放动画。如果已经有动画在播放，系统将从其当前值开始向目标值播放动画。在播放动画期间，这个可组合项会重组，并返回已更新的每帧动画值。

Compose 库提供了 Float、Dp、Size、Offset、Rect、Int、IntOffset 和 IntSize 类型的开箱即用的 animate * AsState 函数。通过为接受通用类型的 animateValueAsState 提供 TwoWayConverter，开发者可以轻松添加对其他数据类型的支持。下面的示例代码说明了如何使用这个 API 为 alpha 值添加动画效果，只需将目标值封装在 animateFloatAsState 中即可。

```
@Composable
fun TestAnimateAsState() {
    var enabled by remember { mutableStateOf(true) }
    val alpha: Float by animateFloatAsState(if (enabled) 1f else 0.5f)
    Box(
        Modifier
            .fillMaxSize()
            .graphicsLayer(alpha = alpha)
            .background(Color.Red)
    )
}
```

▶▶ 7.2.2　帧动画

从低级别动画 API 的结构图（见图 7-2）中可以看出，animate * AsState 函数包含一个 Animatable

对象，Animatable 是一个值容器，它可以在动画触发属性值发生改变时自动更新动画的值。

通过调用 animateTo 方法实现动画属性值的改变，在动画运行中每调用一次 animateTo 方法，都会将属性值从当前值改变到一个新的目标值，这种值的改变始终是连续的；如果给动画添加 spring 等类型的动画规格，属性值的变化速率也是连续的。属性值的连续变化实现了动画的平滑运行。Animatable 还保证了动画的互斥性，每当调用 animateTo 等方法执行一个新的动画时，都会将正在执行的动画取消，保证只会有一个值改变动画的运行。

Animatable 中实现动画的功能以挂起函数形式提供，比如 animateTo、animateDecay 等，所以调用它们时，需要封装在适当的协程作用域内，比如可以使用 LaunchedEffect 可组合项针对指定键值的时长，创建一个作用域。

示例代码如下，笔者创建了初始值为 Color.Gray 的 Animatable 实例，并用 remember 记录其状态。根据布尔标记 ok 的值，颜色将以动画形式呈现 Color.Green 或 Color.Red，对该布尔值的任何后续更改都会使动画开始使用另一种颜色。如果更改该值时有正在播放的动画，系统会取消该动画，并且新动画将以当前速度从当前快照值开始播放。

```
val color = remember { Animatable(Color.Gray) }
LaunchedEffect(ok) {
    color.animateTo(if (ok) Color.Green else Color.Red)
}
Box(Modifier.fillMaxSize().background(color.value))
```

Animatable 支持并实现了 animate * AsState API，与 animate * AsState 提供的功能相比，使用 Animatable 可以直接对以下几个方面进行更精细的控制。

首先，Animatable 的初始值可以与第一个目标值不同。例如，上面的代码示例首先显示一个灰色框，然后立即开始通过动画呈现为绿色或红色。

其次，Animatable 对内容值动画提供了更多操作（即 snapTo 和 animateDecay）。snapTo 可立即将当前值设为目标值。如果动画本身不是唯一的可信来源，且必须与其他状态（如触摸事件）同步，该函数就非常有用。animateDecay 用于启动播放从给定速度变慢的动画，比如手势抬起事件后的 Fling 动画。

▶▶ 7.2.3 多动画管理 API

1. updateTransition

Transition 可以管理一个或多个动画作为其子项，并在多个状态之间同时运行这些动画。这里的状态可以是任何数据类型，在某些情况下，开发者可以使用自定义枚举类型来确保类型安全，如下所示：

```
enum class BoxState {
    Collapsed,
    Expanded
}
```

updateTransition 可创建并记住 Transition 的实例, 并更新其状态, 如下所示:

```
var currentState by remember {
    mutableStateOf(BoxState.Collapsed)
}
```

val transition = updateTransition（currentState）

然后, 可以使用某个 animate* 扩展函数来定义此过渡效果中的子动画, 为每个状态指定目标值。animate* 函数会返回一个动画值, 在动画播放过程中, 当使用 updateTransition 更新过渡状态时, 该值将逐帧更新。如下示例:

```
val rect by transition.animateRect { state ->
    when (state) {
        BoxState.Collapsed -> Rect(0f, 0f, 100f, 100f)
        BoxState.Expanded -> Rect(100f, 100f, 300f, 300f)
    }
}
val borderWidth by transition.animateDp { state ->
    when (state) {
        BoxState.Collapsed -> 1.dp
        BoxState.Expanded -> 0.dp
    }
}
```

可以为 animate* 扩展函数传入 transitionSpec 参数, 为过渡状态的每个组合指定不同的 Animation-Spec, 如下所示:

```
val color by transition.animateColor(
    transitionSpec = {
        when {
            BoxState.Expanded isTransitioningTo BoxState.Collapsed ->
                spring(stiffness = 50f)
            else ->
                tween(durationMillis = 500)
        }
    }
) { state ->
    when (state) {
        BoxState.Collapsed -> MaterialTheme.colors.primary
        BoxState.Expanded -> MaterialTheme.colors.background
    }
}
```

过渡到目标状态后, Transition.currentState 将与 Transition.targetState 相同, 可用来指示是否已完成过渡的信号。

如果希望初始状态与第一个目标状态不同, 则可以通过结合 MutableTransitionState 来实现。以下示例中, 初始状态是在 Collapsed, 而在代码进入组合阶段后, 会立即进入 Expanded 状态。

```
var currentState = remember {
    MutableTransitionState(BoxState.Collapsed)
}
currentState.targetState = BoxState.Expanded
val transition = updateTransition(currentState)
// ...
```

2. rememberInfiniteTransition

InfiniteTransition 可以像 Transition 一样保存一个或多个子动画，但是，这些动画一进入组合阶段就开始运行，除非被移除否则不会停止。使用 rememberInfiniteTransition 创建 InfiniteTransition 实例，使用 animateColor、animatedFloat 或 animatedValue 添加子动画，要指定动画规范需使用 infiniteRepeatable。示例代码如下。

```
val infiniteTransition = rememberInfiniteTransition()
val color by infiniteTransition.animateColor(
    initialValue = Color.Red,
    targetValue = Color.Green,
        animationSpec = infiniteRepeatable(
        animation = tween(1000, easing = LinearEasing),
        repeatMode = RepeatMode.Reverse
    )
)
Box(Modifier.fillMaxSize().background(color))
```

▶▶ 7.2.4　无状态 API——Animation

Animation 是 Compose 对外暴露的最低级别的动画 API，它是一个接口类，定义了动画执行时长、类型转换器、目标值和是否无限等动画 API 共有的属性，需要子类实现缓存动画起始和结束的条件。

Animation 只能用于手动控制动画的时间，它是无状态的，没有任何生命周期概念，它充当更高级别 API 使用的动画计算引擎。前面介绍的许多动画 API 都是基于 Animation 构建的，Animation 有两种实现的子类型：TargetBasedAnimation 和 DecayAnimation。

使用其他动画 API 已经可以满足大多数的用例需求，但使用 TargetBasedAnimation，开发者可以直接控制动画的播放时间。在下面的示例中，TargetAnimation 的播放时间将根据 withFrameNanos 提供的帧时间手动控制。

```
val anim = remember {
    TargetBasedAnimation(
        animationSpec = tween(200),
        typeConverter = Float.VectorConverter,
        initialValue = 200f,
        targetValue = 1000f
    )
}
```

```
var playTime by remember { mutableStateOf(0L) }

LaunchedEffect(anim) {
    val startTime = withFrameNanos { it }

    do {
        playTime = withFrameNanos { it } - startTime
        val animationValue = anim.getValueFromNanos(playTime)
    } while (someCustomCondition())
}
```

与 TargetBasedAnimation 不同，DecayAnimation 不需要提供 targetValue，而是根据起始条件（由 initialVelocity 和 initialValue 设置）以及所提供的 DecayAnimationSpec 计算其 targetValue。

DecayAnimation 通常在滑动手势之后使用，用于使元素减速并停止。动画速度从 initialVelocityVector 设置的值开始，然后逐渐变慢。

7.3 动画的高级用法

动画 API 中的很多参数还可以根据应用需求进行定制使用，这样就可以构造出更多复杂有趣的动画。

▶▶ 7.3.1 自定义动画

就像使用自定义 View 可以丰富产品 UI 设计一样，很多时候开发者希望自定义动画实现符合产品需求的特殊动画效果，很多动画 API 也接受用于自定义行为的参数，比如前面介绍的动画 API 中都可通过可选参数 AnimationSpec 创建动画。本节将介绍 Compose 中提供的自定义动画参数的作用和使用方式。

1. AnimationSpec

AnimationSpec 即动画规格，它是一个接口类，定义了存储动画规格的方法，包括要执行动画的数据类型和将某种类型的数据转换成动画矢量后被使用的动画配置。开发者可以使用不同类型的 AnimationSpec 来创建不同类型的动画，Compose 提供了 spring、tween、keyframes、repeatable、infiniteRepeatable 和 snap 等 AnimationSpec，下面逐一介绍这些动画规格的作用。

（1）spring

spring 可在起始值和结束值之间创建基于物理特性（比如弹簧的伸缩性、水平运动的物体受摩擦力做减速运动等）的动画，它的源码定义如下：

```
@Stable
fun <T> spring(
    dampingRatio: Float = Spring.DampingRatioNoBouncy,
    stiffness: Float = Spring.StiffnessMedium,
```

```
    visibilityThreshold: T? = null
): SpringSpec<T> =
    SpringSpec(dampingRatio, stiffness, visibilityThreshold)
```

这里重点了解它的前两个参数：dampingRatio 和 stiffness。dampingRatio 定义了弹簧的弹性，取 0~1 的浮点数，当值越小时，弹性越大，动画表现为可偏离目标位置越远；当值越大时，弹性越小，动画表现为可偏离目标位置越近；当取大于等于 1 的值，动画表现为慢慢靠近目标值，而不会超出目标值的 UI 范围。stiffness 定义弹簧向结束值移动的速度。

使用 spring 创建自定义动画规格非常简单，只需为上面介绍的两个参数指定具体的值（通过上面的常量指定或自定义）即可，示例用法如下：

```
val value by animateFloatAsState(
    targetValue = 1f,
    animationSpec = spring(
        dampingRatio = Spring.DampingRatioHighBouncy,
        stiffness = Spring.StiffnessMedium
    )
)
```

相比其他基于指定时长的动画类型，spring 可以更流畅地处理中断，因为当目标值在动画中发生变化时，它可以保证速度的连续性。所以在很多动画 API 中，spring 是默认的动画规格。

（2）tween

tween 用来创建在给定的时间内，通过平滑的曲线完成从起始值到结束值的动画规格，被称为渐变动画，它的源码实现如下：

```
@Stable
fun <T> tween(
    durationMillis: Int = DefaultDurationMillis,
    delayMillis: Int = 0,
    easing: Easing = FastOutSlowInEasing
): TweenSpec<T> = TweenSpec(durationMillis, delayMillis, easing)
```

定义渐变动画需要通过 durationMillis 参数指定动画的执行时长，通过参数 easing 指定渐变效果（将在本小节第 2 点介绍），通过设置 delayMillis 来推迟动画播放的开始时间。

```
val value by animateFloatAsState(
    targetValue = 1f,
    animationSpec = tween(
        durationMillis = 300,
        delayMillis = 50,
        easing = LinearOutSlowInEasing
    )
)
```

（3）keyframes

keyframes 即帧动画，根据在动画时长内的不同时间戳指定的快照值添加动画效果。在任何给定时间，动画值都将插值到两个关键帧值之间，对于其中每个关键帧，都可以指定 Easing 来确定插值曲线。可以选择在 0 毫秒和持续时间处指定值，如果不指定这些值，它们将分别默认为动画的起始值和结束值。

```
val value by animateFloatAsState(
    targetValue = 1f,
    animationSpec = keyframes {
        durationMillis = 375
        0.0f at 0 with LinearOutSlowInEasing // for 0-15 ms
        0.2f at 15 with FastOutLinearInEasing // for 15-75 ms
        0.4f at 75 // ms
        0.4f at 225 // ms
    }
)
```

（4）repeatable

repeatable 反复运行基于时长的动画（例如 tween 或 keyframes），直至达到指定的迭代计数，即有限次地重复动画。其源码实现如下：

```
@Stable
fun <T> repeatable(
    iterations: Int,
    animation: DurationBasedAnimationSpec<T>,
    repeatMode: RepeatMode = RepeatMode.Restart,
    initialStartOffset: StartOffset = StartOffset(0)
): RepeatableSpec<T> =
    RepeatableSpec(iterations, animation, repeatMode, initialStartOffset)
```

参数 iterations 指定动画重复运行的次数，参数 animation 是要重复执行的动画内容，参数 initial-StartOffset 指定动画开始运行的偏移位置。repeatMode 参数可以指定动画重复执行的起始位置，通过枚举类型 RepeatMode 指定，RepeatMode.Restart 表示动画从头开始重复运行，RepeatMode.Reverse 表示从结束位置开始重复执行。

```
val value by animateFloatAsState(
    targetValue = 1f,
    animationSpec = repeatable(
        iterations = 3,
        animation = tween(durationMillis = 300),
        repeatMode = RepeatMode.Reverse
    )
)
```

（5）infiniteRepeatable

infiniteRepeatable 与 repeatable 类似，都是重复执行动画内容，它们的区别在于 infiniteRepeatable 会无限次地重复执行动画，所以它没有设置动画迭代次数的参数，其他参数用法与 repeatable 完全一致。

```
val value by animateFloatAsState(
    targetValue = 1f,
    animationSpec = infiniteRepeatable(
        animation = tween(durationMillis = 300),
        repeatMode = RepeatMode.Reverse
    )
)
```

（6）snap

snap 是一种特殊的 AnimationSpec，它会立即将值切换到结束值。它的实现中有一个参数 delay-Millis，可以指定 delayMillis 来延迟动画执行的开始时间。使用示例如下：

```
val value by animateFloatAsState(
    targetValue = 1f,
    animationSpec = snap(delayMillis = 50)
)
```

以上这些不同类型的动画规格都是通过定义某种类型的 Spec 类实现其具体的动画逻辑，但最终都实现了 AnimationSpec 接口，实现其 vectorize 方法。这样在 Compose 中能够以统一的方式处理基于时长和物理特性的动画。而在 Android View 系统中，对于基于时长的动画，需要使用 ObjectAnimator 等 API，对于基于物理特性的动画，则需要使用 SpringAnimation。

2. Easing

基于时长的 AnimationSpec 操作（如 tween 或 keyframes）使用 Easing 来调整动画的小数值，这样可让动画值加速和减速，而不是以恒定的速率移动。小数是介于 0.0（起始值）和 1.0（结束值）之间的值，表示动画中的当前点。

Easing 的作用类似于 Android View 动画系统中的 Interpolator，即插值器。Interpolator 负责控制动画变化的速率，使得基本的动画效果能够以匀速、加速、减速、抛物线速率等各种速率进行变化。动画的每一帧都将在开始和结束之间的特定时间显示，此时动画时间被转换为时间索引，动画时间轴上的每个点都可以转换成 0.0 到 1.0 之间的一个浮点数，然后再将该值用于计算该对象的属性变换。

理解插值器的原理可知 Interpolator 本质上是一个数学函数，它取 0.0 到 1.0 之间的数值，并将其转换为另一个数。Easing 实际上也是一个函数，它取一个介于 0.0 和 1.0 之间的小数值并返回一个浮点数。返回的值可能位于边界之外，表示过冲或下冲。

Compose 中的 Easing 是一个接口类，提供了 transform 方法，用于实现数值的变换，它提供了一个实现类 CubicBezierEasing，用三阶贝塞尔曲线实现了几种内置的 Easing 函数，可满足大多数用例需要，如下所示：

```
val FastOutSlowInEasing: Easing = CubicBezierEasing(0.4f, 0.0f, 0.2f, 1.0f)
val LinearOutSlowInEasing: Easing = CubicBezierEasing(0.0f, 0.0f, 0.2f, 1.0f)
val FastOutLinearInEasing: Easing = CubicBezierEasing(0.4f, 0.0f, 1.0f, 1.0f)
val LinearEasing: Easing = Easing { fraction -> fraction }
```

开发者也可以创建一个自定义的 Easing，代码所示如下：

```
val CustomEasing = Easing { fraction -> fraction * fraction }
@Composable
fun EasingUsage() {
    val value by animateFloatAsState(
        targetValue = 1f,
        animationSpec = tween(
            durationMillis = 300,
            easing = CustomEasing
        )
    )
    // ...
}
```

3. AnimationVector

大多数 Compose 动画 API 都支持将 Float、Color、Dp 以及其他基本数据类型作为开箱即用的动画值，但有时需要为其他数据类型（包括自定义的类型）添加动画效果，这应该如何实现呢？

在动画播放期间，任何动画值都被表示为 AnimationVector，即动画矢量。Compose 提供了一个 TwoWayConverter 接口，用于将任意类型动画值转换为动画矢量，或将动画矢量转换为某种数据类型值，这样一来，核心动画系统就可以统一对其进行处理。

```
interface TwoWayConverter<T, V : AnimationVector> {
    val convertToVector: (T) -> V
    val convertFromVector: (V) -> T
}
```

如果用 Int 表示包含单个浮点值的 AnimationVector1D，那么，将 Int 转换为动画矢量的 TwoWay-Converter 实现如下所示：

```
val IntToVector: TwoWayConverter<Int, AnimationVector1D> =
    TwoWayConverter({ AnimationVector1D(it.toFloat()) }, { it.value.toInt() })
```

Color 实际上是 red、green、blue 和 alpha 这 4 个值的集合，因此，Color 可转换为包含 4 个浮点值的 AnimationVector4D。同理，动画中使用的每种数据类型都可以根据其维度转换为 AnimationVector1D、AnimationVector2D、AnimationVector3D 或 AnimationVector4D，这样可为对象的不同组件单独添加动画效果，且每个组件都有自己的速度跟踪。可以使用 Color.VectorConverter、Dp.VectorConverter 等访问针对基本数据类型的内置转换器。

如需支持作为动画值的新数据类型，则可以创建自己的 TwoWayConverter 并将其提供给 API。例如，使用 animateValueAsState 为自定义数据类型添加动画效果，如下所示：

```
data class MySize(val width: Dp, val height: Dp)

@Composable
fun MyAnimation(targetSize: MySize) {
    val animSize: MySize by animateValueAsState<MySize, AnimationVector2D>(
```

```
        targetSize,
        TwoWayConverter(
            convertToVector = { size: MySize ->
                AnimationVector2D(size.width.value, size.height.value)
            },
            convertFromVector = { vector: AnimationVector2D ->
                MySize(vector.v1.dp, vector.v2.dp)
            }
        )
    )
}
```

▶▶ 7.3.2 手势和动画

在实际产品运行时，经常会发生动画执行时收到用户手势操作的情况，与单独处理动画相比，当动画遇到手势事件时，需要考虑两个问题：第一，手势事件与动画的优先级关系；第二，动画和手势事件的同步问题。下面分别说明这两种情况的实现。

首先，当触摸事件开始时，可能需要中断正在播放的动画，因为用户的交互动作具有最高优先级，需要被响应。在下面的示例中，使用 Animatable 表示圆形组件的偏移位置。触摸事件由 pointerInput 修饰符处理。当检测到新的点击事件时，将调用 animateTo 以将偏移值通过动画过渡到点按位置，在动画播放期间也可能发生点击事件，在这种情况下，animateTo 方法会中断正在播放的动画，启动新动画以过渡到新的目标位置，同时保持被中断的动画速度。

其次，在拖动等场景下，需要将动画值与来自触摸事件的值同步。在下面的示例中，以 Modifier 的形式（而不是使用 SwipeToDismiss 可组合项）实现"滑动关闭"，该元素的水平偏移量表示为 Animatable，此 API 具有可用于手势动画的特征。它的值可以由触摸事件和动画更改，当收到触摸事件时，通过 stop 方法停止 Animatable，以便拦截任何正在播放的动画。

在拖动事件的过程中，使用 snapTo 将 Animatable 值更新为从触摸事件计算得出的值。对于投掷动画，Compose 提供了 VelocityTracker 来记录拖动事件和计算速度，速度可直接更新到投掷动画的 animateDecay。如需将偏移值滑回原始位置，可使用 animateTo 方法指定为 0f 的目标偏移值。

```
fun Modifier.swipeToDismiss(
    onDismissed: ()-> Unit
): Modifier = composed {
    val offsetX = remember { Animatable(0f) }
    pointerInput(Unit) {
        // 计算 fling decay.
        val decay = splineBasedDecay<Float>(this)
        // 使用协程挂起函数处理触摸事件和动画
        coroutineScope {
            while (true) {
                // 监听触摸事件 touch down
```

```
            val pointerId = awaitPointerEventScope { awaitFirstDown().id }
            val velocityTracker = VelocityTracker()

            offsetX.stop()//停止动画
            awaitPointerEventScope {
                horizontalDrag(pointerId) { change ->
                    // 使用触摸事件更新动画值
                    launch {
                        offsetX.snapTo(
                            offsetX.value + change.positionChange().x
                        )
                    }
                    velocityTracker.addPosition(
                        change.uptimeMillis,
                        change.position
                    )
                }
            }
            // 不再接收触摸事件,计算投掷动画的速度
            val velocity = velocityTracker.calculateVelocity().x
            val targetOffsetX = decay.calculateTargetValue(
                offsetX.value,
                velocity
            )
            // 在到达界面的边缘时停止动画
            offsetX.updateBounds(
                lowerBound = -size.width.toFloat(),
                upperBound = size.width.toFloat()
            )
            launch {
                if (targetOffsetX.absoluteValue <= size.width) {
                    // 回到原始位置
                    offsetX.animateTo(
                        targetValue = 0f,
                        initialVelocity = velocity
                    )
                } else {
                    offsetX.animateDecay(velocity, decay)
                    onDismissed()
                }
            }
        }
    }
}

.offset { IntOffset(offsetX.value.roundToInt(), 0) }
}
```

▶▶ 7.3.3　多个动画组合

运行在实际产品中的动画效果一般不是单一类型的动画，往往是由多种不同类型的动画组合而成的复杂动画效果，比如可以将前面讲到的高级动画 API AnimatedVisibility 与 AnimatedContent 配合使用。阅读这两个 API 的源码可以发现它们都是通过低级别动画 API updateTransition 实现的，同时 AnimatedVisibility 和 AnimatedContent 也可用作 Transition 的扩展函数。

Transition.AnimatedVisibility 和 Transition.AnimatedContent 的 targetState 来源于 Transition 对象，会在 Transition 的 targetState 发生变化时触发进入/退出的过渡效果。这些扩展函数允许将位于 AnimatedVisibility 或 AnimatedContent 内的 enter/exit/sizeTransform 动画提升到 Transition 中，通过这些扩展函数就可以从外部观察 AnimatedVisibility / AnimatedContent 的状态变化。扩展函数 AnimatedVisibility 接收一个 lambda，它将父辈 transition 的目标状态转换为布尔值，而不是接受布尔类型的 visible 参数，扩展函数 AnimatedContent 也是类似的实现方式。通过 Transition 的状态提升，就可以组合多个动画在多个状态之间同时运行。

```
var selected by remember { mutableStateOf(false) }
// Animates changes when `selected` is changed.
val transition = updateTransition(selected)
val borderColor by transition.animateColor { isSelected ->
    if (isSelected) Color.Magenta else Color.White
}
val elevation by transition.animateDp { isSelected ->
    if (isSelected) 10.dp else 2.dp
}
Surface(
    onClick = { selected = !selected },
    shape = RoundedCornerShape(8.dp),
    border = BorderStroke(2.dp, borderColor),
    elevation = elevation
) {
    Column(modifier = Modifier.fillMaxWidth().padding(16.dp)) {
        Text(text = "Hello, world!")
        // AnimatedVisibility as a part of the transition.
        transition.AnimatedVisibility(
            visible = { targetSelected -> targetSelected },
            enter = expandVertically(),
            exit = shrinkVertically()
        ) {
            Text(text = "It is fine today.")
        }
        // AnimatedContent as a part of the transition.
        transition.AnimatedContent { targetState ->
            if (targetState) {
                Text(text = "Selected")
```

```
            } else {
                Icon(imageVector = Icons.Default.Phone,
                     contentDescription = "Phone")
            }
        }
    }
}
```

对于涉及多个可组合函数的更复杂的过渡，可使用 createChildTransition 来创建子过渡。此方法可以在复杂的可组合项中分离多个子组件之间的关注点，父过渡将会知道子过渡中的所有动画值。

```
enum class DialerState { DialerMinimized, NumberPad }

@Composable
fun DialerButton(isVisibleTransition: Transition<Boolean>) {
    //
}

@Composable
fun NumberPad(isVisibleTransition: Transition<Boolean>) {
    //
}

@Composable
fun Dialer(dialerState: DialerState) {
    val transition = updateTransition(dialerState)
    Box {
        // 为子组件 NumberPad 和 DialerButton 分别创建子过渡
        NumberPad(
            transition.createChildTransition {
                it == DialerState.NumberPad
            }
        )
        DialerButton(
            transition.createChildTransition {
                it == DialerState.DialerMinimized
            }
        )
    }
}
```

7.4 Compose 手势

用户操作触屏手机中的 App 主要是通过触摸手势在屏幕上触摸来使用 App 的功能，触摸手势是指用户将一个或多个手指放在触摸屏上，然后 App 通过手机传感器接收到这些触摸事件并将它们解读为特定的手势事件。触摸手势一般包括点按、滚动、拖动和滑动，这些手势是通过单点触控发出的动作，另外还有多点触控的手势实现平移、旋转和缩放的功能。手势检测可以划分为两个阶段：

1）收集触摸事件的相关数据。Android View 系统将这些事件封装成 MotionEvent，并定义了ACTION_DOWN、ACTION_MOVE、ACTION_UP 等事件，Compose 也提供了类似的事件封装类 PointerEventType，定义了 Press、Move、Release 等事件。

2）解读事件数据并将它们抽象成与应用功能对应的手势。Android View 提供了用于检测常用手势的 GestureDetector 类，该类支持的一些手势通过回调方法提供，包括：onDown( )、onLongPress( )、onFling( )等；Compose 则以 Modifier 的方式提供了这些手势。

Compose 提供了多种 API 用于检测用户交互生成的手势，其中一些通过修饰符的方式提供，覆盖了最常用的手势；还有一些不太常用的手势检测器，它们作为低级别的 API 提供了手势检测的更多灵活性，比如 PointerInputScope 的扩展函数 detectTapGestures 和 detectDragGestures 等。

▶▶ 7.4.1 Compose 点击事件

通过修饰符 clickable 可以轻松实现检测可组合项接收到的点击事件，在其 lambda 函数中实现点击事件的响应逻辑，它还可以在点按时显示视觉提示效果，比如涟漪。

下面的示例代码给可组合项 Row 设置 clickable，当单击该可组合项后，系统弹出吐司，内容显示"Compose!"，单击时可组合项显示涟漪效果，如图 7-3 所示。

● 图 7-3 点击事件示例

```
@Composable
fun TestClickable() {
    val context = LocalContext.current
    val content = "你好"
    val toast = "Compose!"
```

```
Row(modifier = Modifier.fillMaxWidth(1f)
    .clickable {
        Toast
            .makeText(context, toast, Toast.LENGTH_SHORT)
            .show()
    }
    .padding(30.dp),
    horizontalArrangement = Arrangement.Center
) {
    Text(text = content)
}
}
```

当需要更灵活地处理点击事件时，开发者可以通过 pointerInput 修饰符提供点按手势检测器，它可以监听双击事件、长按事件和单击事件，并提供手势开始按下的事件回调：

```
Modifier.pointerInput(Unit) {
    detectTapGestures(
        onPress = { /* 当手势开始时调用 */ },
        onDoubleTap = { /* 处理双击事件 */ },
        onLongPress = { /* 处理长按事件 */ },
        onTap = { /* 处理单击事件 */ }
    )
}
```

clickable 修饰符的内部实现也是通过 pointerInput 修饰符实现 PointerInputScope 的扩展函数来实现的。

```
fun Modifier.clickable(
    interactionSource: MutableInteractionSource,
    indication: Indication?,
    enabled: Boolean = true,
    onClickLabel: String? = null,
    role: Role? = null,
    onClick: ()-> Unit
) = composed(
    ......
    val gesture = Modifier.pointerInput(interactionSource, enabled) {
        detectTapAndPress(
            onPress = { offset ->
                if (enabled) {
                    handlePressInteraction(
                        offset,
                        interactionSource,
                        pressedInteraction,
                        delayPressInteraction
                    )
                }
```

```
        },
        onTap = { if (enabled) onClickState.value.invoke() }
        )
    }
    ......
)
```

▶▶ 7.4.2 Compose 滚动事件

滚动事件一般用在列表布局中，Compose 提供了多种修饰符实现滚动事件，本节内容将逐一讲解这些修饰符的实现原理和使用方法。除了滚动事件的实现，另一个很重要的问题就是如何处理和实现嵌套布局的滚动。

1. 滚动修饰符

verticalScroll 和 horizontalScroll 修饰符提供了一种实现滚动事件的最简单的方法，可以让用户在布局的内容边界大于最大尺寸约束时滚动元素。在标准布局组件 Column 和 Row 的 modifier 参数中分别添加 verticalScroll 和 horizontalScroll，分别对应实现竖直和水平方向的滚动操作。利用 verticalScroll 和 horizontalScroll 修饰符实现滚动，无须转换或偏移内容，只需借助 ScrollState 更改滚动位置或获取当前状态，使用 rememberScrollState( ) 创建默认值。

horizontalScroll 的用法和 verticalScroll 一样，事实上它们函数签名的参数定义也一样，其内部通过同一个私有的 Modifier 扩展函数 scroll 来实现。在 scroll 内部通过 semantics 修饰符分别设置 verticalScroll 和 horizontalScroll 的可滚动范围的状态值 ScrollAxisRange，然后调用 SemanticsPropertyReceiver. scrollBy 函数，在其中通过协程执行 ScrollableState 对象的 animateScrollBy 方法，ScrollableState 对象就是前面讲的使用 rememberScrollState( ) 创建的传入 verticalScroll 和 horizontalScroll 修饰符的参数。另外，在 scroll 函数中还调用了修饰符 scrollable 辅助实现滚动手势的检测。

scrollable 修饰符与 verticalScroll 和 horizontalScroll 修饰符不同，scrollable 仅用于检测滚动手势，不会偏移其内容，前面讲到 verticalScroll 和 horizontalScroll 修饰符的内部实现中也用到了 scrollable 修饰符。必须有 ScrollableState，scrollable 修饰符才能正常工作，构造 ScrollableState 时，必须提供一个 consumeScrollDelta 函数。该函数将在每个滚动步骤调用（通过手势输入、流畅滚动或快速滑动），并且增量以像素为单位。该函数必须返回所消耗的滚动距离，以确保在具有 scrollable 修饰符的嵌套元素中，可以正确传播相应事件。

scrollable 修饰符不会影响它所应用到的元素的布局，这意味着对元素布局或其子级进行的任何更改都必须通过由 ScrollableState 提供的增量进行处理。另外请务必注意，scrollable 不会考虑子级的布局，这意味着它无须测量子级，即可传播滚动增量。

2. 嵌套滚动

在同一方向上滚动有嵌套的布局时，会有滑动冲突的问题，在 Android View 中处理滑动冲突的问题通常是通过拦截 Touch 事件，根据滑动的逻辑来处理嵌套滚动的冲突事件。相比 Android View，

Compose 则更友好地支持嵌套滚动，可让多个元素对一个滚动手势做出响应。

Compose 通过滚动相关的修饰符和部分组件原生支持自动嵌套滚动。比如在布局组件中使用 verticalScroll、horizontalScroll 和 scrollable 修饰符，会自动将启动滚动操作的手势从子级传递到父级，即之前的修饰符会将滚动增量传播到支持嵌套滚动的父级，这样，当子级无法进一步滚动时，其父级布局就会接着处理滚动手势。

以下示例中显示的子元素应用了 verticalScroll 修饰符，而其所在的容器也应用了 verticalScroll 修饰符，当滚动子元素到其边界后，容器会接着向前滚动直到容器的边界。

```
@Composable
fun TestNestScroll() {
    val gradient = Brush.verticalGradient(0f to Color.Gray, 1000f to Color.White)
    Box(
        modifier = Modifier
            .background(Color.LightGray)
            .height(320.dp)
            .verticalScroll(rememberScrollState())
            .padding(32.dp)
    ) {
        Column {
            repeat(6) {
                Box(
                    modifier = Modifier
                        .height(120.dp)
                        .verticalScroll(rememberScrollState())
                ) {
                    Text(
                        "Scroll here",
                        modifier = Modifier
                            .border(12.dp, Color.DarkGray)
                            .background(brush = gradient)
                            .padding(24.dp)
                            .height(150.dp)
                    )
                }
            }
        }
    }
}
```

Compose 还提供了一些布局组件支持自动嵌套滚动，比如 LazyColumn 等 Lazy API 和 TextField，它们支持自动嵌套滚动的原理与前面讲的滚动修饰符一样，因为它们内部采用了这些滚动修饰符实现滚动事件的逻辑。

如果需要在多个元素之间创建高级的互相协调的滚动，可以使用 nestedScroll 修饰符定义嵌套滚动层次结构来提高灵活性。如前所述，某些布局组件具有内置的嵌套滚动支持，但是，对于不可自动滚动的可组合项（例如 Box 或 Column），此类组件上的滚动增量不会在嵌套滚动系统中传播，并且增量不会到达 NestedScrollConnection 或父组件。若要解决此问题，可以使用 nestedScroll 向其他组件（包括自定义组件）提供支持。

▶▶ 7.4.3　Compose 拖动事件

拖动事件是单个手指触摸屏幕并朝着一个方向拖动 UI 元素的手势，Compose 提供了修饰符 draggable 来检测拖动手势，并报告拖动的像素距离。开发者需要保存拖动状态，将拖动的距离值更新到状态中，可组合项使用新的状态值在屏幕上显示，示例如下：

```
Box(modifier = Modifier.fillMaxSize()) {
    var offsetX by remember { mutableStateOf(0f) }
    Text(
        modifier = Modifier
            .offset { IntOffset(offsetX.roundToInt(), 0) }
            .draggable(
                orientation = Orientation.Horizontal,
                state = rememberDraggableState { delta ->
                    offsetX += delta
                }
            ),
        text = "拖动内容"
    )
}
```

draggable 修饰符的方法定义如下：

```
fun Modifier.draggable(
    state: DraggableState,
    orientation: Orientation,
    enabled: Boolean = true,
    interactionSource: MutableInteractionSource? = null,
    startDragImmediately: Boolean = false,
    onDragStarted: suspend CoroutineScope.(startedPosition: Offset) -> Unit = {},
    onDragStopped: suspend CoroutineScope.(velocity: Float) -> Unit = {},
    reverseDirection: Boolean = false
)
```

使用修饰符 draggable 实现拖动事件必须指定拖动的方向，方向值通过枚举类型 Orientation 指定，这里所说的方向仅表示在 y 轴方向或 x 轴方向，对于要支持 RTL 的方向，可以将参数 reverseDirection 设置为 true，这样手势拖动的方向与 UI 内容实际滑动的方向会相反。

如果需要控制整个拖动手势，可以改为通过 pointerInput 修饰符使用拖动手势检测器，使用示例如下。实际上 draggable 修饰符内部也是通过 pointerInput 修饰符实现的。

```
Box(modifier = Modifier.fillMaxSize()) {
    var offsetX by remember { mutableStateOf(0f) }
    var offsetY by remember { mutableStateOf(0f) }

    Box(
        Modifier
            .offset { IntOffset(offsetX.roundToInt(), offsetY.roundToInt()) }
            .background(Color.Blue)
            .size(50.dp)
            .pointerInput(Unit) {
                detectDragGestures { change, dragAmount ->
                    change.consumeAllChanges()
                    offsetX += dragAmount.x
                    offsetY += dragAmount.y
                }
            }
    )
}
```

▶▶ 7.4.4　Compose 滑动事件

当用户拖动 UI 元素，然后释放拖动手势后，被拖动的 UI 元素朝着原来拖动的方向上定义的锚点继续滚动，直到到达锚点，这样的动画事件被称为滑动事件。Compose 提供了修饰符 swipeable 检测这个手势，它不会移动元素本身，所以也需要开发者保存其状态并在屏幕上表示，比如通过更新 offset 修饰符，使 UI 元素发生移动。

滑动事件似乎与前一节介绍的拖动事件很像，它们的区别就在于滑动事件是发生在拖动手势结束后的事件。从 swipeable 修饰符的源码实现可以看出它实现了 draggable 修饰符的 onDragStopped 的 lambda 函数，在其中执行滑动状态的 performFling 方法。下面是修饰符 swipeable 的方法签名：

```
@ExperimentalMaterialApi
fun <T> Modifier.swipeable(
    state: SwipeableState<T>,
    anchors: Map<Float, T>,
    orientation: Orientation,
    enabled: Boolean = true,
    reverseDirection: Boolean = false,
    interactionSource: MutableInteractionSource? = null,
    thresholds: (from: T, to: T) -> ThresholdConfig = { _, _ -> FixedThreshold(56.dp) },
    resistance: ResistanceConfig? = resistanceConfig(anchors.keys),
    velocityThreshold: Dp = VelocityThreshold
)
```

在 swipeable 修饰符中必须提供可滑动状态，且该状态可以通过 rememberSwipeableState() 创建和记住。可滑动状态还提供了一组有用的方法（比如 snapTo、animateTo、performFling 和 performDrag），用于以程序化方式为锚点添加动画效果，同时为属性添加动画效果，以观察拖动进度。

滑动事件也需要通过 orientation 参数指定滑动的方向，该参数与 draggable 修饰符中指定拖动方向的参数用法相同。

通过参数 thresholds 可将滑动手势配置为不同的阈值类型，例如 FixedThreshold（Dp）和 FractionalThreshold（Float），并且对于每个锚点的起始与终止组合，它们可以是不同的。

为了获得更大的灵活性，可以为滑动事件配置滑动越过边界时的 resistance，还可以配置 velocityThreshold，即使尚未达到位置 thresholds，velocityThreshold 仍将以动画方式向下一个状态滑动。

以下是 swipeable 修饰符的使用示例，读者可以在真机或模拟器上运行查看效果。

```kotlin
@OptIn(ExperimentalMaterialApi::class)
@Composable
fun TestSwipeable() {
    val width = 96.dp
    val squareSize = 48.dp
    val swipeableState = rememberSwipeableState(0)
    val sizePx = with(LocalDensity.current) { squareSize.toPx() }
    val anchors = mapOf(0f to 0, sizePx to 1)
    Box(
        modifier = Modifier
            .width(width)
            .swipeable(
                state = swipeableState,
                anchors = anchors,
                thresholds = { _, _ -> FractionalThreshold(0.3f) },
                orientation = Orientation.Horizontal
            )
            .background(Color.LightGray)
    ) {
        Box(
            Modifier
                .offset { IntOffset(swipeableState.offset.value.roundToInt(), 0) }
                .size(squareSize)
                .background(Color.DarkGray)
        )
    }
}
```

▶▶ 7.4.5　Compose 多点触控

多点触控事件常用于地图类应用或查看图片的功能，通过多个手指（通常是两指）同时触控屏幕的手势实现平移、缩放和旋转监听手势的图层。两个触摸点之间相对距离保持不变，同时向同一方向拖动图层时，可以平移图层；当两个触摸点之间距离变化时，可以实现对图层的缩放；当两个触摸点的连线相对于前一个状态时的连线发生角度偏转后，可以实现旋转图层。

Compose 中提供了 transformable 修饰符，用于检测多点触控手势，与其他手势操作符一样，此操作符本身不会平移、缩放和旋转 UI 元素，只是检测多点触控的手势。此操作符函数的定义很简单，共有 3 个参数，如下所示：

```
fun Modifier.transformable(
    state: TransformableState,
    lockRotationOnZoomPan: Boolean = false,
    enabled: Boolean = true
)
```

必须提供 TransformableState 类型的状态值，可通过 rememberTransformableState 创建和记住它，用于定义如何按照用户可理解的手势语义来表达检测到的手势事件，在这里需要实现平移、缩放或旋转图层的关键逻辑。参数 lockRotationOnZoomPan 用于控制是否要检测旋转手势，默认值为 false 表示不限制旋转手势的检测，当设置该值为 true 时，只有在检测到平移或缩放的手势之前，检测到了满足旋转的手势时，才会收到旋转手势，否则只会有平移和缩放的手势。

下面的示例展示了如何使用 transformable 修饰符检测多点触控手势，并实现平移、缩放和旋转添加了该修饰符的图层，读者可以在真机或模拟器上运行查看效果。

```
@Composable
fun TestTransformable() {
    var scale by remember { mutableStateOf(1f) }
    var rotation by remember { mutableStateOf(0f) }
    var offset by remember { mutableStateOf(Offset.Zero) }
    val state = rememberTransformableState {
zoomChange, offsetChange, rotationChange ->
        scale *= zoomChange
        rotation += rotationChange
        offset += offsetChange
    }
    Box(
        Modifier
            .graphicsLayer(
                scaleX = scale,
                scaleY = scale,
                rotationZ = rotation,
                translationX = offset.x,
                translationY = offset.y
            )
            .transformable(state = state)
            .background(Color.Blue)
            .fillMaxSize()
    )
}
```

7.5 小结和训练

　　动画是应用中很重要的 UI 设计内容，本章讲解了 Compose 动画实现的相关内容，包括一些常用动画模式的高级别 API 以及实现动画的低级别 API。

　　这一章内容仍然是通过源码的实现逻辑分析动画 API 的作用和实现原理，理论性和实践性都很强，另外动画效果不便于用静态文字内容表达清晰，建议读者将示例代码敲入 Demo 工程中运行并查看效果，也可以在 Demo 中修改动画 API 的其他参数，以构造出不同的动画效果。

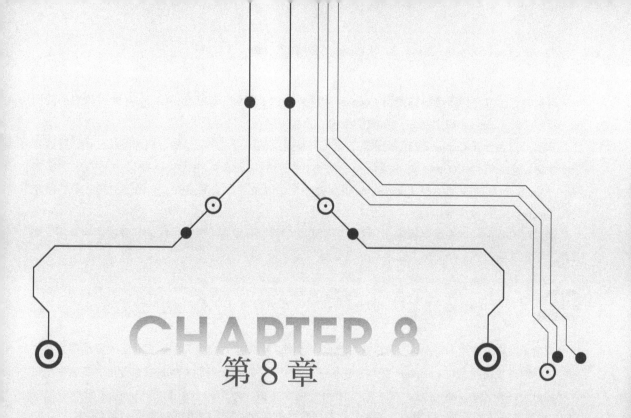

CHAPTER 8
第 8 章

深入理解Compose UI体系

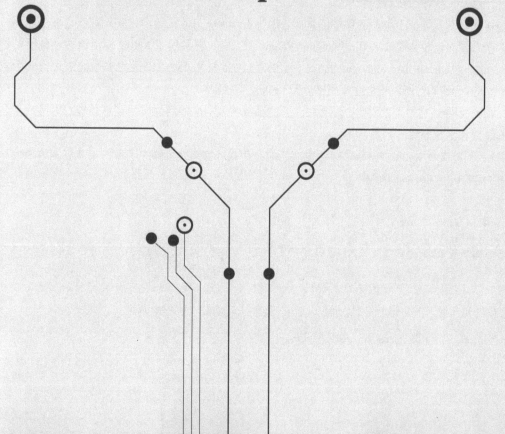

本章内容建立在读者会熟练使用 Compose 编写常用 UI 界面的基础上，Compose 开发者有必要更深一步地了解 Compose UI 体系的一些重要组成部分和原理。

本章首先会分析 Compose 的运行原理，紧接着从重组的流程、作用范围、快照系统开始，带读者进一步认识重组这一 Compose 的重要环节；然后详细介绍 Compose 中无处不在又易用强大的修饰符——Modifier；之后将会介绍 Composable 的生命周期，以及生命周期监听、执行的原理；最后阐述分析 Compose 的渲染流程。

通过对 Compose 内在重要组成部分和关键原理的学习，开发者可以在后续的开发使用中，不仅知其然，更知其所以然，如同庖丁解牛，游刃有余。

8.1　Compose 运行原理简析

通常开发者要使用 Compose，通过官方教程、示例以及 API 文档即可，并不需要太多地理解它内部的工作原理。但是，对 Compose 的一些基本原理的了解，对开发者而言也是有必要的，笔者在使用过程中总会好奇 Compose 这位"魔法师"使用了哪些招数。本节内容可算作 Compose 原理的"初探"，抛砖引玉，对于更深层次的原理本书暂不涉及，读者有兴趣可在源码中遨游，探寻答案。

▶▶ 8.1.1　@Composable 注解

@Composable 注解是标注 Compose 函数的标识，但是 Compose 并不是一个注解处理器，这个注解并不是 APT 来处理的，而是依赖 Kotlin Compiler Plugin 来工作。它利用了 Kotlin 编译器的一种新特性——IR extension（intermediate representation，中间语言），会在 Kotlin 编译器的类型检查和代码生成阶段添加一些代码逻辑。所以这个注解更接近于一个语言关键字。

@Composable 会导致它的类型改变，没有被注解的函数类型与注解后的类型互不兼容。可适用于函数、Lambda 或者函数类型。

作为类比，可以参考 Kotlin 的 suspend 关键字，它是用来修饰会被暂停的函数，被其标记的函数只能运行在协程或其他 suspend 函数中。

```
// 函数声明
@Composable fun MyFun() { ... }
// lambda 声明
val myLambda = @Composable { ... }
// 函数类型
fun MyFun(myParam: @Composable ()-> Unit) { ... }
```

挂起函数需要调用上下文作为参数，所以只能在其他挂起函数或协程中调用：

```
fun Example(a: ()-> Unit, b: suspend ()-> Unit) {
    a()// 允许
    b()// 不允许
```

```
}
suspend
fun Example(a: ()-> Unit, b: suspend ()-> Unit) {
    a()// 允许
    b()// 允许
}
```

Composable 工作方式是相同的, Compose 也需要一个贯穿整个组合过程的上下文调用对象。这个上下文对象其实就是 Composer。

```
fun Example(a: ()-> Unit, b: @Composable ()-> Unit) {
    a()// 允许
    b()// 不允许
}
@Composable
fun Example(a: ()-> Unit, b: @Composable ()-> Unit) {
    a()// 允许
    b()// 允许
}
```

事实上, Kotlin 在编译期间, 插件会提供 Hook 时机, 可以提供开发者解析代码、修改字节码生成内容等。这是由 Kotlin 编译插件 (KCP) 来实现的, 它既可以支持生成代码, 也可以修改代码。

Compose 插件的核心入口是 ComposePlugin, 其内部包含了一个 ComposeComponentRegister, 这里所做的事情是注册了 IrGenerationExtension, IrGenerationExtension 会调用 ComposerParamTransformer, 核心工作就在这里: 在所有的 Composable 函数中添加了 $composer, 并且会注入 $changed 参数。关于 $composer 和 $changed 的具体作用, 将在本章智能重组部分做讲解。

▶▶ 8.1.2 Composer 中的 Gap Buffer

读者已知道, Composable 函数会被编译器增加一个 Composer 参数, 在编译器中做了一些工作来实现简洁的声明式 API。这个 Composer 参数就是 Composable 函数中传递的上下文调用对象, 它把 Composition (组合) 和 Recomposition (重组) 过程贯穿了起来。

Composer 中的实现依赖一个和 Gap Buffer 相关的数据结构 Slot Table, Gap Buffer 叫作间隙缓冲区, 是一个含有当前索引或游标的集合, 它在内存中用扁平数组 (Flat Array) 实现。这个数组的大小会比它代表的数据集合要大一些, 没有被使用的空间被称为 Gap (间隙)。一个正在执行的 Composable UI 层级在这个数据结构中可能如图 8-1 所示, 在这个 Slot Table 中存在 CompositionData 和

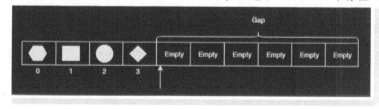

● 图 8-1　一个正在执行的 Composable 组件中的 Slot Table 示意

CompositionGroup 两种类型的数据，分别表示单个的 UI 组件或者是一组 UI 组件。

假设已经完成了层级结构的执行，在某个时候，App 需要更新 UI，就会重新组合一些 UI 元素，这叫作重组。重组的时候将索引值重置回数组开头并再次进行遍历执行，遍历过程中查看数据，然后可能什么也不做，或者更新数据的值，如果仅仅是更新某个组件的值，则不会对 Slot Table 的结构做任何改变。

如果要改变 UI 结构，并希望插入一些新的组件，可以在 SlotTable 中进行一次插入操作，将间隙插入到需要的位置，可以理解为将操作位置后面的原有数据平移到间隙后面，这样就可以在新插入的间隙处添加新的数据，如图 8-2 所示。

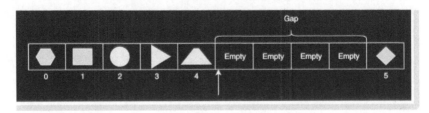

● 图 8-2　在菱形代表的组件之前插入三角形和梯形代表的两个新组件

这里最重要的一个操作就是移动了间隙 Gap，其余的操作比如 get、move、insert、delete 都是时间复杂度为常数级别的操作，即 O(1)。而移动 Gap 的时间复杂度是 O(n)。设计者之所以选取这个数据结构，是因为根据以往经验，UI 树的结构改变不会频繁发生，一般都是某个属性值的改变。这是一种权衡的结果。

一起来看一个计数器的示例：

```
@Composable
fun Counter() {
  var count by remember { mutableStateOf(0) }
  Button(
    text="Count: $count",
    onPress={ count += 1 }
  )
}
```

开发者只需写这样的代码，就可以实现每次单击显示的数字增加 1，并且更新到视图中。当 Compose 编译器发现这个@Composable 注解时，会在函数体中插入 Composer 参数，并且会把这个 Composer 对象传递到函数体中的所有 Composable 调用中：

```
fun Counter($composer: Composer) {
  $composer.start(123)
  var count by remember($composer) { mutableStateOf(0) }
  Button(
    $composer,
    text="Count: $count",
```

```
    onPress={ count += 1 },
  )
  $composer.end()
}
```

这里会执行以下的操作:

- Composer.start 被调用并存储了一个组对象（group object）。
- remember 插入了一个组对象。
- mutableStateOf 的值被返回，state 实例被存储起来。
- Button 基于它的每个参数存储了一个分组。
- 最后到达 composer.end 时，Slot Table 已经持有了来自组合的所有对象，整个树的节点也已经按照深度优先遍历的执行顺序排列。

▶▶ 8.1.3 对比参数

由于 Composable 函数会被多次调用，所以需要被优化，尽可能地在需要时再执行相关的计算，所以除了 Composer 的额外参数，Compose 还有一些额外生成的数据，被添加到每个 Composable 中，这其中之一就是 $changed 参数。这个参数提供了有关当前 Composable 函数的输入参数有没有因为上一次的组合而发生变化的线索，以此来决定是否跳过本次重组。以上文提过的 Article 函数为例:

```
@Composable
fun Article(content: String, $composer: Composer<* >, $changed: Int)
```

这里除了 $composer 参数之外，还有一个 $changed 参数，它代表了每个函数参数是否发生变化的位字段的组合。如果有一个参数确定不会发生变化，则也没有必要去存储它的值。需要注意的是，一个 $changed 参数一般只能承载 10 个左右参数的条件信息，如果参数更多，则会增加这类参数。使用位运算的原因是计算机非常擅长处理位运算。利用这些信息，Composable 函数在组合和重组过程中可以做到:

- 可以跳过重复检查一个参数在内存中最近是否被修改的动作。比如已知输入参数是常量的情况下，$changed 会携带这个信息。如果这个参数是一个常量字符串，那 $changed 就会告诉运行时，该值在编译时已经知道，永远不会在运行时更改，因此运行时就可以避免对其进行比较。
- 在某些情况下，参数自上次组合依赖始终没有更改，或者它的更改比较已经在当前的父 Composable 中完成，没有必要重新比较它，这种情况下，参数的状态就被标记为"确定的"。
- 其他的情况，参数状态被标记为"不确定"，此时位的值为 0。运行时可以进行比较，并将其存储在 Slot Table 中，以便之后的过程中能找到最新的结果。

Aricle 函数被注入的 $changed 参数和对应的处理逻辑大致如下:

```
@Composable
  fun Article (content: String, $composer: Composer<* >, $changed: Int) {
```

```
  var $dirty = $changed
  if ($changed and 0b0110 === 0) {
    $dirty = $dirty or if ($composer.changed(content)) 0b0010 else 0b0100
  }
  if (%dirty and 0b1011 xor 0b1010 !== 0 ||! $composer.skipping) {
    f(content) // executes body
  } else {
    $composer.skipToGroupEnd()
  }
}
```

▶▶ 8.1.4 发生重组

重组（Recomposition）是 Compose 中的一个重要概念，指的是在 Composable 函数执行期间，Composable 函数的输入参数发生了变化，导致需要重新计算该函数的输出结果的过程。

在 Compose 中，由于使用了声明式 UI 编程模型，UI 布局和组件的状态都是根据输入参数来动态计算的。当输入参数发生变化时，Composable 函数会被重新调用，并根据新的参数重新计算 UI 布局和状态，并将最终结果渲染到屏幕上。

这种基于输入参数的动态计算方式，使得 Compose 具有高度的灵活性和可重用性，可以根据不同的输入参数动态生成不同的 UI 布局和状态。同时，Composable 函数的重组机制也使得 Compose 具有高效的性能和可预测性，可以避免不必要的 UI 重建和刷新，提高应用程序的性能和响应速度。

为解释重组如何工作，这里继续以简单的计算器为例进行说明：

```
@Composable
fun Counter($composer: Composer) {
  $composer.start(123)
  var count = remember($composer) { mutableStateOf(0) }
  Button(
    $composer,
    text="Count: ${count.value}",
    onPress={ count.value += 1 },
  )
  $composer.end()
}
```

Compose 编译器给 Counter 函数生成的代码中含有一个 composer.start 和 composer.end。每当 Counter 执行时，运行时会感知当调用 cout.value 时，其实是在读取一个模型实例的属性值。在运行时，无论何时调用 composer.end，都可以选择返回一个值：

```
$composer.end()?.updateScope { nextComposer ->
  Counter(nextComposer)
}
```

接下来，就可以在该返回值上使用 lambda 来调用 updateScope 方法，说明运行时在有需要时如何重启当前的 Composable。这一方法等同于 LiveData 接收的 lambda 参数。但是如果在执行 Counter 过程中不读取任何模型对象，就不需要说明运行时如何去更新，因为无法提前知道，所以这里使用? 来标记可空。关于智能重组的具体概念和原理，本书下节会继续介绍。

8.2 智能重组

针对重组，本书在 3.2.5 小节以及 8.1.4 小节中已经有粗略介绍和工作原理概述，但仅限于对重组的概念认知以及初步了解。鉴于重组在 Compose 中的重要性，读者有必要和笔者一起对智能重组进行温习和更深一步的系统性学习。

相信读者学习到这里早已经开始上手写 Compose 代码了，不知道各位是否和笔者一样在编写 Compose 代码时思考过这样的问题：当应用程序的数据发生变更时，Compose 到底怎样去刷新界面的？事实上，Compose 是通过可观察的状态，来触发 Composable 的重组。将状态的显示与状态的存储和更改解耦，通过观察者模式来驱动 UI 界面的变化。另外一个问题就随之而来了：在实际项目中，Composable 的层级结构是复杂而庞大的，而一般情况下只是其中的某个层级中的某一部分相关的数据发生了改变，不应该对该层级中所有的 UI 都进行重组，这样的话会带来多余的性能损耗。那么 Compose 是如何保证重组的性能最优呢？这就要提到"智能重组"了。

在 Compose 中，重组发生的原因有很多种，同一个 Composable 函数也有可能发生多次重组，这也就是为什么 Composable 函数必须是幂等的。重组所做的工作是向下遍历 Compose 视图树来判断哪些节点需要被执行重新组合。在初始组合期间，Compose 就会跟踪开发者为描述组合中的界面而调用的 Composable 项。当应用的状态发生变化时，Compose 会触发重组。重组过程中会运行可能已更改的可组合项，以响应状态变化，此时 Compose 会更新组合以反映所有的更改。重组是智能的，系统会根据需要使用的新数据来重新绘制需要的 Composable 相关部分，而不依赖新数据的 Composable 组件则不会被重新执行。智能重组就是在重组时，在 Composable 树中不依赖变化的数据部分保持不变，不再调用这些 Composable 函数或者 lambda 表达式。这在效率方面是巨大的提升。

本节内容会围绕重组的流程、Snapshot 快照系统、重组的作用范围进行讲解，使读者对 Compose 重组背后所依赖的状态观察机制有更深入的了解。

▶▶ 8.2.1 重组的流程 1——MutableState 的写入操作

本书在 1.4.1 小节中提到过，在 Compose 中，通过 state 的变化来触发重组，而 Snapshot 提供了 MutableState 读写的订阅，可以提供读取观察者和写入观察者，并提供所有 State 的"快照"。为了更详细地说明重组的流程，还是以 Counter 为例：

```
@Composable
fun Counter() {
  var count by remember { mutableStateOf(0) }
  Button(
```

```
        onClick = { count += 1 }
    ){
    Text("Count: $count")
    }
}
```

Button 所展示的内容之所以会跟随 count 的变化自动更新，就是因为使用了 mutableStateOf。接下来重组流程分析之旅的起点就从这里开始。本节源代码分析基于 compose 1.0.0。mutableStateOf 的源代码在 androidx.compose.runtime.SnapshotState 中：

```
fun <T> mutableStateOf(
    value: T,
    policy: SnapshotMutationPolicy<T> = structuralEqualityPolicy()
): MutableState<T> = createSnapshotMutableState(value, policy)

internal expect fun <T> createSnapshotMutableState(
    value: T,
    policy: SnapshotMutationPolicy<T>
): SnapshotMutableState<T>
```

在 compose 1.0.0 这里 createSnapshotMutableState 交给平台自己去实现了，Android 部分实现的代码在 androidx.compose.runtime.ActualAndroid.android.kt 中，如下：

```
internal actual fun <T> createSnapshotMutableState(
    value: T,
    policy: SnapshotMutationPolicy<T>
): SnapshotMutableState<T> = ParcelableSnapshotMutableState(value, policy)
```

这里的 ParcelableSnapshotMutableState 继承自 SnapshotMutableStateImpl，SnapshotMutableStateImpl 实现了 SnapshotMutableState 接口，SnapshotMutableState 继承自 MutableState。整个关系如图 8-3 所示。

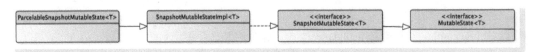

• 图 8-3　ParcelableSnapshotMutableState 类

在 SnapshotMutableStateImpl 中，当 value 的值发生变化时，会调用 set 赋值，赋值时会调用 StateStateRecord 的实例 next，StateStateRecord 记录了当前 state 的状态信息。首先会通过传入的比较策略对当前值和即将更新的值，根据规则进行相等判断，只有不相等时，才会认为发生了改变，会调用到 StateStateRecord 的 overwritable 方法。overwritable 会最终更新 value，并且调用 notifywrite 进行通知，notifywrite 会调用 Snapshot 对象的 current 所持有的一个可空函数变量 writeObserver：

```
//androidx.compose.runtime.SnapshotState.kt
internal open class SnapshotMutableStateImpl<T>(
    value: T,
```

```
        override val policy: SnapshotMutationPolicy<T>
) : StateObject, SnapshotMutableState<T> {
    @Suppress("UNCHECKED_CAST")
    override var value: T
        get() = next.readable(this).value
        //写操作,赋值时会被调用
        //next 是个 StateStateRecord 实例
        set(value) = next.withCurrent {
            //先使用传入的比较策略比较是否相等,不相等再进行更新
            if (!policy.equivalent(it.value, value)) {
                //替换覆盖原值,最终会调用 notifyWrite()
                next.overwritable(this, it) {
                    //这里的 this 指向 next,此时更新 next 其中的 value
                    this.value = value
                }
            }
        }
    private var next: StateStateRecord<T> = StateStateRecord(value)
    //......
}


//androidx.compose.runtime.snapshots.Snapshot.kt
internal inline fun <T : StateRecord, R> T.overwritable(
    state: StateObject,
    candidate: T,
    block: T.()-> R
): R {
    var snapshot: Snapshot =snapshotInitializer
    returnsync{
        snapshot = Snapshot.current
        this.overwritableRecord(state, snapshot, candidate).block()
    }.also{
        //通知写事件
        notifyWrite(snapshot, state)
    }
}


@PublishedApi
internal fun notifyWrite(snapshot: Snapshot, state: StateObject) {
    snapshot.writeObserver?.invoke(state)
}
```

接下来,在 overwritableRecord 中,会对本次 state 的修改做相关记录,而这个 state 就是 Snapshot-
MutableStateImpl,它实现了 MutableState。通过 snapshot 的 recordModified 方法对修改进行了记录,把
当前修改的 state 添加到当前 Snapshot 的 modified 集合中。

```
//androidx.compose.runtime.snapshots.Snapshot.kt
internal fun <T : StateRecord> T.overwritableRecord(
```

```
    state: StateObject,
    snapshot: Snapshot,
    candidate: T
): T {
    if (snapshot.readOnly) {
        // If the snapshot is read-only, use the snapshot recordModified to report it.
        snapshot.recordModified(state)
    }
    val id = snapshot.id
    if (candidate.snapshotId == id) return candidate
    val newData =newOverwritableRecord(state, snapshot)
    newData.snapshotId = id
    snapshot.recordModified(state)
    return newData
}

// androidx.compose.runtime.snapshots.Snapshot
override fun recordModified(state: StateObject) {
    (modified ?: HashSet<StateObject>().also { modified = it }).add(state)
}
```

▶▶ 8.2.2　重组的流程 2——通知 MutableState 写入操作给观察者

从上节内容可以看出，在 notifyWrite 中，会根据 Snapshot 的不同，调用各自的写观察者 writeObserver，那么都有哪些观察者，这些观察者做了什么？首先有一个全局的观察者，是在 ViewGroup.setContent 时调用 GlobalSnapshotManager.ensureStarted( ) 进行注册的：

```
//androidx.compose.ui.platform.ComposeView.android.kt
fun setContent(content: @Composable ()-> Unit) {
    //...
    if (isAttachedToWindow) {
        createComposition()
    }
}
fun createComposition() {
    //...
    ensureCompositionCreated()
}
private fun ensureCompositionCreated() {
    //...
    composition = setContent(resolveParentCompositionContext()) {
        Content()
    }
}

//androidx.compose.ui.platform.Wrapper.android.kt
```

```
internal fun ViewGroup.setContent(
    parent: CompositionContext,
    content: @Composable ()-> Unit
): Composition {
    //这里进行注册
    GlobalSnapshotManager.ensureStarted()
    //...
}
```

这个 GlobalSnapshotManager 是一个全局快照管理者，全局观察者就是在 GlobalSnapshotManager.ensureStarted( )中进行注册的，而且要保证 GlobalSnapshotManager 只能注册一次：

```
//androidx.compose.ui.platform.GlobalSnapshotManager.android.kt
internal object GlobalSnapshotManager {
    private val started = AtomicBoolean(false)
    fun ensureStarted() {
        if (started.compareAndSet(false, true)) {
            val channel =Channel<Unit>(Channel.CONFLATED)
            CoroutineScope(AndroidUiDispatcher.Main).launch{
                channel.consumeEach{
                    Snapshot.sendApplyNotifications()
                }
            }
            //注册全局观察者
            Snapshot.registerGlobalWriteObserver{
                channel.trySend(Unit)
            }
        }
    }
}
```

这里注册的 write 执行写入操作之后执行的操作是 channel.trySend（Unit），这个 channel 是使用 Kotlin 协程创建的一个指定缓冲区的通道，当调用到 channel.trySend（Unit）之后，会在主线程触发 Snapshot.sendApplyNotifications( )，判断 currentGlobalSnapshot 是否修改，如果修改过，则通过 advanceGlobalSnapshot 来遍历 applyObservers，对其中每个观察者进行数据更新的监听回调。

```
//androidx.compose.runtime.snapshots.Snapshot.kt
fun sendApplyNotifications() {
    val changes =sync{
        currentGlobalSnapshot.get().modified?.isNotEmpty()==true
    }
    if (changes)
        advanceGlobalSnapshot()
}

private fun <T> advanceGlobalSnapshot(block: (invalid: SnapshotIdSet) -> T): T {
    //上一个快照
```

```
    val previousGlobalSnapshot = currentGlobalSnapshot.get()
    val result = sync {
        //获取新的快照
        takeNewGlobalSnapshot(previousGlobalSnapshot, block)
    }
    //判断上一个快照状态是否有变更,如果有变更则通知观察者
    val modified = previousGlobalSnapshot.modified
    if (modified != null) {
        val observers: List < (Set < Any >, Snapshot ) -> Unit > = sync { applyObservers.to-
MutableList()}
        observers.fastForEach { observer ->
            observer(modified, previousGlobalSnapshot)
        }
    }
    //...
    return result
}
```

在 applyObservers 中就包含了本部分内容的一个最重要角色：在 Recomposer.recompositionRunner 中
注册的，用来处理重组流程的重组观察者。

```
// androidx.compose.runtime.Recomposer
@OptIn(ExperimentalComposeApi::class)
private suspend fun recompositionRunner(
    block: suspend CoroutineScope.(parentFrameClock: MonotonicFrameClock) -> Unit
) {
    withContext(broadcastFrameClock) {
        //...
        // 这里注册的 applyObserver 就是用来处理重组的
        val unregisterApplyObserver = Snapshot.registerApplyObserver {
                changed, _ ->
            synchronized(stateLock) {
                if (_state.value >= State.Idle) {
                    snapshotInvalidations += changed
                    deriveStateLocked()
                } else null
            }?.resume(Unit)
        }
        //...
    }
}
```

在这个 Observer 中，首先是把本次涉及的有改变的所有 mutableState 添加到了 snapshotInvalidations
中，然后执行 deriveStateLocked，从后面的 resume 也可猜测到 deriveStateLocked 返回了一个协程 Con-
tinuation 实例，这样之前挂起的就可以恢复继续执行。而 deriveStateLocked 中返回了一个 Cancellable-
Continuation 的实例 workContinuation，workContinuation 赋值的地方在 awaitWorkAvailable，在执行到
awaitWorkAvailable 时会挂起，而这个 awaitWorkAvailable 执行的地方在 runRecomposeAndApplyChanges，

runRecomposeAndApplyChanges 是在创建 Recomposer 时，对视图树监听生命周期的 Lifecycle.Event.ON_
CREATE 中被执行的。

那么 runRecomposeAndApplyChanges 调用被恢复之后，做了哪些事情呢? 接下来有必要跟进 run-
RecomposeAndApplyChanges 一探究竟:

```
// androidx.compose.runtime.Recomposer.kt
suspend fun runRecomposeAndApplyChanges() = recompositionRunner { parentFrameClock ->
    val toRecompose = mutableListOf<ControlledComposition>()
    val toApply = mutableListOf<ControlledComposition>()
    while (shouldKeepRecomposing) {
        awaitWorkAvailable()
        // 这里开始被恢复
        if (
            synchronized(stateLock) {
                if (!hasFrameWorkLocked) {
                    //回调 snapshotInvalidations 记录的 mutableState
                    // 给需要的 compostion 的 recordModificationsOf
                    recordComposerModificationsLocked()
                    !hasFrameWorkLocked
                } else false
            }
        ) continue

        // 等待 Vsync 信号
        parentFrameClock.withFrameNanos { frameTime ->
            ...
            trace("Recomposer:recompose") {
                synchronized(stateLock) {
                    recordComposerModificationsLocked()
                    // 把 compositionInvalidations 的所有元素
                    // 转移到了 toRecompose
                    compositionInvalidations.fastForEach { toRecompose += it }
                    compositionInvalidations.clear()
                }

                val modifiedValues = IdentityArraySet<Any>()
                val alreadyComposed = IdentityArraySet<ControlledComposition>()
                while (toRecompose.isNotEmpty()) {
                    try {
                        toRecompose.fastForEach { composition ->
                            alreadyComposed.add(composition)
                            // 最关键的一步,调用 composing,回调之后
                            // 真正去执行 composition 的 recompose
                            performRecompose(composition, modifiedValues)?.let {
                                toApply += it
                            }
```

```
                    }
                } finally {
                    toRecompose.clear()
                }
                //...
            }
            //...
        }
    }
}
```

可以看到 runRecomposeAndApplyChanges 中主要的执行步骤有两点：recordComposerModificationsLocked 和 performRecompose，其中 recordComposerModificationsLocked 会把之前记录着所有更改的 mutableState 回调通知给所有相关的 ControlledComposition，回调其 recordModificationsOf。而 runRecomposeAnd Apply Changes 中最重要的一步是 performRecompose，在 performRecompose 中调用 composing，等待回调之后真正去执行 composition 的 recompose：

```
// androidx.compose.runtime.Recomposer.kt
private fun performRecompose(
    composition: ControlledComposition,
    modifiedValues: IdentityArraySet<Any>?
): ControlledComposition? {
    if (composition.isComposing || composition.isDisposed) return null
    return if (
        composing(composition, modifiedValues){
            if (modifiedValues?.isNotEmpty() == true) {
                composition.prepareCompose{
                    modifiedValues.forEach{composition.recordWriteOf(it)}
                }
            }
            composition.recompose()
        }
    ) composition else null
}
```

在 composing 中，先会进行一次快照记录，然后在快照中执行 recompose 过程，最后进行 apply。关于快照部分将在下个小节中详细介绍。

▶▶ 8.2.3　快照系统——Snapshot

在上一节中，笔者对重组流程的分析以 composing 中的快照记录结束，后续的 recompose 过程在快照中进行，那么到底什么是快照系统？快照系统的作用是什么？

本书之前也多次提到过状态，而快照系统也正是围绕着状态 state 来设计实现的。通过那部分内容的学习，读者已经知道，在 Compose 中，Composable 函数需要读取的状态都应该由通过 mutableStateOf 等

函数返回的特定状态对象 MutableState 等来支持，这些状态对象最终都实现了 State<T> 接口或者
StateObject 接口。而这些状态对象正是被快照系统来保存和维护的，这样可以在状态发生变化时感
知，并触发 Composable 的重组实现自动更新。快照系统的另一个作用是，可以很好地进行线程隔离，
做到针对状态值写入和读取线程安全。

顾名思义，快照就像是给 State 拍了个照，这张"照片"记录了"拍照"时的状态值，让你可以
轻松获取到拍摄时的状态。这里首先通过一个 User 的例子来演示快照系统的使用。

```
class User {
    var userName: MutableState<String> = mutableStateOf("")
}
```

User 中的 userName 是一个 MutableState 对象（而不是普通的 String），因此可以使用 Snapshot 来
对它进行快照拍摄记录：

```
val user = User()
user.userName.value = "Jake"
//拍摄快照
val snapshot = Snapshot.takeSnapshot()
user.userName.value = "Steve"
println(user.userName.value)
//获取快照
snapshot.enter {
    println(user.userName.value)
}
println(user.userName.value)
snapshot.dispose()
```

可以通过 Snapshot.takeSnapshot( ) 来轻松获取到一张快照，如果需要得到快照中的信息，使其
"重现"，调用当时 takeSnapshot 返回的 Snapshot 对象 snapshot.enter 即可，在 enter 的函数参数中可以
使用 State 对象来获取到拍摄快照时的值。上述打印结果为：

```
Steve
Jake
Steve
```

上述演示中，我们在获取快照信息的 enter lambda 中执行了 userName 这个 State 的读取操作，而
在实际开发中除了读取也有写入操作，那么这里可以对 State 进行写操作吗？

```
val user = User()
user.userName.value = "Jake"
//拍摄快照
val snapshot = Snapshot.takeSnapshot()
user.userName.value = "Steve"
println(user.userName.value)
snapshot.enter {
    //对 userName 的值进行更改
```

```
    user.userName.value = "Elon"
    println(user.userName.value)
}
println(user.userName.value)
snapshot.dispose()
```

执行之后发现会报 IllegalStateException 异常，提示不能在一个只读的 Snapshot 中修改 state（如图 8-4 所示）。

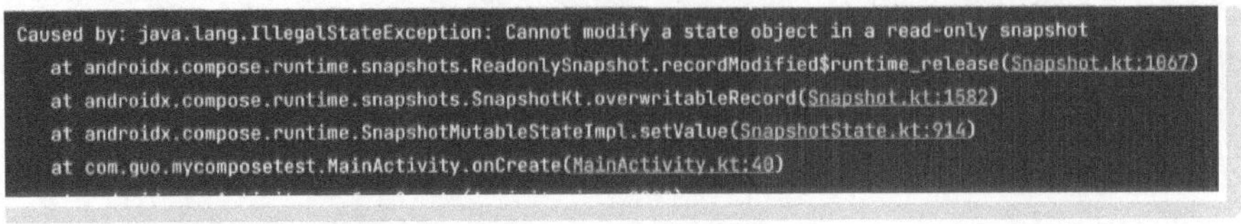

```
Caused by: java.lang.IllegalStateException: Cannot modify a state object in a read-only snapshot
    at androidx.compose.runtime.snapshots.ReadonlySnapshot.recordModified$runtime_release(Snapshot.kt:1867)
    at androidx.compose.runtime.snapshots.SnapshotKt.overwritableRecord(Snapshot.kt:1582)
    at androidx.compose.runtime.SnapshotMutableStateImpl.setValue(SnapshotState.kt:914)
    at com.guo.mycomposetest.MainActivity.onCreate(MainActivity.kt:40)
```

● 图 8-4　通过 takeSnapshot 返回只读 Snapshot，写操作会报错

这是因为通过 Snapshot.takeSnapshot() 得到的 Snapshot 是只读的，在 enter 内部只可读不可写。Snapshot 提供了 takeMutableSnapshot 来生成一个可读可写的快照：

```
val user = User()
user.userName.value = "Jake"
//拍摄一个可读可写的快照
val snapshot = Snapshot.takeMutableSnapshot()
user.userName.value = "Steve"
println(user.userName.value)
snapshot.enter {
    println(user.userName.value)
    //对 userName 的值进行更改
    user.userName.value = "Elon"
    println(user.userName.value)
}
println(user.userName.value)
snapshot.dispose()
```

此时程序执行不再报错，但是在 snapshot 内部的修改并没有影响外部的 state 值，在外部 userName 的值还是 Steve：

```
Steve
Jake
Elon
Steve
```

如果想在快照外部也将 enter 内部的修改生效，该怎么办？可以使用 snapshot 的 apply：

```
//...
snapshot.enter {
    //对 userName 的值进行更改
    user.userName.value = "Elon"
```

```
    println(user.userName.value)
}
//使用 apply 应用 enter 中的修改
snapshot.apply()
println(user.userName.value)
```

或者直接使用 withMutableSnapshot 来简化，可达到同样的效果：

```
val user = User()
user.userName.value = "Jake"
Snapshot.withMutableSnapshot {
    println(user.userName.value)
    user.userName.value = "Elon"
    println(user.userName.value)
}
println(user.userName.value)
```

程序输出结果都为：

```
Jake
Elon
Elon
```

知道了快照的拍摄、快照的重现，以及怎么通过快照来读和写 state，还有一个很重要的点需要读者了解，那就是如何监听状态的读写。实质上 Snapshot 的 takeSnapshot、takeMutableSnapshot 可以通过可选参数来注入观察者，其中 takeSnapshot 只有 readObserver，takeMutableSnapshot 有两个：readObserver、writeObserver，如图 8-5 所示。

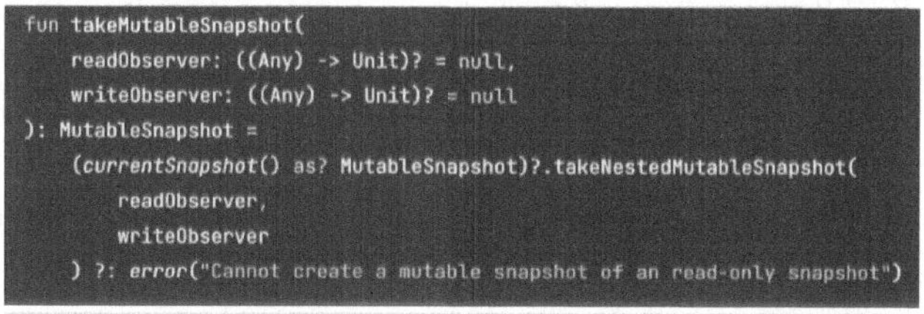

```
fun takeMutableSnapshot(
    readObserver: ((Any) -> Unit)? = null,
    writeObserver: ((Any) -> Unit)? = null
): MutableSnapshot =
    (currentSnapshot() as? MutableSnapshot)?.takeNestedMutableSnapshot(
        readObserver,
        writeObserver
    ) ?: error("Cannot create a mutable snapshot of an read-only snapshot")
```

● 图 8-5　takeMutableSnapshot 函数中的读和写观察者

```
val user = User()
user.userName.value = "Jake"
//读和写观察者
val readObserver: (Any) -> Unit = { readState ->
    if (readState == user.userName) println("user name was read")
}
val writeObserver: (Any) -> Unit = { writtenState ->
    if (writtenState == user.userName) println("user name was written")
}
```

```
//拍摄一个可读可写快照
val snapshot = Snapshot.takeMutableSnapshot(readObserver = readObserver, writeObserver =
writeObserver)
println("name before snapshot: " + user.userName.value)
snapshot.enter {
    //对 userName 的值进行更改
    user.userName.value = "Elon"
    println("name before applying: ")
    println(user.userName.value)
}
//使用 apply 应用 enter 中的修改
snapshot.apply()
println("name after apply: ${user.userName.value}")
snapshot.dispose()
```

输出内容如下：

```
name before snapshot: Jake
user name was written
name before applying:
user name was read
Elon
name after apply: Elon
```

通过读、写观察者，就可以在相应的读、写时机回调中执行必要的操作，Compose 就是在读取时记录 ComposeScope，写入时如果有变化，则把对应的 Scope 标记为 invalid 来确认重组范围。

▶▶ 8.2.4　重组的范围

在 8.2 节的开头抛出过一个问题：重组时如果对视图树上所有的 Composable 组件都进行重绘，性能是有问题的。那么 Compose 是如何保证重组的性能最优呢？用 Compose 官方文档中的一句话来说，重组会尽可能跳过不必要的部分（Recomposition skips as much as possible），Compose 会尽最大努力仅重绘需要更新的部分。

其实，Compose 的 Compiler 在编译期做了大量工作，保证了重组的范围尽可能小，避免不必要的开销。那么重组的范围究竟是什么？这里还是以之前的 Counter 为例子：

```
@Composable
fun Counter() {
  var count by remember { mutableStateOf(0) }
  Button(
      onClick = { count += 1 }
  ){
      Text("Count: $count")
    }
}
```

读者可先行思考一下：当首次绘制完成之后，单击之后的重组范围有（Counter、Button、Button

的 content lambda、Text 中的）哪些？

可以肯定的是，Text 会被执行重组，因为 Compose 会根据是否对变化的 state 进行 Read 来决定是否重组，显然 Text 对 count 有 read 行为。那么其他几个呢？在回答这个问题之前，笔者先和读者一起总结一下关于 Compose 重组的一些基础和原则。

重组时范围的确定是 Compose 重组的重点和难点，Compose 会做一些状态标记，达到重组范围最小、节省开销的目标。通过对基于快照系统的 state 对象进行追踪、失效标记来判断是否需要重组。

在编译期，Compose 会分析访问某个 state 的代码，并记录其引用，当 state 发生变化时，根据引用找到受影响的代码并标记为 Invalid，在下一帧到来之前参与到重组中。

被标记为 Invalid 的代码需要是被 @Composable 注解的非 inline、无返回值的函数或 lambda。

这里为什么需要是非 inline 且无返回值呢？因为 inline 函数是内联的——在编译期会被调用方放到函数体中，所以只能共享调用者的重组范围。对于有返回值的函数，返回值对于调用方来说是副作用，需要依赖被调用方调用来体现函数的作用，所以也需要共享调用者的重组范围。

回到上述问题，只有 Text 参与重组吗？答案是否定的，这里 Button 的 content lambda 也会参与重组，因为 Text 参数中的 text 内容其实是一个表达式，其等价于：

```
@Composable
fun Counter() {
    var count by remember { mutableStateOf(0) }
    Button(
        onClick = { count += 1 }
    ){
        val text = "Count: $count"
        Text(text)
    }
}
```

因此，示例中的最小重组范围应是 Button 的 content lambda，而非 Text。对于 Button 和 Counter 来说，没有读 state，所以不会参与重组。而对于 onClick 的 lambda 来说，它并不是一个 Composable 函数，所以也不会单独参与重组。

接下来对 Text 包一个 Column：

```
@Composable
fun Counter() {
    var count by remember { mutableStateOf(0) }
    Button(
        onClick = { count += 1 }
    ){
        Column() {
            Text("Count: $count")
        }
    }
}
```

此时最小重组范围是不是 Column 呢？不是的，因为 Column、Row 等是内联函数（如图 8-6），也不满足被标记为 Invalid 的条件，只能共享调用方的 Scope。所以此时的最小重组范围还是 Button 的 content lambda。

```
@Composable
inline fun Column(
    modifier: Modifier = Modifier,
    verticalArrangement: Arrangement.Vertical = Arrangement.Top,
    horizontalAlignment: Alignment.Horizontal = Alignment.Start,
    content: @Composable ColumnScope.() -> Unit
) {
```

● 图 8-6　Column 函数是内联函数

关于重组的更多细节和具体规则其实在官方开发者指导文档中没有过多描述，因为开发者只需知道，Compose 对编译器做了大量优化，保证了重组的高效和正确性，对于使用 Compose 的广大开发者来说，使用更方便自然的方式开发即可。但是需要始终牢记一点：不要在 Composable 函数中写包含副作用的逻辑代码。

开发者不能假设某个 Composable 函数一定不参与重组，在其中执行一些副作用代码，包含目前的 inline 函数。最妥善的做法是，把副作用代码写到 LaunchedEffect、DisposableEffect、SideEffect 中，并且使用 remember、derivedStateOf 等处理耗时、不适合反复进行的运算，关于副作用，读者可在 3.4 节内容中回顾。

8.3　修饰符 Modifier

在 Compose 中，修饰符（Modifier）的作用非常强大，可谓无处不在。在 Compose 之前，Android 开发者开发页面时，一般需要在布局文件中分别设置每个 View 的属性，比如大小、边距、位置等。而在 Compose 中，所有这些是需要借助 Modifier 来实现的。而且 Modifier 的作用不止于此，点击事件、手势交互等都可以通过 Modifier 来完成。这一节笔者就和读者一起领略 Modifier 的强大魅力。

Modifier 的使用方式已经在 5.1.2 小节中进行过详细介绍，本节会首先复习之前的内容，然后尝试从实现原理开始带读者进行深入了解。

▶▶ 8.3.1　什么是修饰符

Modifier 就是 Composable 的修饰符，一般是通过参数传入 Composable 中，它是一个标准的 Kotlin 对象。通过 Modifier，可以达到对 Composable 可组合组件进行修饰或者扩展的目的。具体来说，可以实现如下操作：

- 更改 Composable 组件的大小、布局、行为和外观。
- 添加附加信息，比如无障碍标签。
- 处理用户的输入。

● 添加用户交互，比如单击、滚动、拖拽、缩放等。

在传统 View 体系中，视图控件以实例对象的形式存在，控件可以在实例化之后，通过对象的不同 API 去动态设置属性，但是对于 Composable 来说，它的本质是函数，只能在调用的时候通过参数传递进行配置，如果没有 Modifier，参数签名会变得很长（虽然 Kotlin 支持默认参数）。

使用 Modifier 就可以很好地解决这个问题，它就像 Composable 的"配置文件"，可以在此对 Composable 的样式和行为进行统一的配置。

读者可以先来回顾一下在传统 View 中如何设置一个视图的位置和属性，大致如下：

```xml
<TextView
    android:layout_width="wrap_content"
    android:layout_height="wrap_content"
    android:text="Hello, Compose"
    app:layout_constraintLeft_toLeftOf="parent"
    app:layout_constraintTop_toTopOf="parent"
    android:padding="24dp" />
```

可以看到，在传统 View 中，开发者需要通过不同的 XML 属性来设置视图的宽高、位置、内容、样式、填充色等。当然每个 XML 属性都有对应的视图对象的函数，可通过代码来设置。那么在 Compose 中如何做呢？可以使用 Modifier 不同功能的扩展函数来得到一个 Modifier 对象，通过 Modifier 来实现这些设置，如图 8-7 所示，为视图添加内边距。

```kotlin
//……
Greeting("Compose")
@Composable
private fun Greeting(name: String) {
  Column(modifier = Modifier.padding(24.dp)) {
    Text(text = "Hello,")
    Text(text = name)
  }
}
```

Modifier 可以通过链式调用来将不同的修饰效果组合在一起，效果如图 8-8 所示。

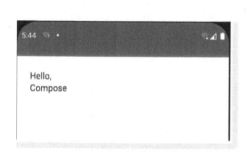

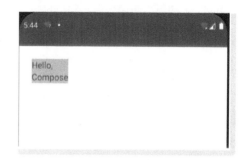

● 图 8-7　通过 Modifier.padding　　● 图 8-8　通过 Modifier 的链式操作添加背景
　　　给视图添加内边距

```
//......
Greeting("Compose")
@Composable
private fun Greeting(name: String) {
  Column(modifier = Modifier.padding(24.dp).background(color = Color.Green)) {
    Text(text = "Hello,")
    Text(text = name)
  }
}
```

如果这里再把 Modifier 的使用顺序调整一下会发生什么？

```
//......
Greeting("Compose")
@Composable
private fun Greeting(name: String) {
  Column(modifier = Modifier.background(color = Color.Green).padding(24.dp)) {
    Text(text = "Hello,")
    Text(text = name)
  }
}
```

如图 8-9 所示，不同的执行顺序会令 Composable 组件的样式、交互效果等产生不同的结果。

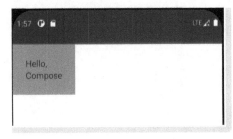

• 图 8-9　调整修饰符顺序之后，作用效果也发生了变化

关于 Modifier 的更多使用，读者可回顾 5.1.2 小节的内容。接下来可跟随笔者一起探索强大的 Modifier 内部是如何实现的。

▶▶ 8.3.2　修饰符的实现原理

本书在第 3 章初始时介绍了 Kotlin 基础知识，是因为 Compose 在设计时依赖 Kotlin 的很多特性，正是借助了这些 Kotlin 的特性，才得以实现 Android 平台的声明式开发范式。而今天要讲的 Modifier 就是典型代表。

如果阅读 Composable 系统组件的源码，会发现 Modifier 是作为可选参数出现在 Composable 函数中的。通过对第 3 章的学习，读者已经知道，可选参数是有默认值的，那么这里 Modifier 的默认值为什么是 Modifier（如图 8-10 所示）？

```
@Composable
inline fun Column(
    modifier: Modifier = Modifier,
    verticalArrangement: Arrangement.Vertical = Arrangement.Top,
    horizontalAlignment: Alignment.Horizontal = Alignment.Start,
    content: @Composable ColumnScope.() -> Unit
) {
```

• 图 8-10　Column 中的 Modifier

事实上，等号右侧的 Modifier 是一个 Modifier 实例，是通过 Modifier 接口中的 Modifier 伴生对象来实现的，这个伴生对象就是整个 Modifier 链的起始点，如图 8-11 所示。

```
// The companion object implements `Modifier` so that it may be used as the start of a
// modifier extension factory expression.
companion object : Modifier {
    override fun <R> foldIn(initial: R, operation: (R, Element) -> R): R = initial
    override fun <R> foldOut(initial: R, operation: (Element, R) -> R): R = initial
    override fun any(predicate: (Element) -> Boolean): Boolean = false
    override fun all(predicate: (Element) -> Boolean): Boolean = true
    override infix fun then(other: Modifier): Modifier = other
    override fun toString() = "Modifier"
}
```

• 图 8-11　Modifier 伴生对象

不同类型的 Modifier 是利用不同的 Modifier 扩展函数来生成的，并且这些函数的返回值都是 Modifier。笔者在这里就以 Padding.Modifier 为例，通过源码 androidx.compose.foundation.layout.Padding.kt 可以看到有一系列的 Modifier.padding 扩展函数，其内部都是调用了扩展的 Modifier 对象的 then 函数，往此函数中传入了一个 PaddingModifier 的实例对象，如图 8-12 所示。

```
@Stable
fun Modifier.padding(all: Dp) =
    this.then(
        PaddingModifier(
            start = all,
            top = all,
            end = all,
            bottom = all,
            rtlAware = true,
            inspectorInfo = debugInspectorInfo {  this.inspectorInfo
                name = "padding"
                value = all
            }
        )
    )
```

• 图 8-12　Padding 中的一个 Modifier.padding 扩展函数

Modifier 中的 then 函数作用是通过生成 CombiedModifier 的方式把原来的 modifier 对象和传入的 padding 特性的 PaddingModifier 对象结合在一起，如图 8-13 和图 8-14 所示。

通过 CombiedModifier 内部的 foldIn、foldOut 实现可以看出，CombiedModifier 维护了两个 Modifier

的信息，且严格按照逻辑顺序进行相关调用，这就解释了为什么 Modifier 的顺序非常重要，不同的顺序效果不同。这样做也使得 Modifier 使用起来更加灵活，比如 Compose 就不需要传统 View 中的 margin 属性，仅通过 padding 的先后顺序就可以实现内、外边距。

```
Concatenates this modifier with another.
Returns a Modifier representing this modifier followed by other in sequence.
infix fun then(other: Modifier): Modifier =
    if (other === Modifier) this else CombinedModifier( outer: this, other)
```

● 图 8-13　then 函数通过生成 CombinedModifier 来把传入的 Modifier 融入

```
// A node in a Modifier chain. A CombinedModifier always contains at least two elements; a Modifier outer
// that wraps around the Modifier inner.
class CombinedModifier(
    private val outer: Modifier,
    private val inner: Modifier
) : Modifier {
    override fun <R> foldIn(initial: R, operation: (R, Modifier.Element) -> R): R =
        inner.foldIn(outer.foldIn(initial, operation), operation)

    override fun <R> foldOut(initial: R, operation: (Modifier.Element, R) -> R): R =
        outer.foldOut(inner.foldOut(initial, operation), operation)

    override fun any(predicate: (Modifier.Element) -> Boolean): Boolean =
        outer.any(predicate) || inner.any(predicate)

    override fun all(predicate: (Modifier.Element) -> Boolean): Boolean =
        outer.all(predicate) && inner.all(predicate)

    override fun equals(other: Any?): Boolean =
        other is CombinedModifier && outer == other.outer && inner == other.inner

    override fun hashCode(): Int = outer.hashCode() + 31 * inner.hashCode()

    override fun toString() = "[" + foldIn( initial: "") { acc, element ->
        if (acc.isEmpty()) element.toString() else "$acc, $element"
    } + "]"
}
```

● 图 8-14　CombinedModifier 内部

▶▶ 8.3.3　修饰符的作用范围

尽管 Compose 将几乎所有的样式、布局、交互等设置都"万物集一身"于 Modifier，但是，这样也很容易给使用者带来另外一个显而易见的困惑：所有的 Modifier 可以作用于所有的 Composable 吗？答案显然是否定的。那么开发者如何来区分呢？Modifier 在设计时，通过作用域的限制来达到不同的 Modifier 各司其职的目的。值得一提的是，这对开发者来说是透明的（这一点体验要比传统 View 好一些，传统 View 中在 layout 文件声明不适用的属性时，编译器并不会帮助开发者报错提示），也就是说，不适用于当前 Composable 的 Modifier 是无法正常使用的，使用会报错，如图 8-15 所示。

● 图 8-15　使用了不匹配的 Modifier 编译器会报错

那么 Compose 是如何做到的呢？我们知道，Compose 中可以任意动态化地组合 Composable，所以在代码中如何判断出自己的父视图是一件更加棘手的事情。Compose 巧妙地利用了 Kotlin 的扩展函数以及指定扩展函数的可见范围限定来实现。在上述例子中，虽然 Modifier 的扩展函数都是 align，但是参数为 Alignment.CenterVertically 的 align 扩展函数和参数为 Alignment.CenterHorizontally 的 align 扩展函数是不同的两个函数，分别定义在 RowScope 和 ColumnScope 中：

```
//androidx.compose.foundation.layout.Row.kt
interface RowScope {
  @Stable
    fun Modifier.align(alignment: Alignment.Vertical): Modifier
}
//androidx.compose.foundation.layout.Column.kt
interface ColumnScope {
@Stable
    fun Modifier.align(alignment: Alignment.Horizontal): Modifier
}
```

可以看到，不同 Scope 内扩展了不同的 align 函数，这样就限定了对应扩展函数的可见范围。那么在调用时怎样确定需要传入的是哪个范围内的扩展函数呢？这个答案可以在 Row 和 Column 的函数中找到：

```
//androidx.compose.foundation.layout.Row.kt
@Composable
inline fun Row(
    modifier: Modifier = Modifier,
    horizontalArrangement: Arrangement.Horizontal = Arrangement.Start,
    verticalAlignment: Alignment.Vertical = Alignment.Top,
    content: @Composable RowScope.()-> Unit
)
//androidx.compose.foundation.layout.Column.kt
@Composable
inline fun Column(
    modifier: Modifier = Modifier,
    verticalArrangement: Arrangement.Vertical = Arrangement.Top,
    horizontalAlignment: Alignment.Horizontal = Alignment.Start,
    content: @Composable ColumnScope.()-> Unit
)
```

content 中约束了其内部可使用的扩展函数，Row 和 Column 的 lambda Composable 函数将分别作用在 RowScope 和 ColumnScope 接口上，所以只能访问对应的扩展函数。

8.4 Composable 的生命周期

在 Compose 中，组合 Composition 是运行 Composable 函数之后生成的结果，是一个树状的结构。

当 Compose 第一次运行 Composable 函数时，属于 initial composition（初始组合），这一次跟踪了调用的所有 Composable 函数。当应用的状态发生改变时，Compose 会安排重组。重组是指 Compose 重新执行可能因状态变化而变化的 Composable 项，然后更新执行所需的 Composable 函数。任何状态的改变都是通过重组的方式反映到 UI 上的。Composition 只能通过 initial composition 生成，并且只能通过重组来更新。

▶▶ 8.4.1 Composable 生命周期事件

相对于 View、Activity、Fragment 而言，Composable 的生命周期事件要简洁很多。如图 8-16 所示，一个 Composable 的生命周期分为三部分，分别是：initial composition 时进入一个 composition，然后随着状态的改变重组 0 次或多次，最后离开这个 composition。

重组一般是由对 State<T> 对象的更改而触发的，Compose 会跟踪这些操作，并且执行所有读取该 State 值的 Composable 函数和不能跳过的 Composable 函数。

如果一个可组合函数被重复调用了多次，那么在该 Composition 中会创建多个实例，每一个实例有独立的生命周期，如图 8-17 所示。比如下面的 MyComposable，当 Text 被多次调用时，是具备不同的实例的，具有各自独立的生命周期。

```
@Composable
fun MyComposable() {
    Column {
        Text("Hello")
        Text("World")
    }
}
```

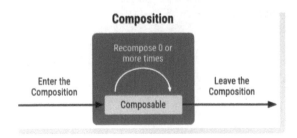

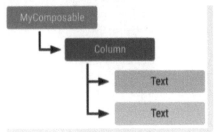

● 图 8-16 Composable 的生命周期

● 图 8-17 同一个 Composable 被多次调用，具有多个实例可见，在 Compose 中每个 UI 组件的生命周期被大大简化了，而不是像传统 View 中所具备的一系列生命周期事件那样。所以读者在开发 Compose 应用程序时，只需要关注三点：一是组件的初始化时机，二是组件的重绘时机，三是组件的移除时机。

▶▶ 8.4.2　Composable 生命周期事件监听

最新的 Compose 版本中，想要监听 Compose 的生命周期，需要借助 Effect API。值得一提的是，在 compose 1.0.0-alpha11 版本之前，是通过四个特定的 Composable 函数来实现生命周期监听的，分别是 onActive、onPreCommit、onCommit、onDispose：

- onActive：Composable 函数第一次被渲染到画面 。
- onPreCommit：Composable 函数每次执行之前。
- onCommit：Composable 函数每次执行时。
- onDispose：Composable 函数从画面上移除。

目前这几种方式已经被废弃，为了更加解耦和使用简洁，Compose 提供了 Effect API，开发者可以通过 LaunchedEffect、SideEffect、DisposableEffect 和 onDispose 处理生命周期。分别代表的含义如下：

- LaunchedEffect：第一次调用 Composable 函数时调用，对应初始化时机。
- SideEffect：compose 函数每次执行都会调用该方法，对应组件的重绘时机。
- DisposableEffect：内部有一个 onDispose( )函数，组件移除时调用。

这里还是以一个简单的 Counter Composable 函数演示生命周期函数的监听使用，利用对应的 Effec API 分别打印出每个生命周期日志：

```
@Composable
fun LifeCycleCounter() {
    var count by remember { mutableStateOf(0) }
    Column {
        Button(onClick = {
            count++
        }) {
            Text("Click to plus")
        }
        LaunchedEffect(Unit){
            Log.d("ComposeLifeCycle", "onActive, value: : $count")
        }
        SideEffect {
            Log.d("ComposeLifeCycle", "onChange, value: $count")
        }
        DisposableEffect(Unit) {
            onDispose {
                Log.d("ComposeLifeCycle", "onDispose, value: $count")
            }
        }
```

```
        Text("Count: $count")
    }
}
```

从进入页面开始, 单击让其重组, 再到退出页面, 日志打印如图 8-18 所示。

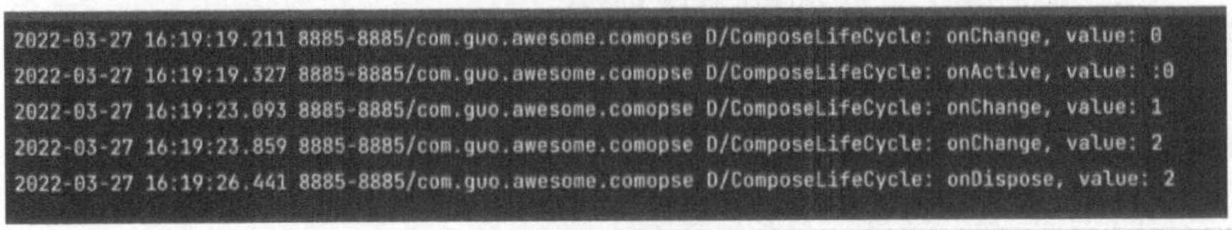

```
2022-03-27 16:19:19.211 8885-8885/com.guo.awesome.comopse D/ComposeLifeCycle: onChange, value: 0
2022-03-27 16:19:19.327 8885-8885/com.guo.awesome.comopse D/ComposeLifeCycle: onActive, value: :0
2022-03-27 16:19:23.093 8885-8885/com.guo.awesome.comopse D/ComposeLifeCycle: onChange, value: 1
2022-03-27 16:19:23.859 8885-8885/com.guo.awesome.comopse D/ComposeLifeCycle: onChange, value: 2
2022-03-27 16:19:26.441 8885-8885/com.guo.awesome.comopse D/ComposeLifeCycle: onDispose, value: 2
```

● 图 8-18　Compose 生命周期事件监听

接下来把上述示例稍微修改一下, 通过 if 语句把 LaunchedEffect 和 DisposableEffect 限制在某个作用域:

```
@Composable
fun LifeCycleCounter() {
    var count by remember { mutableStateOf(0) }
    Column {
        Button(onClick = {
            count++
        }) {
            Text("Click to plus")
        }
        if (count in 2..3) {
            LaunchedEffect(Unit) {
                Log.d("ComposeLifeCycle", "onActive, value: :$count")
            }
            DisposableEffect(Unit) {
                onDispose {
                    Log.d("ComposeLifeCycle", "onDispose, value: $count")
                }
            }
        }
        SideEffect {
            Log.d("ComposeLifeCycle", "onChange, value: $count")
        }
        Text("Count: $count")
    }
}
```

通过日志打印 (见图 8-19) 可以看出, 此时的生命周期是首次进入 if 语句时执行 LaunchedEffect 函数, 最后离开 if 语句时, 调用 DisposableEffect 函数。

● 图 8-19　为 LaunchedEffect 和 DisposableEffect 添加作用域

▶▶ 8.4.3　Composable 生命周期解析

在组合中，Composable 的实例会被它的调用方进行标识，所谓调用方，是指调用 Composable 的源代码位置。Compose 编译器会在不同的调用方调用同一个 Composable 函数时，在组合中创造出不同的 Composable 实例。

在每次重组时，Composable 调用的 Composable 与上一个组合期间调用的 Composable 其实是不同的实例，但是 Compose 会通过对比确定来分析同样内容的 Composable 是否已经被调用过。对于在两次组合中都被调用的 Composable，如果输入没发生改变，则不会再执行这些 Composable 函数。

这些都得益于在组合或者重组过程中，对 Composable 函数身份和调用信息的保留，这对于将副作用与其对应的 Composable 起到至关重要的作用，这样才能保证只有需要时才重新执行 Composable 函数。比如下面的例子：

```
@Composable
fun LoginScreen(showError: Boolean) {
    if (showError) {
        LoginError()
    }
    LoginInput()
}
@Composable
fun LoginInput() { /* ...*/ }
```

在这个例子中，LoginScreen 将有条件地调用 LoginError，但是最终会调用 LoginInput。每个调用都有唯一的调用点和源位置，编译器将使用它们对调用进行唯一识别。即使 LoginInput 从第一次被调用变为第二次被调用，LoginInput 实例仍将在不同重组中保留下来，但是由于 LoginInput 不包含任何在重组过程中更改过的参数，Compose 会在第二次时跳过对 LoginInput 的调用。

多次调用同一个 Composable 也会多次将其添加到组合中。如果从同一个调用点多次调用某个 Composable，Compose 就无法唯一标识对它的每次调用，因此除了调用点之外，还会通过执行顺序来区分实例。比如下面这段循环遍历文章列表分别展示文章内容的例子：

```
@Composable
fun ArticlesList(articles: List<Article>) {
    Column {
```

```
        for (article in articles) {
            ArticleDetail(article)
        }
    }
}
```

在这个示例中，Compose 除了调用点信息之外，还需要结合执行顺序来区分组合中的实例。当数据 articles 发生变化时，如果是在其列表尾部新增了一条数据，则 Compose 可以复用组合中原有的实例，因为它们在原来列表中的调用位置并没有发生变化，输入的 article 实例是相同的，不会重组，如图 8-20 所示。

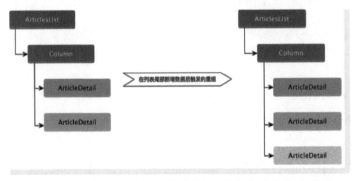

●图 8-20　在列表尾部添加数据，原来的不会发生重组

但如果因在列表头部或中间新增或移除内容，或对整个列表进行重排序而导致 articles 列表发生改变，将会导致输入参数在列表中发生位置或内容变化的所有 ArticleDetail 重组。另外，如果 Article-Detail 中有附带效应，都会重新执行（如图 8-21 所示）。

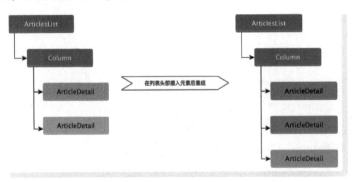

●图 8-21　在列表头部添加数据，将会导致整个重组

在理想情况下，开发者期望的是 ArticleDetail 的实例身份与对应的 article 实例相关联，所以 Compose 提供了这样的机制，可以用 key 这样的 Composable 函数来标识其封装的代码：

```
@Composable
fun ArticlesList(articles: List<Article>) {
```

```
Column {
    for (article in articles) {
        key(article.id) {//id是 article 的唯一标识
            ArticleDetail(article)
        }
    }
}
```

使用上述代码后，即使列表中的元素发生变化，Compose 也能识别 ArticleDetail 的各个调用，还可以重复使用这些调用。

一些 Composable 函数提供对 key 的内置支持。例如，LazyColumn 可以在 items DSL 中指定自定义 key。

上文多次提到过，如果输入参数没发生变化，则不会重组。那这个"没发生变化"作何解释？准确来说，是指当所有输入处于稳定状态且没有变化时，可以跳过重组。

符合稳定状态必须满足如下条件：

- 对于相同的两个实例，其 equals 的结果需要始终相同。
- 如果它的某个公共属性发生变化，组合将收到通知。
- 它的所有公共属性类型也需要都是稳定的。

另外，以下这些类型在 Compose 中也是稳定类型：

- 所有基元值类型：Boolean、Int、Long、Float、Char 等。
- 字符串。
- 所有函数类型（lambda）。

当作为参数传递到 Composable 的所有类型稳定时，系统会根据 Composable 在界面树中的位置来比较参数值，以确保相等性。如果所有值自上次调用后未发生变化，则会跳过重组。

如果 Compose 无法推断类型是否稳定，但开发者想强制设定为稳定类型，可使用 @Stable 注解对其进行标记（比如给接口添加 @Stable 注解），以让 Compose 优先对其选择智能重组。

8.5 Compose 渲染流程

从事过 Android 开发的开发者应该很熟悉 Android View 体系中的渲染流程，主要分为三大步：measure（测量）、layout（布局）和 draw（绘制）。其中 measure 确定 View 的测量宽高，layout 根据测量的宽高确定 View 在其父 View 中的四个顶点的位置，而 draw 负责将 View 绘制到屏幕上。这样通过 ViewGroup 的递归遍历，一个 View 树就展现在屏幕上了。

在 Compose 中也是类似的流程，但是在流程的最开始多了对 Compose 非常重要的一步——组合（Composition）。

本节主要介绍 Compose 渲染的三个阶段，以及分阶段的状态读取、对状态读取的优化、重组循环等流程。

▶▶ 8.5.1 三个阶段

Compose 的渲染分三个阶段：组合（Composition）、布局（Layout）、绘制（Drawing）如图 8-22。
每个阶段的工作如下：

- 组合：通过组合可以确定要显示什么样的界面，Compose
在这个阶段运行 Composable 函数，并创建对界面元素和
位置的描述。
- 布局：要放置界面的位置。这个阶段包含两个步骤：测
量和放置。对于布局树种的每一个节点，布局元素都会
根据 2D 坐标来测量并放置自己及其所有子元素。
- 绘制：这一步进行渲染。界面元素会在这一步绘制到屏
幕上。

● 图 8-22 Compose 渲染的
三个阶段

一般来说，Composable 组件的渲染都是按照这个顺序进行的，这样可以让数据沿一个方向（从组
合到布局再到绘制）生成帧，即保证单向数据流。但是有一些例外：当一个 Composable 组件的父节
点是 BoxWithConstraints、LazyColumn 或 LazyRow 时，它的组合就取决于这些父节点的布局阶段。

开发者可以认为每一帧都会以一种虚拟的方式经历这三个阶段，但为了保障性能，Compose 会在
这些阶段中避免相同输入、相同结果的重复执行。也就是说，如果可以重复使用之前计算的结果，
Compose 会跳过对应的 Composable 函数执行。如果没有必要，Compose 界面不会对整个树进行重新布
局或者重新绘制，只会执行更新界面需要的最低限度的工作。之所以能这么做，是因为 Compose 会跟
踪不同阶段的状态。

在上述三个阶段，Compose 会在每个阶段读取快照状态时，自动跟踪正在执行的操作，以便在状
态值发生改变时重新执行读取操作，并且通过这样的自动跟踪，可以实现对状态的观察。

在 Compose 中，状态一般是使用 mutableStateOf( ) 方式创建，然后通过以下两种方式之一进行访
问：直接访问 value 属性，或使用 Kotlin 的属性委托。

▶▶ 8.5.2 分阶段读取状态

在 Compose 的三个阶段中，每个阶段都会跟踪所对应读取到的状态，这样一来，在需要时，
Compose 只需向界面中有关的特定节点的特定阶段发送通知即可。需要注意的是，创建和写入状态值
与阶段没有什么关系，和阶段息息相关的是读取值的时机和位置。下面分别介绍一下每个阶段的状态
读取都做了些什么工作。

1. 第一阶段：组合

Composable 函数或 lambda 代码块中的状态读取会影响组合阶段，并且可能会影响后续阶段。当
状态的值发生变化时，Recomposer 就会安排重新执行所有要读取相应状态的 Composable 函数。需要

注意的是，在组合时，系统会根据需要使用的新数据来重新绘制需要的 Composable 相关部分，而不依赖新数据的 Composable 组件则不会被重新执行。智能重组就是在重组时，在 Composable 树中不依赖变化的数据部分保持不变，不再调用这些 Composable 函数或者 lambda 表达式。

根据组合的结果，Compose 界面会往后执行布局和绘制。但是如果在组合这一阶段发现内容保持没有变化，并且大小和布局都没有变化，就会跳过布局和绘制。比如下面的例子是在组合阶段对状态的读取：

```
var padding by remember { mutableStateOf(8.dp) }
Text(
    text = "Hello",
    // padding 状态值会在组合阶段,当 modifier 构造时被读取
    // padding 值的变化会触发重组
    modifier = Modifier.padding(padding)
)
```

2. 第二阶段： 布局

布局阶段又可细分为两个步骤：测量和放置。在测量这一步，会通过 Layout 这个 Composable 函数来执行测量相关的 lambda、LayoutModifier 中的 MeasureScope.measure 方法等。在放置这一步会进行 Layout 函数的坐标点计算、Modifier.offset 中的函数体执行等。

这两步中的状态读取都会影响布局阶段，进而可能影响到绘制阶段。当在这两步中读取的状态值发生变化时，Compose 就会触发上述布局阶段的操作。如果导致大小或者位置发生了变化，则会继续执行绘制阶段。

更确切地说，测量和放置分别具有各自单独的重启作用域。这就意味着在放置这一步中的状态读取不可能在测量这一步之前触发测量的重新调用。不过这两个步骤通常是交织在一起的，因此在放置步骤中读取的状态可能会影响属于测量步骤的其他重启作用域。

```
var offsetX by remember { mutableStateOf(8.dp) }
Text(
  text = "Hello",
    modifier = Modifier.offset {
        // offsetX 状态值会在布局的放置阶段
        // 计算 Modifier.offset 时被读取
        // offsetX 值的变化会触发重新布局
        IntOffset(offsetX.roundToPx(), 0)
    }
)
```

3. 第三阶段： 绘制

在绘制相关代码中进行的状态读取，会影响绘制阶段。比如在 Canvas( )、Modifier.drawBehind 和 Modifier.drawWithContent 等，当状态值发生更改时，Compose 只会重新触发执行绘制阶段。

```
var color by remember { mutableStateOf(Color.Red) }
Canvas(modifier = modifier) {
```

```
// color 状态值会在绘制阶段
// 重新渲染时被读取
// color 值的变化会触发绘制阶段重新执行
drawRect(color)
}
```

各个阶段和状态读取关系如图 8-23 所示。

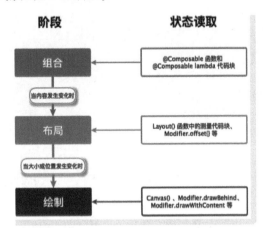

● 图 8-23　三个阶段以及对应的状态读取关系

▶▶ 8.5.3　状态读取的优化

上文提到，在 Compose 的三个阶段中，会在每个阶段读取快照状态时，跟踪所对应读取到的状态，采用局部状态读取跟踪。因此开发者可以想办法让 Compose 在适当的阶段读取状态，尽可能降低需要执行的工作量。

下述示例中，通过对 Image 设置偏移修饰符来调整布局位置，从而达到在用户滚动时产生的视觉差效果。

```
Box {
    val listState = rememberLazyListState()
    Image(
      Modifier.offset(
          //组合阶段 firstVisibleItemScrollOffset 的状态读取
        y = (listState.firstVisibleItemScrollOffset / 2).dp
      )
    )
    LazyColumn(state = listState)
}
```

这段代码本身实现效果没有问题，但是性能有问题。通过读取 firstVisibleItemScrollOffset 状态的值，传递给 Modifier.offset（offset：Dp）函数，当用户滚动时，firstVisibleItemScrollOffset 的值会不断发生改变。但 Compose 会跟踪所有状态的读取，以便重新调用读取代码，即示例 Box 部分。读取发生在组合阶段，如果是数据内容的更改，这样做没问题（实际上 Compose 就是利用这样的机制才使得界面自动更新），但是本例中只是布局发生了改变，所以在组合阶段就进行状态读取不是最佳的选择，因为每个滚动事件都会导致系统重新调动 Composable 中的内容，并进行组合、测量、布局、绘制。即使要显示的内容没有发生改变，只有布局位置发生了改变，也会在每次滚动时触发组合阶段的工作。所以，这里可以优化状态的读取，使得其只重新触发布局阶段以及之后的绘制。

在这里可以使用另外一个版本的偏移修饰符：Modifier.offset（offset：Density.( ) -> IntOffset）。它接受 lambda 参数，生成的偏移值会通过 lambda 块返回。修改如下：

```
Box {
    val listState = rememberLazyListState()
    Image(
        Modifier.offset {
            //布局阶段读取 firstVisibleItemScrollOffset 状态值
            IntOffset(y = listState.firstVisibleItemScrollOffset / 2)
        }
    )
    LazyColumn(state = listState)
}
```

这样，在布局阶段，确切地说是在布局阶段的放置步骤中，才调用 Modifier.offset 中传入的 lambda 块。在组合阶段，就不会再读取 firstVisibleItemScrollOffset 的状态值，在其状态值发生更改时，只需要重新执行布局和绘制阶段即可。

或许读者会疑惑：本来 Modifier.offset 中传入简单的一个数值就可以，传入 lambda 是否额外增加了成本？确实是，但是把状态读取延迟到布局阶段产生的好处远大于传入 lambda 的成本。在滚动过程中涉及的每一帧中，firstVisibleItemScrollOffset 的值都在发生变化，而通过将状态读取延迟到布局阶段，可以有效避免频繁不必要的重组。

当然，在某些情况下，在组合阶段读取状态是非常有必要的，在某些情况下是需要尽可能减少重组次数来提升 Compose 应用性能的。比如可以通过过滤状态更改，减少重组次数等，具体内容将在第 9 章中详细介绍。

▶▶ 8.5.4　重组循环

前文提到过，Composable 组件的渲染基本是按照组合、布局、绘制这个顺序进行的，这样可以让数据沿一个方向（从组合到布局再到绘制）生成帧。这个阶段顺序在同一帧中是无法后退的，但是不同帧之间如果处理不当，就容易产生重组循环的情况，如下述示例：

```
Box {
    var imageHeightPx by remember { mutableStateOf(0) }
    Image(
        painter = painterResource(R.drawable.rectangle),
        contentDescription = "在文字上方的图片",
```

```
    modifier = Modifier
        .fillMaxWidth()
        .onSizeChanged { size ->
            // 这是错误的演示
            imageHeightPx = size.height
        }
    )
    Text(
        text = "在图片下方的文字",
        modifier = Modifier.padding(
            top = with(LocalDensity.current) { imageHeightPx.toDp() }
        )
    )
}
```

这个示例演示了一个不太恰当的竖直布局方式：上部是图片，下部是文字。通过 Modifier.padding() 的方式使文字下移图片高度的距离。这个示例存在一个问题：不同帧的渲染阶段存在互相依赖，在展示时会发生跳动，并且发生多余帧的绘制，执行了不必要的操作。笔者解读一下每一帧都发生了什么事情。

在第一帧的组合阶段，imageHeightPx 的值是 0，此时提供给 Text 的 top 值就是 0，接下来是布局阶段，Image 的 onSizeChanged 被调用，更新了 imageHeightPx 的值，赋值为图片高度，触发了重组。但是在绘制阶段时，这个 imageHeightPx 的值还未得到更新，所以在这一次渲染时，Text 的顶部边距是 0。

然后 Compose 继续进行第二帧的渲染过程：在 Box 内容块中读取状态值，并在组合阶段应用该状态。此时文本的顶部边距会更新成图片高度。后续布局还会触发一次 onSizeChanged，但由于 imageHeightPx 更新的值和前一次相同，因此不会有第三帧。虽然最终实现了文本在图片下方的效果，但会多进行一帧的渲染，并且有跳动效果。过程如图 8-24 所示。

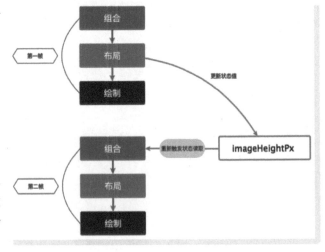

● 图 8-24　重组循环

这个示例本身稍显刻意为之，但是遇到符合如下条件的场景操作时，开发者还是需要格外注意，避免重复重组循环：

- Modifier.onSizeChanged()，onGloballyPositioned() 等布局操作。
- 更新状态值。
- 利用上述状态值作为布局修饰符的值，比如 padding()、height() 等。

- 潜在的重复操作。

避免这个风险的办法就是使用现成的 Composable 组件，比如示例中的效果可以使用包裹 Column（）函数来实现。但是在进行一些更复杂的自定义布局编写时，可能没有现成的方案，因此需要注意上述风险。一般的原则是，对于需要相互参照或衡量而进行布局（放置）的多个 UI 元素，应提供单一的事实来源。

8.6 小结和训练

本章较系统地学习了 Compose UI 体系的原理性知识，包括 Compose 运行原理介绍、重组的剖析、修饰符 Modifier 的奥秘、可组合项 Composable 的生命周期以及 Compose 的渲染流程。理解 Compose 的运行原理、重组的内部实现原理、Modifier、Compose 生命周期以及渲染流程，有助于开发者写出更高质量的 Compose 视图，对于从原理层面分析遇到的问题、解决性能瓶颈等都有非常积极的作用。

读者通过回答和复习以下问题，可以更好地掌握本章所学内容：

1. @Composable 注解是如何工作的？作用是什么？它是通过注解处理器 APT 来实现的吗？

2. Gap Buffer 是什么？在 Compose 中它的作用是什么？

3. $changed 参数是什么？它的作用是什么？

4. 什么是智能重组？智能重组的流程是怎么样的？

5. 快照系统是什么？快照系统的作用是什么？

6. Compose 重组的范围是如何确定的？

7. 什么是修饰符 Modifier？

8. 修饰符是如何实现的？借助了 Kotlin 的哪些特性？

9. 修饰符的作用范围如何确定？

10. Compose 的生命周期事件有哪些？分别代表什么？

11. 如何监听 Composable 的生命周期事件？

12. 对于输入参数没发生改变的 Composable 函数，Compose 在重组时不会再执行这些 Composable 函数，这是如何做到的？

13. 除了调用点、执行顺序之外，Compose 还可以通过什么方式来标识是否需要重组？

14. 重组过程中的参数没有变化如何定义？

15. Compose 的渲染流程有哪些阶段？每个阶段的作用分别是什么？

16. 什么是状态读取？每个阶段的状态读取工作分别是什么？

17. 如何优化在布局阶段的状态读取？

18. 重组循环是什么？如何避免重组循环？

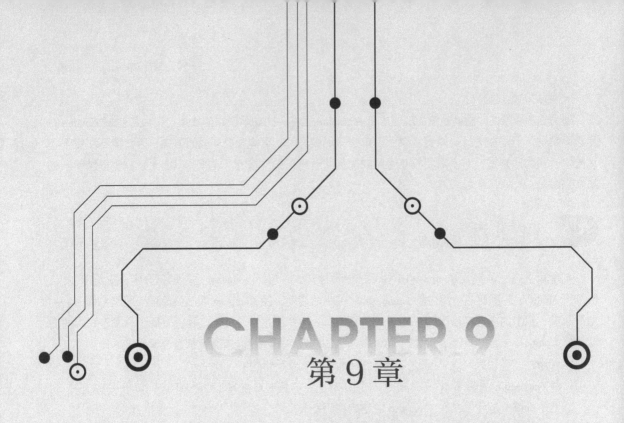

CHAPTER 9

第 9 章

Compose数据和状态管理

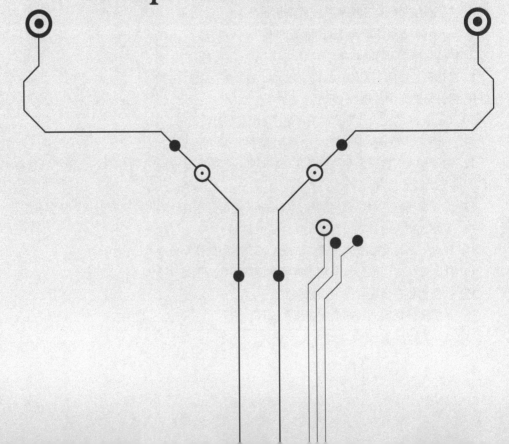

有 Android 传统开发经验的读者都知道，在 View 体系中需要对 UI 视图进行更改时，需要通过代码直接或间接地对视图的某些属性做操作，比如 TextVeiw 的 setText、ImageView 的 setImageBitmap 等，如果不进行这些操作，UI 视图是没有任何变化的。而在 Compose 中，UI 框架和数据将彻底解耦，通过单向数据流的设计理念，达到数据感知事件、视图自动感知状态（数据）并获得更新的效果。这使得开发者不用过多关注视图如何更新，仅需关注自己的业务逻辑和何时去更新数据即可。

本章读者将学习到状态以及和状态相关的事件的概念、单向数据流的概念、在 Compose 中存储和恢复状态的方法、Compose 中状态管理的方式，以及限定数据作用域工具 CompositionLocal 的使用方法。

Compose 中有了数据、状态相关的概念，就构成了较完整的客户端 App 整体框架体系，在视图页面搭建过程中也会始终围绕着整个 App 的核心——状态，从而设计开发出更加健壮的产品。

9.1 什么是状态

状态一词在汉语中的解释是"事物所表现出来的样子"。我们知道，在一个 App 或者网页的页面中，展示的内容通常都不是固定的，一般大多数是来自互联网或者其他输入来源的数据。另外一种情况是接收用户操作等事件进行的反馈响应，这些都是通过应用程序内的数据变化来体现的，在 Compose 中，这些变化的数据就被称为"状态"，状态在这里是指可以随时间或者事件变化的任何值。

▶▶ 9.1.1 应用中的状态定义

应用中的状态定义非常广泛，指的是可以随时间或事件变化的任何值，是在特定时间的状况或品质，即此刻它的存在形式。状态包括数据库或内存变量中所有的内容。在常见的业务场景中，像 Text 中展示的文字、输入框的提示和输入后的内容、异常状态的信息提示、用户单击按钮时发生的交互动画等，都是状态。状态决定了特定时刻应用的界面所展示的内容，对于每个应用来说都是非常重要的，某种程度上，用户所看到的所有信息展示都是有关状态的信息。

通常，状态是由事件驱动改变的。事件是可以从应用内部或外部产生的，比如用户通过屏幕上的按钮产生的交互事件、应用收到的从网络请求回来的响应体等。

为了说明什么是状态，以及状态是如何与 UI 视图产生关联的，这里还是以最简单的加数器 Counter 为例来说明，在传统 View 体系中，这个 Counter 实现如下（这里省略 XML 布局文件中的内容）：

```
@Override
protected void onCreate(@Nullable Bundle savedInstanceState) {
    //...
    TextView mTVResult = findViewById(R.id.tv_result);
    Button mBtnPlus = findViewById(R.id.btn_plus);
    mBtnPlus.setOnClickListener(view -> {
        int valueInTV = Integer.parseInt(mTVResult.getText().toString());
```

```
        mTVResult.setText(String.valueOf(++valueInTV));//通过 setText 更新视图的状态
    });
}
```

实现效果如图 9-1 所示。可以看到，在传统 View 体系中，必须通过 setText 携带新的状态来更新 UI。而在 setText 中，是对 TextView 成员变量 mText 进行赋值操作，然后更新视图内容。这个 mText 其实就是状态，状态都在视图组件中进行了耦合，这也是 View 体系越来越臃肿的原因之一。

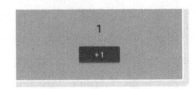

● 图 9-1　通过传统 View 实现的加数器

当然，Android 团队试图通过其他的方式来解决这些问题，比如通过在 Jetpack 中推广使用 View-Model、LiveData、DataBinding 等，以单独或者配合使用的方式来实现数据单向流动、UI 视图自动更新的效果。如下代码演示了通过 ViewModel + LiveData + DataBinding、以 MVVM 这样的架构，使得状态和视图隔离开，通过观察者的模式达到数据源单一、视图自动随着状态改变而改变的目的。

```
// activity_main.xml
    //...
    <data>
        <variable
            name="numberRecorder"
type="com.example.myapplication.CounterViewModel.NumberRecorder" />
    </data>
    <LinearLayout
        //...
        android:orientation="vertical">
        <TextView
            //...
            android:text="@{numberRecorder.numberLiveData}"/>
        <Button
            //...
            android:text="+1"/>
    </LinearLayout>

//MainActivity.java
ActivityMainBinding viewDataBinding = DataBindingUtil.setContentView(this, R.layout.ac-
tivity_main);
CounterViewModel counterViewModel = new ViewModelProvider(HomeActivity.this,
        ViewModelProvider.AndroidViewModelFactory.getInstance(getApplication())).get
(CounterViewModel.class);
viewDataBinding.setNumberRecorder(counterViewModel.mNumberRecorder);
viewDataBinding.setLifecycleOwner(this);
findViewById(R.id.btn_plus).setOnClickListener(view -> {
    int num = Integer.parseInt(Objects.requireNonNull(counterViewModel.mNumberRecorder.
numberLiveData.getValue()));
```

```
        counterViewModel.mNumberRecorder.numberLiveData.setValue(String.valueOf(num + 1));
    });

// CounterViewModel.java
public class CounterViewModel extends ViewModel {
    public NumberRecorder mNumberRecorder = new NumberRecorder();
    public static class NumberRecorder {
        public MutableLiveData<String> numberLiveData = new MutableLiveData<>("0");
    }
}
```

▶▶ 9.1.2 Compose 中的状态和事件

从上节内容可以看出，开发者要在传统 View 体系中摆脱原有状态与视图耦合的现状，实现一套单一数据源、UI 自动随着状态更新而更新的体系，是需要借助 Jetpack 等框架的，成本也是不低的。但是谷歌之所以推出这套"组合拳"，也是因为这样的写法带来的收益比较大：逻辑更加清晰，不易出错，开发者可更专注于业务逻辑而不必过多关心数据的流转以及状态的更新和 UI 反馈。

读者已知道，Compose 是声明式 UI 开发范式，通过调用 Composable 可组合项函数来实现数据转换成 UI。当需要改变其任何内容的时候，通过设置新的参数调用同一组声明（Composable 函数），这些参数就是 UI 的表现形式。每当 State 更新时，都会发生重组，但并不是因为 Compose 是声明式 UI 而实现了响应式，而是因为 State 这个工具。

State 的作用只是用来监听，当其包裹的内容发生变化时，会通知使用它的 Compose 控件进行局部刷新，除此之外，State 还会对被代理内容的 get、set( ) 加钩子，来监听其变化。其局部刷新功能与 State 无关（仅做通知），由 Compose 实现。

上一节中的加数器使用 Compose 写出的代码如下，效果如图 9-2 所示。

● 图 9-2　使用 Compose 实现的加数器

```
@Composable
fun Addition() {
    var count by remember { mutableStateOf(0) }
    Column() {
        Text("Count: $count")
        Button(onClick = {
            count += 1
        }) {
            Text("+1")
        }
    }
}
```

Compose 从框架层面就对状态做了收敛限制：符合单向数据流特性（单向数据流将会在后文详细

说明）、状态可被观察，Compose 组件观察状态更新后，会自动更新视图内容，不需要手动触发更新。

在本书的 8.2 节内容中，已经从重组流程的角度对重组时 MutableState 的原理及其背后的快照系统做了分析说明。在这里从状态的视角来回顾一下：示例中的 count 是通过属性代理的方式作为一个可被观察的状态被 Text 观察的。之所以可被观察，是因为使用了 mutableStateOf，它是一个返回值为 MutableState 的函数，MutableState 是继承自 State 的一个接口，是快照系统中可以在所包裹的值发生变化时通知给观察者的载体。这里可以简单类比传统 View 体系中 Jetpack 为其设计的 LiveData。

上述示例中的 count 就是 Compose 版的加数器中承载数据部分的状态。除了 mutableStateOf，读者可以发现其外层还有一层函数：remember，这是一个 Composable 函数，它的作用就是其函数名所表达的：记忆。因为如果没有 remember，状态被记忆的范围只有本次重组，等 Addition 函数下次再被调用时，已经"忘了"上一次 count 值是什么了，所以也就不会被更新。remember 的实现也比较简单：通过当前的 Composer 把对应的状态缓存起来，达到重组时获取之前值的目的，而不是每次重组时都重新赋值。这种设计也弥补了 Compose 面向顶层函数无法保存比自己生命周期久的状态的不足。

这就是 Compose 中的状态，它是能够让 Compose 承载动态内容，并且自动更新的关键。那么，又是什么导致了状态的更新呢？答案是事件。所谓事件，就是指从应用内部或者外部发生的输入，如用户与视图发生的单击按钮等交互操作；再比如网络请求响应、传感器发生变化事件等。总之，事件用于通知应用程序发生了某件事情，作为状态变化的输入源。事实上所有 Android 应用都在事件、状态、显示之间进行循环更新，如图 9-3 所示。

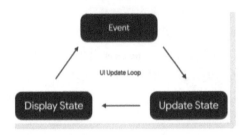

● 图 9-3　事件、状态、显示之间循环更新

▶▶ 9.1.3　有状态和无状态的可组合项

使用过 Flutter 的读者应该知道，Flutter 中的 widget 分为 StatefulWidget 和 StatelessWidget，开发者需要告诉 Flutter 自己的组件是有状态的还是无状态的：如果是有状态的，需要使用 setState 等方式来触发 StatefulWidget 中状态的更新，Flutter 这时会重新执行 build 方法，以展示组件中最新的状态；如果是无状态的 StatelessWidget，则意味着在组件被创建后，就决定了其要展示的内容，无法更改状态。

之所以这么设计，是为了性能考虑：使用 Stateless 会具备更佳的性能，避免繁杂的重绘带来的性能损耗；Stateful 则满足刷新 UI 视图的需求。与 Flutter 类似，Compose 中也存在有状态的可组合项（Stateful Composable）与无状态的可组合项（Stateless Composable），但是 Compose 中不需要开发者如此明显地感知：在以函数为头等公民的函数式编程中，Composable 函数内的状态如果仅来自函数的参数，内部不做任何保持，而仅是使用，那么这个 Composable 就是 Stateless Composable；如果内部对状态进行了保存，那么这个 Composable 是 Stateful Composable。二者的对比如图 9-4 所示。

还是以 9.1.2 小节中 Compose 版的加数器为例，Addition 中保存了 count 状态，通过 remember 来

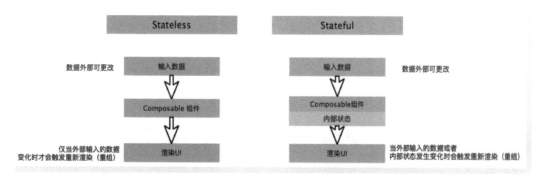

● 图 9-4　Stateless Composable 和 Stateful Composable

进行存储，这样就使得 Addition 这个可组合项变得有状态，其内部可以保存和修改自己的 count 状态。Stateful Composable 的重组是根据数据的变化自动触发的，而 Stateless Composable 的重组需要携带数据参数，由上层 Composable 函数的调用而触发。要把 Addition 改造为 Stateless Composable，只需将状态的输入源置于函数参数中即可：

```
@Composable
fun Addition(count : Int, clickHandler: ()->Unit) {
    Column() {
        Text("Count: $count")
        Button(onClick = clickHandler) {
            Text("+1")
        }
    }
}
```

这样，状态数据来源就从 Addition 函数内部处理变为了从外部输入。这里除了 count 参数，还把 Button 事件的处理函数 clickHandler 也作为参数传入，这是因为在一个 Stateless Composable 中是不允许对数据源做任何写入、更改操作的，大家可以自行尝试，在 Button 的 onClick 中对 count 进行 +1 操作是不被允许的（语法层面也不允许）。因此 Stateless Composable 其实是一个纯函数：它没有内部维护的状态，函数的参数就是唯一参与计算的输入，所有的变化都是可预期的，也是引用透明的。当重组时，如果 Stateless Composable 的参数较之前没有发生过改变，则会跳过重组流程。

　　通常在实际开发中，对外提供 Composable 组件时，可根据需要通过函数的重载提供两种不同的方式：不带状态参数的 Stateful Composable 和带状态参数的 Stateless Composable。对于使用者来说，Stateful Composable 对于不关心状态的调用场景很方便，而 Stateless Composable 对于需要控制或提升状态的调用方来说是很有必要的，可根据需要进行选择。

　　回到 Addition 的例子，使用 Stateless 改造后的 Addition，需要将状态参数注入：

```
MyApplicationTheme(true) {
    var count by remember { mutableStateOf(0) }
    Addition(count) {
```

```
        count += 1
    }
}
```

在这里我们把状态的控制抛到了上层调用方，这种方式也叫作"状态提升"。接下来一起学习一下什么是状态提升。

9.2 单向数据流

上一节中提到了"状态提升"，提到状态提升，就不得不提单向数据流。在本节中，读者将通过状态提升的定义和示例、单向数据流的概念与好处、单向数据流与状态管理之间的关系，来学习 Compose 中状态管理的核心理念之一——单向数据流，这对我们理解和使用状态非常有帮助。

▶▶ 9.2.1　状态提升

在 Compose 中，状态提升就是指把状态移至可组合项的调用方，以使可组合项变为无状态的操作。Compose 中状态提升的一般做法是：把状态变量替换为两个参数。需要格外注意，避免重复重组循环：

- value：T，要显示的状态值本身。
- onValueChanged：（T）-> Unit，促使状态值发生变化的事件。

状态提升可以带来这些好处：

- 单一可信来源：通过对状态的传递，而非复制等操作，来保障唯一的状态可信源，减少出 bug 的概率。
- 封装：通过提供 Stateless Composable，使得使用方只有是 Stateful Composable 时，才可以改变其状态，否则无法更改，这使得状态也变得可控。
- 可共享：可以与多个可组合项来共享提升的状态。
- 可拦截：Stateless Composable 的调用方可以在更改状态之前决定是否忽略或者修改本次事件。
- 解耦：状态提升之后，不再关心状态的具体存储位置，状态的具体存储和读取方式的更改，不会引起可组合项内部的修改，从而达到解耦的效果。

在提升状态时，一般有如下几条遵循的规则：

- 状态应至少提升到读取该状态的所有可组合项的直接共同父项。
- 状态应至少提升到它可以做写入操作的最高级别。
- 如果相同的时间导致两种状态均发生变化，则它们应该一起提升。

这里再以官方文档中的示例加深读者对状态提升的印象：

```
@Composable
fun HelloScreen() {
    var name by rememberSaveable { mutableStateOf("") }
```

```
    HelloContent(name = name, onNameChange = { name = it })
}
@Composable
fun HelloContent(name: String, onNameChange: (String) -> Unit) {
    Column(modifier = Modifier.padding(16.dp)) {
        Text(
            text = "Hello, $name",
            modifier = Modifier.padding(bottom = 8.dp),
            style = MaterialTheme.typography.h5
        )
        OutlinedTextField(
            value = name,
            onValueChange = onNameChange,
            label = { Text("Name") }
        )
    }
}
```

从这个示例可以看到，onNameChange 是标准的携带参数的 lambda 表达式，但是读者也注意到了，在 9.1.3 小节中示例的 Addition，clickHandler 并未携带更改后的新状态值，而是直接在调用方对状态值做运算，达到状态更新的效果。两种方式都可以。

9.2.2 什么是单向数据流

仍然以上文中官方 HelloScreen、HelloContent 演示为例，单向数据流代表了一种数据应该单向流动的思想：状态数据从 HelloScreen 向下流动至无状态的可组合项 HelloContent，HelloContent 中的事件向上传递到 HelloScreen，通过这样的方式，达到应用中显示状态的可组合项与应用中存储和更改状态部分解耦的目的，如图 9-5 所示。

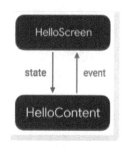

● 图 9-5 状态下降、事件上升的单向数据流

这种让状态下降、事件上升的模式称为"单向数据流"。单向数据流广泛应用于响应式编程中，通过名称也很容易理解：数据的流行应该是"单向"的，并且流动的路径是唯一的。从本质上来讲，下游组件无法更改从上游组件流转来的状态或数据。很多框架，比如 MV-VM，使用双向绑定的做法，使得数据具有双向流动的特点，这样就很难追踪局部状态的变化，有很多操作数据的入口，增加了出错的机会和 debug 的难度，也很容易带来一些同时操作数据导致的副作用和风险，最终开发者很难预测最终状态是什么样子，代码调试成本也增大。而像 React 或者 Vue，以及 Compose，不支持双向绑定，这样可以确保整体框架保持一个干净的数据流架构，始终保持数据在应用中以单一方向流动，以便开发者更好地控制它，出错概率大大降低，调试、维护成本也可以降低。

单向数据流的思想其实是通过 MVI 架构这样的进化被引入 Android 的，MVI 架构的精髓也正在于单向数据流（如图 9-6 所示）：

- 用户操作以 intent 的形式通知 model（这里的 intent 不是 Android 中的 Intent）。
- model 基于 intent 更新 State。
- view 接收到 State 变化刷新 UI。
- 数据永远在一个环形结构中单向流动，不能反向流动。

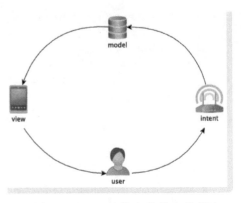

那么单向数据流的好处有哪些呢？首先，视图 UI 的所有变化来自状态 State，这样整体架构更加简洁，调试方便，单元测试等只需将关注点聚焦于 State 即可。其次，数据单向流动，使开发者对状态变化进行跟踪和回溯变得非常简单。最后，UI 层只是反映了 State 的变化，没有过多的额外逻辑，可轻松替换和复用。

● 图 9-6　MVI 架构中的单向数据流

由此可见，Compose 中的状态提升就是实现单向数据流的一种有效方式：一个 Composable 中对某个状态的任何更改只能影响下游组件的展现，不会影响上游或同级组件。

▶▶ 9.2.3　使用单向数据流管理状态

在了解了什么是状态以及单向数据流之后，读者不妨思考一下，状态和单向数据流之间有什么关系？怎么使用单向数据流的模式来管理状态？

在回答这个问题之前，笔者先带读者一起学习一下谷歌针对 Android 移动开发最新推荐的架构，如图 9-7 所示，其中箭头表示依赖关系。每个移动应用至少包含 UI 界面层和数据层。为了简化和复用二者之间的交互，可以再增加一个可选的领域层。

在这里我们重点关注 UI 界面层，它是直接面向用户的部分，其作用是在屏幕上将应用数据显示给用户。无论是因为用户互动（如按下按钮）还是接收到外部输入（如网络响应）导致数据发生变化时，UI 界面都应该更新，以反应相应的变化。UI 界面层由两部分组成：第一部分是在屏幕上呈现数据的界面元素（如 View 或者由 Compose 的 Composable 构建而成的元素）；第二部分是状态容器 State Holders，用于存储数据，向界面元素提供数据，以及处理相关数据逻辑，比如 ViewModel。

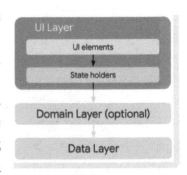

● 图 9-7　谷歌推荐的移动应用框架示意图

如果 UI 界面是对用户而言的，那么界面的状态就是针对应用而言的，UI 界面是状态的直观呈现，对状态所做的任何更改都会体现在 UI 界面中。UI 视图元素和 UI 状态共同组成了整个视图层，如图 9-8 所示。

不难看出，界面的状态是呈现界面所需详细信息的不可变快照，而应用中数据是动态性的，也就意味着状态可能会随着时间或事件而变化，可能是因为用户操作，也可能是其他事件修改了数据层的

● 图 9-8　UI 视图元素和 UI 状态共同组成了 UI 界面层

数据导致的。出于单一职责和关注点分离的原则考虑，UI 视图层应该只负责使用和显示界面状态。使用单向数据流的模式，就有助于实现这种职责分离。在 9.1.3 小节中演示了如何通过状态提升的方式对 Composable 进行更加职责单一、提升可复用性的改造，使视图组件之间保持一个干净的数据流架构。

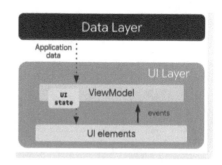

这里还是利用单向数据流的思路，通过状态容器的角色，将整体 UI 视图元素的状态流向进行统一管理，通过 UI 视图元素与状态容器之间的状态向下流动、事件向上流动的运作方式，达到 MVI 架构所带来的好处。这里以 ViewModel 状态容器为例，展示状态和事件流向的关系，如图 9-9 所示。

● 图 9-9　以 ViewModel 为例，单向数据流模式对状态的管理

关于状态容器角色、状态管理方式，将在下文内容详细介绍。

9.3　Compose 状态存储和恢复

在 9.1.2 小节中介绍 Compose 中的状态时，提到了 remember，前文的示例代码中也多次提到了 remember，开发者可以借助 remember 在 Compose 中实现状态的缓存，避免因为重组造成的状态丢失。那么 remember 存储的作用范围是什么？remember 实现的原理是什么？如何更持久地保存与恢复状态？本节内容将一一揭晓答案。

▶▶9.3.1　使用 remember 存储状态

这里先通过一个例子来复习一下 remember 的使用方式：假设在我们的 App 中有一个"学习提醒"的功能，用户可以设置每日学习提醒的次数，次数设置不超过 10 次。对次数的修改有两种方式：一种是通过"+""-"按钮分别加、减一次，还可以一键清除；另一种是直接编辑修改次数。次数编辑信息只有在当前所设置次数大于 0 时才展现。另外，如果次数大于 0，还有针对这个设置的一个提示信息，这个提示信息可以被用户关闭。整个学习提醒模块分为三个子模块。模块一：按钮操作区域（加 1、减 1、清除）；模块二：次数展示和编辑区；模块三：提示信息区，该区可选择关闭，关闭之后不随着次数的变化而再显示。如图 9-10 所示。

对次数的增加和减少示例在前文已讲过多次，现在请读者跟随笔者来思考一下次数展示和编辑区该如何实现。根据 9.1.3 小节中的内容，要符合职责单一和可复用原则，这里将次数展示和编辑区抽象为 RemindTimes 组件，并且将次数信息通过参数传递进来：

● 图 9-10　"学习提醒"包含的三个模块

```
@Composable
fun RemindTimes(count: Int) {
    Row(verticalAlignment = Alignment.CenterVertically, modifier = Modifier.padding(top =
5.dp)) {
        Text("当前提醒次数:")
        TextField(
            value = count.toString(),
            onValueChange = {

            },
            modifier = Modifier.width(50.dp)
        )
        Text("次")
    }
}
```

运行以上代码，会发现无论如何输入，TextField 中的内容都不会发生变化，这就是因为当前无法保存其状态导致的。开发者应该借助 remember 等方式达到 TextField 的状态跟随输入操作而更新的目的。另外在这里根据上述需求描述，做输入数据的合法性校验：

```
@Composable
fun RemindTimes(count: Int) {
    var textValue by remember { mutableStateOf(count.toString())}
    Row(verticalAlignment = Alignment.CenterVertically, modifier = Modifier.padding(top =
5.dp)) {
        Text("当前提醒次数:")
        TextField(
            value = textValue,
            onValueChange = {
                if(it.isEmpty()) {
                    textValue = ""
                } else {
                    try {
                        val num = parseInt(it)
                        if (num in 0..10) {
                            textValue = it
                        }
                    } catch (e: NumberFormatException) {

                    }
```

```
                }
            },
            modifier = Modifier.width(50.dp),
            keyboardOptions = KeyboardOptions(keyboardType = KeyboardType.Number)
        )
        Text("次")
    }
}
```

这里使用了 remember 来"记住"输入框中的状态，如果没有 remember，输入框中的内容同样不会随着输入的变化而更改。

但是这样剥离出来的组件虽然可以响应输入操作进行状态更新，却仍然存在一个问题：其更新的状态值 textValue 属于 RemindTimes 组件内部，这种情况下只更改了视图需要的状态值。不要忘记 RemindTimes 的目的是除了展示次数信息之外，还可以接收用户的手动数据并且更新提醒次数的值。这里通过把状态继续上移的方式来实现，RemindTimes 内部只负责读取和反馈状态值，状态值的更改上移：

```
@Composable
fun RemindTimes(content: String, onTimesChanged: (String) -> Unit) {
    Row(verticalAlignment = Alignment.CenterVertically, modifier = Modifier.padding(top =
5.dp)) {
        Text("当前提醒次数:")
        TextField(
            value = content,
            onValueChange = onTimesChanged,
            modifier = Modifier.width(50.dp),
            keyboardOptions = KeyboardOptions(keyboardType = KeyboardType.Number)
        )
        Text("次")
    }
}
```

接下来看一下 RemindTimes 的调用方式，学习提醒的模块一和模块二的代码如下：

```
@Composable
fun LearnRemind() {
    Column(
        modifier = Modifier
            .fillMaxWidth()
            .padding(16.dp)
    ) {
        var count by remember { mutableStateOf(0) }
        //单独使用一个状态值,标记 RemindTimes 中输入框的内容
        var countText by remember { mutableStateOf("") }
        Row(verticalAlignment = Alignment.CenterVertically) {
            Button(onClick = {
```

```
            count++
            countText = count.toString()
    }, enabled = count < 10) {
        Text("+")
    }
    Button(
        onClick = {
            count--
            countText = count.toString()
        },
        enabled = count > 0,
        modifier = Modifier.padding(start = 5.dp)
    ) {
        Text("-")
    }
    Button(
        onClick = {
            count = 0
            countText = count.toString()
        },
        enabled = count > 0,
        modifier = Modifier.padding(start = 5.dp)
    ) {
        Text("清空")
    }
}
if (count > 0) {
    RemindTimes(countText) {
        if (it.isEmpty()) {
            //为空时也要更新状态值,否则无法清除个位数
            countText = ""
        } else {
            try {
                val num = parseInt(it)
                if (num in 0..10) {
                    count = num
                    countText = it
                }
            } catch (e: NumberFormatException) {
            }
        }
    }
}
}
}
```

可以看到，通过状态提升的方式，把 RemindTimes 组件依赖的状态写入操作提升到了上层调用方，但是这个状态值同样是需要通过 remember 来 "记住"，否则每次重组时需重新生成，无法达到更改的效果。

▶▶ 9.3.2　remember 的作用范围

接下来请读者跟随笔者的思路继续编写剩余的模块：模块三，信息提示区。这里同样使用一个独立的 Composable 组件 RemindTips 来完成：

```
@Composable
fun RemindTips(content: String, onClose: ()-> Unit) {
    Row(
        verticalAlignment = Alignment.CenterVertically, modifier = Modifier.padding(top =
2.dp)
    ) {
        Text(
            modifier = Modifier
                .weight(1f),
            text = content
        )
        IconButton(onClick = onClose) {
            Icon(Icons.Filled.Close, contentDescription = "Close")
        }
    }
}
```

这个无状态可组合项接收外部传入的提示信息，以及关闭按钮的点击事件，其内部只做状态显示和事件向上传递。还记得模块三单击关闭按钮的作用吗？用户操作关闭之后，不再展示提示信息。LearnRemind 中的调用方式如下：

```
@Composable
fun LearnRemind() {
    Column(
        modifier = Modifier
            .fillMaxWidth()
            .padding(16.dp)
    ) {
        //...
        if (count > 0) {
            RemindTimes(countText) {
                //...
            }
            var showTips by remember { mutableStateOf(true) }
            if (showTips) {
                RemindTips(content = "提示:打开后每天会按次数进行学习提醒") {
```

```
                    showTips = false
                }
            }
        }
    }
}
```

这里读者可以试着运行一下，不难发现会有一个 bug：当次数大于 0 导致提示信息展示出来后，操作提示信息右侧的"关闭"按钮使其消失。之后再操作减号或清空按钮，或者手动输入，在次数还没达到 0 时，提示信息区域不会显示。但是当次数达到 0 后，再次增加，会发现提示信息区域又出现了。这显然不符合我们的预期：用户关闭提示信息之后，提示信息在本次应用生命周期内不再出现。

那么为什么提示信息区域又出现了？这就涉及 remember 的作用范围：如果某次重组发生时，系统没有调用到 remember 对应的代码，或者是本次重组相关的 Composable 组件被移除掉了，则响应的状态值就会被"忘记"，下次再次进入时会还原为初始的值。本例中当 count 大于 0 的条件不满足后，showTips 原有的状态值就会被忘记。在目前的场景下有一种解决方案就是将 showTips 的声明提到 if 代码块之外：

```
@Composable
fun LearnRemind() {
    Column(
        modifier = Modifier
            .fillMaxWidth()
            .padding(16.dp)
    ) {
        //...
        var showTips by remember { mutableStateOf(true) }
        if (count > 0) {
            RemindTimes(countText) {
                //...
            }
            if (showTips) {
                RemindTips(content = "提示:打开后每天会按次数进行学习提醒") {
                    showTips = false
                }
            }
        }
    }
}
```

当然更合理的方式应借助 ViewModel 来进行存储，ViewModel 相关内容后续会讲解。接下来用简化组件树的形式，一起回顾一下在 remember 加持下的学习提醒组件 LearnRemind 工作流程。

初始时，count 值为 0，屏幕可操作的部分仅为 "+" 按钮，Compose 视图以及对应的简化组件树如图 9-11 所示，接下来进行 "+" 操作，此时视图和组件树示意如图 9-12 所示。在 RemindTips 信息提示区展示之后，单击右侧关闭按钮，showTips 发生变化，触发重组，此时由于 showTips 变为了 fasle，不再展示信息提示区，如图 9-13 所示。

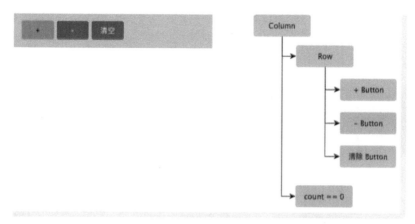

● 图 9-11　Compose 视图以及对应的简化组件树

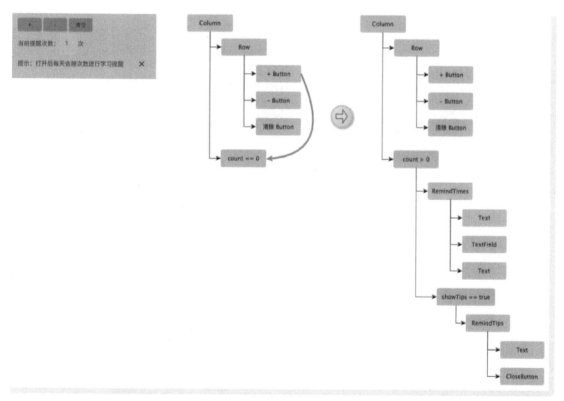

● 图 9-12　视图和组件树

此后继续增加次数至 2，由于 showTips 在此时还可以被记住，因此仍然不显示信息提示区域，如图 9-14 所示。

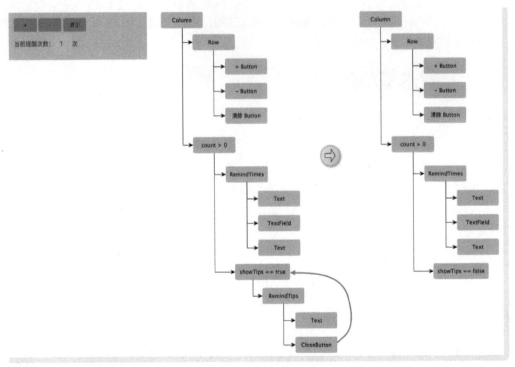

● 图 9-13　单击关闭按钮后 LearnRemind 的视图和组件树

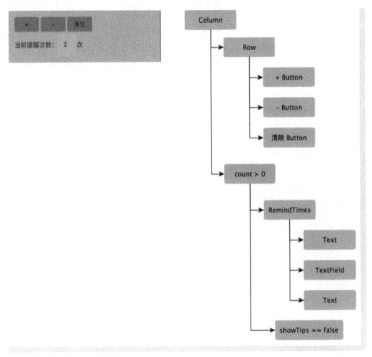

● 图 9-14　次数再次增加后 LearnRemind 的视图和组件树

接下来操作"清空"按钮，将 count 归零，此时 LearnRemind 视图树又恢复初始状态，如图 9-15 所示。从这里也可以看出，如果将 showTips 的状态声明移出 count 判断代码块之上，则 showTips 的 "生命周期"就会长于其内部组件的周期，从而达到"记住"的目的。

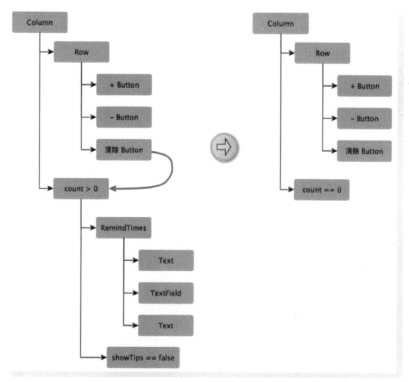

● 图 9-15 清除操作后 LearnRemind 视图树恢复初始状态

▶▶ 9.3.3 使用 rememberSaveable 存储与恢复状态

虽然使用 remember 可以帮助开发者在重组之后保持原有状态，但是在由屏幕旋转、修改手机语言设置、主题更换等配置更改导致的 activity 重新创建之后，使用 remember 就无法保存原有的状态了。使用 rememberSaveable 就可以达到这个目的。

```
@Composable
fun LearnRemind() {
    //......
    var count by rememberSaveable { mutableStateOf(0) }
    var countText by rememberSaveable { mutableStateOf("") }
    //......
}
```

rememberSaveable 可以帮助应用程序自动保存任何可以在 Bundle 中保存的值，即基本数据类型、String、序列化的对象，以及它们各自类型的数组。

如果需要保存的状态无法用 Bundle，又该如何处理呢？比如对一个自定义的数据类进行保存。可以通过以下三种方式，实现对非 Bundle 的数据的保存（配置更改后的保存）：Parcelize、MapSaver、ListSaver。

Parcelize 是最简单的一种方式，在声明数据类时，添加 @Parcelize 注解，并继承自 Parcelable 使其序列化，即可使用 rememberSaveable 来保存。需要注意的是，应在 build.grale 中添加 kotlin-parcelize 插件。以新闻类的数据实体类 Article 为例：

```
@Parcelize
data class Article(val title: String, val body: String) : Parcelable
@Composable
fun ArticleItem() {
    var article = rememberSaveable {
        mutableStateOf(Article("震惊！移动端 UI 还可以这样写", "这里是技术文章的内容"))
    }
    //......
}
```

针对一些无法使用 Parcelize 的场景，比如使用第三方库，要使用 rememberSaveable，可以采取自定义 saver 的方式，自定义存储和恢复规则，规定如何把对象转换为可存储到 Bundle 中的值，从而达到存储的目的。自定义 Saver 的一种方式是 mapSaver：

```
data class Article(val title: String, val body: String)
val ArticleSaver = run {
    val titleKey = "Title"
    val bodyKey = "Body"
    mapSaver(
        save = { mapOf(titleKey to it.title, bodyKey to it.body) },
        restore = { Article(it[titleKey] as String, it[bodyKey] as String) }
    )
}
@Composable
fun ArticleItem() {
    var article = rememberSaveable {
        mutableStateOf(Article("标题", "这里是技术文章的内容"))
    }
}
```

这里主要依靠 ArticleSaver 的 Saver 对象，通过 save 这个 lambda 可将 Article 对象转换为一个 Map 进行存储；要使用的时候就通过 restore 这个 lambda 将 Map 恢复为一个 Article 对象。

自定义 Saver 的另一种方式是 listSaver，它与 MapSaver 在使用方面最大的不同就是不用自定义 key，其本质是把对象放到了一个 List 中，把索引作为 key。

```
val ArticleSaver = listSaver<Article, Any>(
    save = { listOf(it.title, it.body) },
    restore = { Article(it[0] as String, it[1] as String) }
```

```
)
@Composable
fun ArticleItem() {
    var article = rememberSaveable(stateSaver = ArticleSaver) {
        mutableStateOf(Article("标题", "这里是技术文章的内容"))
    }
}
```

除了更改配置等导致 activity 重新创建的场景之外，在列表中有时也需要用到 rememberSaveable 来自动保存和恢复状态，比如一个使用 LazyColumn 实现的列表中，每个 Item 内部均有一个 Checkbox，此时如果对 Checkbox 的 checked 使用 remember 来保持状态，就会发现在列表中滚动并使其滚出屏幕之后，再次滚动漏出时，状态并没有被记住。此时就需要使用 rememberSaveable 来进行保存，这是因为 remrember 会随着 Composable 生命周期结束而结束，rememberSaveable 不会。

```
@Composable
fun CheckableItem(
    name: String,
    checked: Boolean,
    onCheckedChange: (Boolean) -> Unit,
    modifier: Modifier = Modifier
) {
    Row(
        modifier = modifier
    ) {
        Text(
            text = name
        )
        Checkbox(
            checked = checked,
            onCheckedChange = onCheckedChange
        )
    }
}
@Composable
fun CheckableItem(name: String, modifier: Modifier = Modifier) {
    var checkedState by rememberSaveable { mutableStateOf(false) }
    CheckableItem(
        name = name,
        checked = checkedState,
        onCheckedChange = { newValue -> checkedState = newValue },
        modifier = modifier,
    )
}
```

▶▶ 9.3.4　remember 和 rememberSaveable 原理探究

在学习了如何使用 remember 以及 rememberSaveable 后，读者也许会好奇这样的"记忆"能力是如何实现的，答案只能在源码中找寻，接下来我们通过源码一探究竟。首先来看一下 remember，它是一个 Composable 函数：

```
//androidx.compose.runtime.Composables.kt
@Composable
inline fun <T> remember(calculation: @DisallowComposableCalls ()-> T): T =
    currentComposer.cache(false, calculation)
```

这个函数存储记忆了由 calculation 函数返回的值，这个 calculation 一般是 mutableStateOf 等。通过函数的注释，可以知道这个 calculation 仅仅在组合 composition 中执行。在重组 Recomposition 时，不会重新计算，而是直接返回第一次组合计算出的值。接下来进一步通过 Composer.cache 来探究这些是如何实现的。

```
//androidx.compose.runtime.Composer
@ComposeCompilerApi
inline fun <T> Composer.cache(invalid: Boolean, block: ()-> T): T {
    @Suppress("UNCHECKED_CAST")
    return rememberedValue().let {
        //remember 调用时 invalid 为 false
        //因此只要值是空时,进行计算并保存值
        if (invalid || it === Composer.Empty) {
            val value = block()
            updateRememberedValue(value)
            value
        } else it
    } as T
}
```

rememberedValue 就是数据转换的逻辑所在，其实现在 CompositionContextImpl 中：

```
override fun rememberedValue(): Any? = nextSlot()
@PublishedApi
@OptIn(InternalComposeApi::class)
internal fun nextSlot(): Any? = if (inserting) {
    validateNodeNotExpected()
    Composer.Empty
} else reader.next().let { if (reusing) Composer.Empty else it }
```

其中 inserting 代表是否将新的节点插入视图树中，resusing 标识是否正在重用。接下来继续顺着往下看 reader.next()：

```
fun next(): Any? {
    if (emptyCount > 0 || currentSlot >= currentSlotEnd) return Composer.Empty
    return slots[currentSlot++]
}
```

这里的 slots 是一个数组，currentSlot 代表了即将读取到的状态在数组中的索引，每次调用 remember 方法的时候，如果状态已经存在，就从 slots 中获取数据，然后把 currentSlot 索引加 1，这样当我们调用了最后一个 remember 方法的时候，currentSlot 索引值恰好等于 slots 数组的最后一个元素位置。

总结一下，remember 是由 composer 作为存储的控制器，获取时在没有值的情况下，进行初始化逻辑并返回值；有值时，返回已存储的值。

rememberSaveable 从功能和使用方式来看，和 remember 类似，但是 rememberSaveable 存储的值可以在 Activity 和进程重建之后也保存下来。rememberSaveable 中通过 SaveableStateRegistry 的 consumeRestored 方式，使用要存储对象的唯一标识 key 把 rememberSaveable 的值存储到 Activity 或 Fragment 的 SavedStateRegistry，这一过程通过使用 SavedStateRegistry.registerSavedStateProvider 注册一个 lambda 来完成，该 lambda 在 onSaveInstanceState 等期间将 rememberSaveables 的所有值保存在 Bundle 中并在第一次调用时恢复值。

当所存储的值无法直接在 Bundle 中保存时，需要传入一个自定义的 Saver，如前文 9.3.3 小节所述。

```kotlin
//androidx.compose.runtime.saveable.RememberSaveable.kt
fun <T : Any> rememberSaveable(
    vararg inputs: Any?,
    saver: Saver<T, out Any> = autoSaver(),
    key: String? = null,
    init: ()-> T
): T {
    // 这个 key 是用户可以自定义 key,如果没有则自动生成一个
    val finalKey = if (!key.isNullOrEmpty()) {
        key
    } else {
        currentCompositeKeyHash.toString(MaxSupportedRadix)
    }
    @Suppress("UNCHECKED_CAST")
    (saver as Saver<T, Any>)
    // LocalSaveableStateRegistry 是对于 SaveableStateHolder 的最近一次组合注册
    val registry = LocalSaveableStateRegistry.current
    // 如果存在 registry, 则通过 registry 来生成,否则就通过传入的 init lambda 表达式来生成
    val value = remember(* inputs) {
        // TODO not restore when the input values changed (use hashKeys?) b/152014032
        val restored = registry?.consumeRestored(finalKey)?.let {
            saver.restore(it)
        }
        restored ?: init()
    }
    //把最近传来的 saver 对象保存到状态对象 saverHolder 中,以便随时使用它来保存值
    val saverHolder = remember { mutableStateOf(saver) }
    saverHolder.value = saver
    // re-register if the registry or key has been changed
    if (registry != null) {
```

```
    DisposableEffect(registry, finalKey, value) {
        val valueProvider = {
            with(saverHolder.value) { SaverScope { registry.canBeSaved(it) }.save(value) }
        }
        registry.requireCanBeSaved(valueProvider())
        val entry = registry.registerProvider(finalKey, valueProvider)
        onDispose {
            entry.unregister()
        }
    }
}
return value
}
```

9.4　Compose 中的状态管理

前面我们学习了单向数据流相关知识，并且提到了通过状态容器来管理状态，那么什么是状态容器？可以作为状态容器来管理状态的方式有哪些？

在上文中大多数是直接使用 Composable 函数来简单管理，也可以实现对状态的管理和提升等目的，但是在实际项目中，状态往往非常多，Composable 函数中既实现业务逻辑，也维护状态的管理，更不符合单一职责。因此除了这种方式外，还可以通过封装单独管理状态的状态容器、使用 ViewModel 这两种方式来管理状态。

当然，在实际项目中需根据复杂性等不同场景来选择不同的管理方式。一般来说，简单的页面元素状态管理直接通过 Composable 可组合函数即可；复杂一些的界面元素状态管理，包含某些与界面元素相关的状态操作逻辑等，使用封装的状态容器来管理；而对于提供业务逻辑交互、系统或外部状态访问等场景的状态管理，则需要借助于 ViewModel。

▶▶9.4.1　管理状态的一般原则

在 Compose 中，对状态管理的手段选择需要结合状态影响的可组合项范围、逻辑的复杂度、状态需要保存的生命周期等几方面进行综合考虑。在实际项目中，一些复杂的情况，可以选取多种不同的管理方式组合使用。

在介绍状态管理一般原则之前，我们有必要先了解一下在 Compose 应用中，状态和逻辑这两大部分的不同分类。

通常在 Compose 应用中，状态的分类有两种：一种是屏幕 UI 状态，它是业务数据的体现，直接决定了屏幕上展示什么内容，比如从网络获取的用户信息等。另一种是界面元素状态，是一种与界面元素显示控制相关的状态，这一般是 Stateless Composable 提升后的状态，比如 ScaffoldState 专门用来处理 Scaffold 可组合项相关的状态。

逻辑一般也分为两种：业务逻辑和界面逻辑。业务逻辑决定了业务层如何处理状态的变化，比如针对用户设置更改在对应的业务逻辑层以及数据层怎样处理。另一种是界面逻辑，也就是如何在界面视图中响应相关状态的变化，比如在网络请求过程中，如何提升用户在请求中的状态，再比如导航逻辑决定下一步显示哪个视图等。业务逻辑一般存在于业务层或数据层，不会存在于视图层（比如 Composable）；而界面逻辑始终存在于视图层（Compostion）中。

图 9-16 展示了状态管理方式和涉及的不同场景与架构之间的关系。其中：

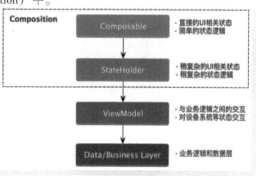

● 图 9-16 状态管理方式和涉及的
不同场景与架构之间的关系

在与内部 UI 元素直接相关的状态或包含极简单的状态逻辑处理场景下，Composable 自身可以充当状态管理器。同时，Composable 还可向下依赖不同的状态容器 StateHolder 以及 ViewModel。

当有较复杂的 UI 相关状态和逻辑处理时，可以依赖 StateHolder 来管理。这里注意 StateHolder 仅仅是针对状态的一层封装，它与 Composable 有着一致的状态生命周期。

Composable 与 StateHolder 均可以依赖 ViewModel 来实现针对业务逻辑交互、设备状态访问等场景下的状态管理。ViewModel 管理下的生命周期就可跨 Composable 甚至 Activity 等，有更广的作用范围。

ViewModel 依赖下层的业务逻辑层或者数据层。

图 9-16 从状态管理器的不同作用范围以及依赖关系方面简要介绍了状态管理的一般原则。接下来具体介绍一下不同状态管理方式的具体做法。

▶▶ 9.4.2 直接使用 Composable 管理状态

如果状态和相关的逻辑比较简单，则适合在 Stateful Composable 中直接进行状态管理。比如在一个 Composable 函数中，有一个按钮单击之后对用户进行弹窗信息提示（或进行二次确认），弹窗展示的状态在这个场景中就适合直接放到该 Composable 内部：

```
@Composable
fun AlertArea() {
    //直接在 Composable 内部管理 openDialog 状态
    var openDialog by remember { mutableStateOf(false) }
    Button(onClick = { openDialog = true }) {
        Text(text = "请谨慎操作")
    }
    if (openDialog) {
        AlertDialog(
            modifier = Modifier.padding(20.dp),
            onDismissRequest = { openDialog = false },
            title = {
                Text(
```

```
            text = "您确认吗?"
        )
    },
    text = {
        Text(
            text = "这里是提示的内容"
        )
    },
    confirmButton = {
        Text(
            text = "确认",
            modifier = Modifier
                .padding(15.dp)
                .clickable { openDialog = false }
        )
    }
)
}
}
```

这里的 openDialog 状态仅仅是为了控制其内部是否弹出一个 AlertDialog 对用户进行提示，它仅涉及内部单一界面元素的逻辑处理。

在 Composable 函数中直接管理状态的另一种场景是承接提升的状态，比如用于实现 Material 页面基本结构的脚手架 Scaffold 就可以接收一个 ScaffoldState 参数，此时这个 ScaffoldState 就是 Scaffold 提升的一个状态。

```
@Composable
fun MyApp() {
    MyTheme {
        val scaffoldState = rememberScaffoldState()
        val coroutineScope = rememberCoroutineScope()
        Scaffold(scaffoldState = scaffoldState) {
            MyContent(
                showSnackbar = { message ->
                    coroutineScope.launch {
                        scaffoldState.snackbarHostState.showSnackbar(message)
                    }
                }
            )
        }
    }
}
```

这里 MyApp 这个 Composable 函数是通过对 scaffoldState 系列状态的更改达到用 Snackbar 来展示 message 信息的效果（Snackbar 类似于 Toast，但是功能更加强大）。这里 scaffoldState 是 ScaffoldState 类型，showSnackbar 的具体实现都在 ScaffoldState 内部。这里与 showSnackbar 相关的只需在 MyApp 内

部调用即可，MyContent 应该作为一个 Stateless Composable，这样更加符合单一可信来源原则，符合单向数据流的标准。因此 scaffoldState 这种作为界面元素的状态，直接在 MyApp 中进行管理比较合理。

▶▶ 9.4.3　使用封装类单独管理状态——StateHolder

随着状态的不断增多，与界面状态相关的界面逻辑也越来越复杂。特别是当一个 Composable 包含了涉及多个界面元素的较复杂界面逻辑时，就应当抽离出一个单独的 StateHolder 来承接对应的状态管理。这样做，使 Composable 内部对 UI 的处理更加简洁和纯粹，而且有利于单独对 StateHolder 内部的逻辑进行测试，符合关注点分离原则。

StateHolder 其实就是在 Composable 中创建的一个普通的类，与 Composable 的生命周期保持一致。

这里对上节中 MyApp 的状态使用做一个拓展，假设 MyApp 不仅有借助于 ScaffoldState 使用 Snackbar 进行信息提示的能力，还有显示底部栏、页面导航逻辑的能力。MyApp 内部的视图元素越来越多，涉及的界面逻辑也越来越复杂，此时就需要一个 StateHolder 角色来进行状态管理：

```kotlin
// 这个 StateHolder 也就是管理状态和界面逻辑的一个普通类
class MyAppState(
    val scaffoldState: ScaffoldState,
    val navController: NavHostController,
    private val resources: Resources,
    /* ...*/
) {
    val bottomBarTabs = /* State */
    // 是否显示底部栏的具体逻辑,这里省去
    val shouldShowBottomBar: Boolean
        get() = /* ...*/
    // 具体的页面导航逻辑,这里省去
    fun navigateToBottomBarRoute(route: String) { /* ...*/ }
    // 通过 Snackbar 把 message 信息显示出来
    fun showSnackbar(message: String) { /* ...*/ }
}


@Composable
fun rememberMyAppState(
    scaffoldState: ScaffoldState = rememberScaffoldState(),
    navController: NavHostController = rememberNavController(),
    resources: Resources = LocalContext.current.resources,
    /* ...*/
) = remember(scaffoldState, navController, resources, /* ...*/) {
    MyAppState(scaffoldState, navController, resources, /* ...*/)
}
```

一般比较好的做法是，通过暴露一个统一的定制 remrember Composable 方法，如上述示例代码中的 rememberMyAppState，来方便 Composable 调用时直接使用。

有了 MyAppState 这样的 StateHolder，MyApp 的职责就更加单一明确了，只需负责界面元素的结

构和组成：

```
@Composable
fun MyApp() {
    MyTheme {
        val myAppState = rememberMyAppState()
        Scaffold(
            scaffoldState = myAppState.scaffoldState,
            bottomBar = {
                if (myAppState.shouldShowBottomBar) {
                    BottomBar(
                        tabs = myAppState.bottomBarTabs,
                        navigateToRoute = {
                            myAppState.navigateToBottomBarRoute(it)
                        }
                    )
                }
            }
        ) {
            NavHost(navController = myAppState.navController, "initial") { /* ...*/ }
        }
    }
}
```

需要注意的是，应用中如果有对 Activity 重新创建时恢复状态或在列表中保存状态等高于 Composable 生命周期存储和恢复的需求，则需要通过使用 rememberSaveable 并为其创建自定义 Saver 的方式来实现。

▶▶ 9.4.4 使用 ViewModel 管理状态

在 Composable 中直接管理状态或通过 StateHolder 方式在 Composable 中管理状态适用于界面逻辑，而 ViewModel 是一种特殊的状态管理器，它的生命周期比 Composition 要长。ViewModel 主要负责应用业务逻辑部分的访问和状态交互，这些业务逻辑通常存在于业务层/领域层和数据层；另外还负责提供应用级视图状态给页面的 Composable。

比如以下示例性代码中，ExampleViewModel 内的 uiState 就是应用级视图状态，提供给 Example-Screen 做视图逻辑使用，ExampleUiState 本身是一种 StateHolder，内部有 dataToDisplayOnScreen 等和业务，以及与页面级视图相关的状态，还有与业务逻辑有关的交互。

```
data class ExampleUiState(
    val dataToDisplayOnScreen: List<Example> = emptyList(),
    val userMessages: List<Message> = emptyList(),
    val loading: Boolean = false
)

class ExampleViewModel(
```

```
    private val repository: MyRepository,
    private val savedState: SavedStateHandle
) : ViewModel() {
    var uiState by mutableStateOf(ExampleUiState())
        private set
    // 与业务逻辑有关的交互
    fun somethingRelatedToBusinessLogic() { /* ...*/ }
}


@Composable
fun ExampleScreen(viewModel: ExampleViewModel = viewModel()) {
    val uiState = viewModel.uiState
    /* ...*/
    ExampleReusableComponent(
        someData = uiState.dataToDisplayOnScreen,
        onDoSomething = { viewModel.somethingRelatedToBusinessLogic() }
    )
}


@Composable
fun ExampleReusableComponent(someData: Any, onDoSomething: ()-> Unit) {
    /* ...*/
    Button(onClick = onDoSomething) {
        Text("Do something")
    }
}
```

要使用 ViewModel 来管理状态，需要引入相关依赖：androidx. lifecycle：lifecycle-viewmodel-compose：xxx，通过直接调用 viewModel( )函数，即可获得 ViewModel 的实例。具体的使用方式将在 10.1 节中详细介绍。

9.5 限定数据作用域工具 CompositionLocal

Compose 充分利用了函数式编程的各种特性，使得 UI 搭建变得更加快速、简洁和直观。因为函数的特性，在 Composable 函数中，如果需要使用到函数之外的一些值，通常是通过函数定义好的参数，在外部调用时传递进去。

这样做看起来是合理的，但是如果需要依赖的数据越来越多，参数就会越来越多，函数的参数声明和调用就会越来越复杂。另外，如果在偏函数调用底层的一个函数需要用到，而中间过程中不用到，中间的 Composable 函数也需要"接力"传递。比如 Composable 函数 A 嵌套 B，B 嵌套 C，有个 C 使用的状态变量会影响 A 的组合，那么就需要 B 函数中也声明这个参数，传递给 C。试想如果嵌套了更多层，中间层都需要增加一次这个参数，但却不会使用，只是透传，这样会越来越难以维护，且不利于解耦。

有一种方案是通过一个全局变量来解决，这样就不需要不断重复定义参数了。但全局变量影响的范围比较大，如果需要定义的参数只会影响到函数内部，其实不需要依赖全局变量。

这个时候就可以考虑使用 CompositionLocal：它是具有穿透函数功能的局部变量。

▶▶ 9.5.1　CompositionLocal 介绍

CompositionLocal 类位于 androidx.compose.runtime 包中，是一种隐式向下传递数据的工具，用来提供上下文数据，且不扩大影响范围。通俗地讲，它是用于在 Compose 视图树中共享变量的值。

Compose 的组件本质都是函数，并不是对象，函数本身是没有成员变量等属性的。读者可以回想在 OOP 编程中，是不是很习惯于对一个类声明一些属性，开放给不同的依赖方使用？当某个值不确定在其他地方是否使用，可以通过成员变量的形式，依赖方使用时可以通过实例很方便地读取到该成员变量的值，不需要通过参数的形式显式传递。可以依此类推，CompositionLocal 承担了类似于成员变量的角色。也就是说，CompositionLocal 只负责提供某个值的声明，而不用关注怎样传递给 Composable 函数，Composable 函数可以按需去赋值以及使用。

在一般情况下，Compose 中的数据是以参数的形式向下流经整个视图树，传递给每一个可组合项。这就使得每个 Composable 函数的依赖都变成了参数形式的显性依赖。这对于一些广泛使用的通用数据，比如颜色、样式等，变得比较麻烦，比如以下代码片段中传递颜色信息的示例：

```
@Composable
fun MyApp() {
    val color = Color.Black
    //在应用根视图定义的颜色 color
    //需要以参数的形式一层一层传递下去
    Body(content = "item body content", itemColor = color)
}

@Composable
fun Body(content: String, itemColor: Color) {
    //......
    ContentItem(content = content, itemColor = itemColor)
}

@Composable
fun ContentItem(content: String, itemColor: Color) {
//......
    Text(text = content, color = itemColor)
}
```

类似这种色值、样式等与业务无直接关联却比较通用的数据，通常不太适合穿梭于 Composable 参数中进行传递。在 Compose 中提供了 CompositionLocal，这是可以让开发者在以 Compose 视图树为作用域的场景下，让数据流以隐式方式流经 Composable 视图树的一种方式。Compose 的主题正是依赖 CompositionLocal 来实现，上述示例的效果可以通过主题来完成，比如 MaterialTeme 对象中自带了三个

CompositionLocal 的实例：colors、typography 和 shapes。可以直接通过 MaterialTeme 来访问对应的 CompositionLocal 数据：

```
@Composable
fun MyApp() {
    //在"主题" Composable 的范围内,内置了一些和样式相关的值
    MaterialTheme {
        //在 MaterialTheme content 内, colors、typography、shapes 这些都是可见的
        Body(content = "item body content")
    }
}

@Composable
fun Body(content: String) {
    ContentItem(content = content)
}

@Composable
fun ContentItem(content: String) {
    //MaterialTheme 中提供的 colors 是从 LocalColors.current 读取的
    Text(text = content, color = MaterialTheme.colors.primary)
}
MaterialTheme.colors 是从 LocalColors.current 获取到的:
//androidx.compose.material.MaterialTheme.kt
object MaterialTheme {
    //...
    val colors: Colors
        @Composable
        @ReadOnlyComposable
        get() = LocalColors.current
    //…
}
```

CompositionLocal 是分层的，它可以把数据限定在以某个 Composable 作为根节点的子树中，数据默认会继续向下传递，当然，当前子树中的某个 Composable 函数可以对该 CompositionLocal 的数据进行覆盖，使得再向下传递时使用覆盖后的新值。

因此可以说 CompositionLocal 的作用域有"就近原则"，可以在 Composable 的不同级别提供不同的值，CompositionLocal 的 current 值对应该组合中最近的父节点提供的值。比如下面的代码示例片段中利用同样属于 MaterialTheme 的 LocalContentAlpha 演示了 CompositionLocal 更改后的作用范围：

```
@Composable
fun CompositionLocalExample() {
    MaterialTheme { // MaterialTheme 中的 LocalContentAlpha 默认值是 ContentAlpha.high
        Column {
            Text("Uses MaterialTheme's provided alpha")
            CompositionLocalProvider(LocalContentAlpha provides ContentAlpha.medium) {
```

```
                Text("Medium value provided for LocalContentAlpha")
                Text("This Text also uses the medium value")
                CompositionLocalProvider(LocalContentAlpha provides ContentAlpha.disabled) {
                    DescendantExample()
                }
            }
        }
    }
}

@Composable
fun DescendantExample() {
    // CompositionLocalProviders 的更改效果也可以通过 Composable 函数向下传递
    Text("This Text uses the disabled alpha now")
}
```

CompositionLocalExample 预 览 效 果 如 图 9-17 所示。

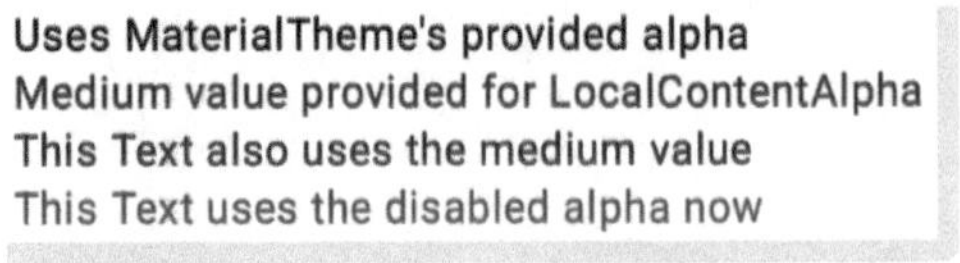

这里以一个最简单的例子来演示如何使用 CompositionLocal：将一个字符串作为 Composition-Local，提供给相关组件，通过 Text 展示字符串的内容。

Uses MaterialTheme's provided alpha
Medium value provided for LocalContentAlpha
This Text also uses the medium value
This Text uses the disabled alpha now

● 图 9-17　CompositionLocalExample 预览效果

第一步，先使用 compositionLocalOf 定义一个 LocalContent 变量，并提供一个默认值。这个变量通常建议以 Local 为开头，这样做是为了增加辨识度，并且在 IDE 中使用自动填充功能时更加方便检测。

```
val LocalContent = compositionLocalOf {""}
```

如果没有默认值，可以使用 error 抛出一个异常：

```
val LocalContent = error("请为 LocalContent 赋值")
```

第二步，使用 CompositionLocalProvider 为 LocalContent 提供该范围内的一个值：

```
CompositionLocalProvider(LocalContent provides "内容1")
```

第三步，在 Composable 函数中使用 LocalContent.current 获取提供的字符串值：

```
@Composable
fun LocalContentText() {
    Text(LocalContent.current)
}
```

▶▶ 9.5.2　compositionLocalOf 与 staticCompositionLocalOf 的区别

CompositionLocal 的变量除了使用 compositionLocalOf 来定义，还可以使用 staticCompositionLocalOf( )

定义，用法是无差异的：

```
val LocalContent = staticCompositionLocalOf { "" }
```

compositionLocalOf 和 staticCompositionLocalOf 的区别在于，compositionLocalOf 会记录使用此 Local 变量的位置，当值改变时，会精确地识别需要读取该值的 Composable 进行重组。而 staticComposition-LocalOf 值改变时，会在整个 content 范围内产生重组，而不仅仅是在组合中读取 current 组件的位置。

这里通过一个例子来进一步说明二者之间的区别：同时使用 compositionLocalOf 和 staticComposi-tionLocalOf 两种不同方式声明的颜色变量，作用于嵌套在中间层的 Composable 函数。当对变量进行修改时，通过计数器的方式观察对应 Composable 视图树上是否发生了重组：

```
var outsideStatic = 0
var centerStatic = 0
var insideStatic = 0

var outsideDynamic = 0
var centerDynamic = 0
var insideDynamic = 0
var color by mutableStateOf(Color.Red)
@Preview
@Composable
fun CompositionLocalDemo() {
    Column {
        Text("compositionLocalOf")
        //采用 compositionLocalOf 方式声明,利用 xxxDynamic 变量佐证对应层级的 Composable 是否发生
了重组
        CompositionLocalProvider(ColorComposableLocalDynamic provides color) {
            outsideDynamic++
            MyBox(color = Color.Yellow, outsideDynamic, centerDynamic, insideDynamic) {
                centerDynamic++
                MyBox(color = ColorComposableLocalDynamic.current, outsideDynamic, center-
Dynamic, insideDynamic) {
                    insideDynamic++
                    MyBox(color = Color.Yellow, outsideDynamic, centerDynamic, insideDynamic) {
                    }
                }
            }
        }
        Text("staticCompositionLocalOf")
        // 利用 xxxStatic 变量佐证对应层级的 Composable 是否发生了重组
        CompositionLocalProvider(ColorComposableLocalStatic provides color) {
            outsideStatic++
            MyBox(color = Color.Yellow, outsideStatic, centerStatic, insideStatic) {
                centerStatic++
                MyBox(color = ColorComposableLocalStatic.current, outsideStatic, center-
Static, insideStatic) {
```

```
                    insideStatic++
                    MyBox(color = Color.Yellow, outsideStatic, centerStatic, insideStatic) {
                    }
                }
            }
        }
        Button(onClick = {
            color = if (color == Color.Green) {
                Color.Red
            } else {
                Color.Green
            }
        }, modifier = Modifier.fillMaxWidth()) {
            Text("Click Me")
        }
    }
}
@Composable
fun MyBox(color: Color,
      outside: Int,
      center: Int,
      inside: Int,
      content: @Composable BoxScope.()-> Unit) {
    Column (Modifier.background(color)) {
        Greeting("Compose $outside $center $inside")
        Box(
            modifier = Modifier
                .fillMaxWidth()
                .padding(16.dp),
            content = content
        )
    }
}
val ColorComposableLocalStatic = staticCompositionLocalOf<Color> {
    error("No Color provided")
}
val ColorComposableLocalDynamic = compositionLocalOf<Color> {
    error("No Color provided")
}
@Composable
fun Greeting(name: String) {
    Text(text = "Hello $name!")
}
```

显然，compositionLocalOf 只有读取 ColorComposableLocalDynamic.current 的 Composable 会发生重组，而 staticCompositionLocalOf 方式会导致整个重组，如图 9-18 所示。

当开发者使用 staticCompositionLocalOf 时，实际上创建了一个 StaticProvidableCompositionLocal 实

例，当其所提供的值改变时，会导致 CompositionLocalProvide 内部所有 Composable 触发重组。

而如果开发者选择使用 CompositionLocalOf，实际上是创建了一个 DynamicProvidableCompositionLocal 实例，当其所提供的值改变时，仅会导致 CompositionLocalProvide 内部依赖当前 CompositionLocal 的 Composable 触发重组。

总结一下，CompositionLocalOf 的性能消耗在订阅阶段，staticCompositionLocalOf 的性能消耗主要在更新阶段。因此，开发者需要根据实际场景选择，如果预计 Local 变量经常变化，那就使用 compositionLocalOf，否则就需要使用 staticCompositionLocalOf。

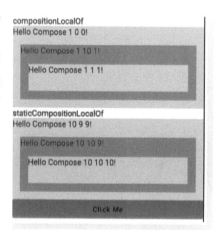

● 图 9-18　两种声明方式与重组的关系

▶▶ 9.5.3　CompositionLocal 适用场景

通过上文大家应该已经了解到，CompositionLocal 是一种具备穿透函数功能的局部变量，是一种不需要显式传递的函数参数，一般用来传递或提供诸如上下文环境、主题属性等数据。那么具体的使用场景有哪些呢？

如果是在一个 Compose 视图树中，任何一个节点都有可能读取到的通用数据，适合用 CompositionLocal，否则就适合通过参数传递。站在 Composable 函数角度来看，如果是函数内部需要的数据，适合传参；如果是外部主动提供的数据，适合 CompositionLocal。

CompositionLocal 最明显的一种错误使用方式是将某个或某一组 Composable 组件关注的数据管理者 ViewModel 提供给 CompositionLocal。这样所有的 Composable 都可以获取 ViewModel 的引用来执行一些逻辑。事实上并非所有的 Composable 组件都需要感知 ViewModel，最佳做法是遵循状态向下传递、事件向上传递的模式，只向 Composable 组件传递它所需的信息，遵循单一职责。

这些不适用 CompositionLocal 的场景，正确的替代方案是什么？上述 ViewModel 的例子，就适合显式地作为参数进行传递。这也是比较常见的一种方式。

另一种方式是控制反转，通过控制反转的形式，避免被调用的子组件强制依赖某些特定数据类型参数执行一些逻辑，而是通过作为调用方的父组件来依赖并执行。

比如下面这个示例代码片段，子组件 MyDescendant 需要触发外部传入的加载数据请求来执行对应的加载逻辑：

```
@Composable
fun MyComposable(myViewModel: MyViewModel = viewModel()) {
    // ...
    MyDescendant(myViewModel)
}
@Composable
fun MyDescendant(myViewModel: MyViewModel) {
```

```
    Button(onClick = { myViewModel.loadData() }) {
        Text("Load data")
    }
}
```

这样的写法，会使得 MyDescendant 接收特定的 ViewModel 参数，失去可复用能力，使它们耦合在一起。此时就可以考虑通过控制反转的方式，让父组件 MyComposable 来负责具体执行的逻辑：

```
@Composable
fun MyComposable(myViewModel: MyViewModel = viewModel()) {
    // ...
    ReusableLoadDataButton(
        onLoadClick = {
            myViewModel.loadData()
        }
    )
}
@Composable
fun ReusableLoadDataButton(onLoadClick: ()-> Unit) {
    Button(onClick = onLoadClick) {
        Text("Load data")
    }
}
```

这样就使得子组件与它的直接父组件进行了分离，使子组件更灵活。

9.6 小结和训练

本章重点介绍和演示了在 Compose 中如何处理数据或状态。9.1 节首先了解了状态的定义，知道了在 Compose 中状态和事件是什么，以及有状态和无状态的可组合项有何区别。在 9.2 节中，通过状态提升的概念和做法，引出了什么是单向数据流，单向数据流的好处有哪些，以及如何使用单向数据流管理状态。接下来的 9.3 节内容主要是通过 remember 和 rememberSaveable 的方式来存储和恢复状态，以及探究它们的原理。9.4 节讲解了 Compose 对状态进行管理的几种方式。9.5 节我们一起学习了在 Compose 中限定数据作用域的一种工具——CompositionLocal。读者可通过回答和复习以下内容，更好地掌握本章所学内容：

1. 什么是应用的状态？
2. Android 传统 View 系统中如何更新视图的状态？
3. Compose 中的状态是如何体现的？
4. 什么是事件？事件和状态的关系是什么？
5. 有状态和无状态的可组合项分别是什么？
6. 什么是 Compose 的状态提升？如何进行状态提升？

7. 什么是单向数据流？

8. 如何用单向数据流来管理状态？

9. Compose 中存储状态的方式是什么？

10. remember 的作用范围是什么？

11. remember 与 rememberSaveable 有什么区别？

12. 如何使用 rememberSaveable 存储与恢复状态？

13. remember 和 rememberSaveable 的简单实现原理是什么？

14. 在 Compose 中对状态进行管理的方式有哪些？

15. Compose 中管理状态需要遵循什么样的原则？

16. 除 MutableState 外，还有哪些观察状态变化的方式？

17. 什么是 CompositionLocal？它的作用和使用场景分别是什么？

18. 如何使用 CompositionLocal？

19. CompositionLocalOf 与 staticCompositionLocalOf 的区别是什么？

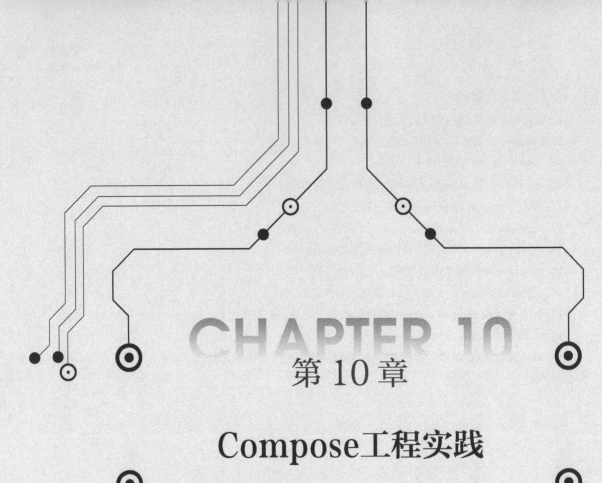

第 10 章

Compose工程实践

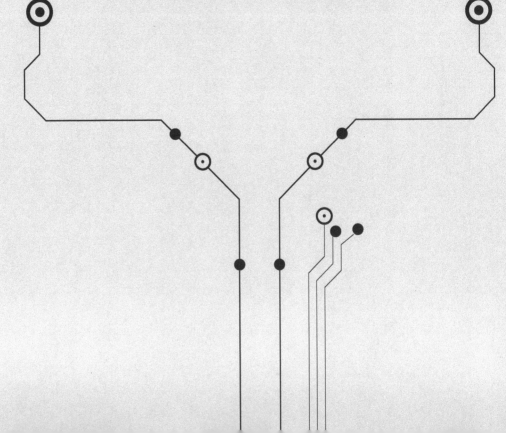

在前面的章节中主要讲解了 Compose 的细分知识点和实现原理，各知识点之间相对比较独立。在实际项目中往往需要各种技术点协调共建，以实现更宏大的工程项目。本章将主要讲解 Compose 在项目中的应用实践，以及如何与其他的 Android 库协同工作。

10.1 Compose 和其他 Jetpack 库结合

2018 年的谷歌 I/O 大会发布了一系列辅助 Android 开发者的实用工具，统称为 Jetpack，它是一个由多个库组成的套件，帮助开发者遵循最佳做法、减少样本代码并编写可在各种 Android 版本和设备中运行的代码，让开发者集中精力于真正重要的编码工作中。Jetpack 包含多个库，比如 ViewModel、Paging、Hilt 等，Compose 也属于 Jetpack 库，在项目中 Compose 必然要与其他 Jetpack 库结合使用。

▶▶ 10.1.1 在 Compose 中使用 ViewModel

ViewModel 是 Android 架构组件库的重要组成部分，用于实现 MVVM 架构，有效减少 Activity 或 Fragment 与数据之间的耦合。另外，ViewModel 能够感知界面控制器（如 Activity 和 Fragment）的生命周期，所以在 Compose 中应当访问并调用位于屏幕级可组合项的 ViewModel 实例。

要在 Compose 代码中使用架构组件的 ViewModel 库，可以在可组合项中通过调用 viewModel() 函数访问，这需要在 build.gradle 文件中添加以下依赖项：

```
androidx.lifecycle:lifecycle-viewmodel-compose:2.4.1
```

使用 viewModel() 的示例代码如下，注意需要在代码文件的开头通过 import 引入 androidx. lifecycle. viewmodel. compose. viewModel。

```
class MyViewModel : ViewModel() { /* ...*/ }
@Composable
fun MyScreen(
    viewModel: MyViewModel = viewModel()
) {
    // 使用 viewModel 对象
}
```

viewModel() 函数会返回一个现有的 ViewModel 实例，或在给定作用域内创建一个新的 ViewModel 实例，只要该作用域处于有效状态，就会保留 ViewModel 实例。如果在某个 Activity 中使用了可组合项，则在该 Activity 被销毁或进程终止之前，viewModel() 函数会返回同一个实例。

如果 ViewModel 具有依赖项，则 viewModel() 会将可选的 ViewModelProvider.Factory 作为参数。下面结合 viewModel() 函数的参数定义，用一个示例说明其用法。

```
@Suppress("MissingJvmstatic")
@Composable
public inline fun <reified VM : ViewModel> viewModel(
    viewModelStoreOwner: ViewModelStoreOwner = checkNotNull (LocalViewModelStoreOwner.
current) {
```

```
        "No ViewModelStoreOwner was provided via LocalViewModelStoreOwner"
    },
    key: String? = null,
    factory: ViewModelProvider.Factory? = null
): VM = viewModel(VM::class.java, viewModelStoreOwner, key, factory)
```

可以看到 viewModel 函数是内联函数，其中有个参数是 factory，用于实例化 ViewModel 对象，开发者可以自定义传入。

假设要实现一个计数程序，当每单击一次按钮时，数字自增 1 并显示在 UI 上。使用默认的 view-Model 函数可以解决旋转屏幕后，计数被清零的问题，但是当应用程序被杀掉后再重启，之前计数的最终值仍然会被清零。现在要实现重启应用后，能继续使用之前的计数值，这就需要使用自定义的 ViewModelProvider.Factory，在初始化 ViewModel 对象时，传入之前计数保存下来的值。

```
class MyViewModel(defaultVal: Int) : ViewModel() {
    private val _count = MutableLiveData(defaultVal)
    val count: LiveData<Int>
        get() = _count

    fun onValueChanged(value: Int) {
        _count.postValue(value)
    }
}
class MyViewModelFactory(private val value: Int) : ViewModelProvider.Factory {
    override fun <T : ViewModel> create(modelClass: Class<T>): T {
        return MyViewModel(value) as T
    }
}
```

这里 MyViewModelFactory 类实现了 ViewModelProvider.Factory 接口，其构造函数接收保存的 value 值，然后在初始化 MyViewModel 的时候通过构造方法传入，MyViewModel 中将传入的 value 值设置为默认值。

在调用 viewModel() 函数的地方传入 MyViewModelFactory 实例。计数的值需要在更新值的地方持久化保存，在初始化 viewModel 时，从 SharedPreferences 中获取保存的计数值。完整代码实现如下：

```
@Composable
fun MyScreen() {
    val key = "key_count_number"
    val sp = LocalContext.current.getSharedPreferences("sp_file", Context.MODE_PRIVATE)
    val preVal = sp.getInt(key, 0)
    val viewModel: MyViewModel = viewModel(factory = MyViewModelFactory(preVal))
    val count by viewModel.count.observeAsState(preVal)
    Column(
        modifier = Modifier.fillMaxSize(),
        verticalArrangement = Arrangement.Center,
        horizontalAlignment = Alignment.CenterHorizontally
```

```
) {
    Text(text = count.toString(), modifier = Modifier.padding(8.dp))
    Button(onClick = {
        val newCount = count + 1
        viewModel.onValueChanged(newCount)
        sp.edit { putInt(key, newCount) }
    }) {
        Text(text = "Increment")
    }
}
}
```

运行上面的代码后,单击按钮数值自增,运行效果如图 **10-1a** 所示,然后杀掉应用进程并重启,重启后仍然显示退出应用之前的值,如图 **10-1b** 所示。

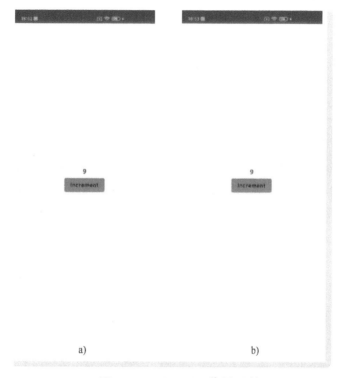

a)   b)

● 图 10-1 viewModel 使用示例

a) 单击按钮自增计数   b) 重启应用后首先显示上次记录的值

▶▶ 10.1.2 在 Compose 中使用数据流

在第 9 章中讲过,Compose 采用单向数据流来解耦界面中显示状态的可组合项和应用中存储及更改状态的数据内容,而单向数据流则通过状态提升来实现,即将可组合项的状态转移到它的调用方,以使该可组合项变成无状态。那么如何存储可组合项的状态以及响应状态的变化呢？Compose 使用 remember API 可以保持可组合项重组后的状态，要在更改配置后仍可保持对应的状态，则需使用 rememberSaveable。

可组合项的状态是可观察对象，通过 mutableStateOf 方法可以创建可观察的 MutableState<T>，使用 remember 或 rememberSaveable 保存可组合项状态时，即采用这种方式创建可观察对象。Compose 还支持 Jetpack 库中其他的可观察类型，在读取这些可观察类型之前，需要将其转换为 State<T>，以便 Compose 可以在状态发生变化时自动重组界面。Compose 中附带了一些函数，可以以 Jetpack 库中的常用可观察数据流类型创建 State<T> 函数，支持的数据流类型包括 LiveData、Flow 和 RxJava，本小节将介绍如何在 Compose 中使用这些数据流。

1. LiveData

在前一小节介绍使用 ViewModel 的示例代码中已经用到了 LiveData，通过 MutableLiveData 创建一个可观察的状态变量，并按照常规的状态提升模式提供了 value 和 onValueChanged 两个参数。在可组合项中读取该数据流的值，需使用 LiveData<T> 的扩展函数 observeAsState( )，要更新数据流的值，则调用其 onValueChanged 函数并传入新的值。

使用 LiveData.observeAsState( )需要在 build.gradle 中依赖以下库：

```
androidx.compose.runtime:runtime-livedata: $compose_version
```

2. Flow

使用 Kotlin 协程的挂起函数可以异步地返回单个计算结果，而要在协程中异步地返回多个计算结果，可以使用 Flow 实现。示例代码如下，通过 flow 方法构建一个 Flow 对象，在 flow 方法的 Lambda 参数中定义一个 for 循环，每隔 1 秒发送一条数据，该 Lambda 参数运行在挂起函数中。

```
fun testFlow(): Flow<Int> = flow {
    for (i in 0..10) {
        kotlinx.coroutines.delay(1000)
        emit(i)
    }
}
```

接下来看看如何在 Compose 可组合函数中将 Flow 对象转为 State。

```
@Composable
fun TestFlow() {
    val flowValue = testFlow().collectAsState(initial = 0)
    Text(
        text = flowValue.value.toString(),
        modifier = Modifier.fillMaxWidth(),
        fontSize = 32.sp,
        textAlign = TextAlign.Center
    )
}
```

使用 Flow<T> 的扩展函数 collectAsState( ) 将 Flow 转为 State，并传入一个初始值，然后将转换后的 State 设置到 Text 中，当 State 值发生改变时，可组合项进行重组，然后刷新显示最新的值。

Flow.collectAsState( ) 包含在 androidx.compose.runtime：runtime 库中，不需要添加额外的依赖项。

3. RxJava

RxJava 库已经在很多项目中大量使用了，它可以极大地降低异步任务代码的逻辑复杂度，在 Compose 中如何使用 RxJava 进行异步任务数据的传递呢？

与 LiveData 和 Flow 的使用方法类似，也需要将 RxJava 的可观察数据类型转成 State 类型。读者知道 RxJava 库中提供了多种操作符，因此对应地也提供了多种可观察数据类型，包括 Observable<T>、Flowable<T>、Single<T>、Maybe<T> 和 Completable，这些数据类型都提供了一个扩展函数 subscribe-AsState，用于将可观察数据转换为 State 类型，这些扩展函数都通过如下的内联函数实现。

```
@Composable
private inline fun <T, S> S.asState(
    initial: T,
    crossinline subscribe: S.((T) -> Unit) -> Disposable
): State<T> {
    val state = remember { mutableStateOf(initial) }
    DisposableEffect(this) {
        val disposable = subscribe {
            state.value = it
        }
        onDispose { disposable.dispose() }
    }
    return state
}
```

从上面的源码可以看出，RxJava 的 subscribeAsState 方法内部是通过 remember + mutableStateOf 实现的，开发者要在 Compose 中使用 RxJava 某种类型的数据流，可直接调用其 subscribeAsState 方法。由于这个方法包含在 runtime-rxjava2 和 runtime-rxjava3 中，所以需要在 build.gradle 中添加以下两个依赖之一：

```
implementation "androidx.compose.runtime:runtime-rxjava2:$compose_version"
implementation "androidx.compose.runtime:runtime-rxjava3:$compose_version"
```

▶▶ 10.1.3 在 Compose 中使用 Paging

使用 Paging 库可以更轻松地实现分页加载列表数据，在第 5 章讲解 Compose 列表时已提到过 Paging 库需升级到 3.0 以上的版本，并添加以下 paging_compose 依赖项：

```
implementation "androidx.paging:paging-compose:1.0.0-alpha15"
```

使用 Paging 时，需要将数据构建为 Flow<PagingData<T>> 类型来进行加载。不论是从本地还是网络加载数据，通常都需要异步加载。Compose 为 Flow<PagingData<T>> 封装了扩展函数 collectAs-

LazyPagingItems( )将数据转换为 LazyPagingItems<T> 类型，其内部使用协程挂起函数执行，源码如下：

```
@Composable
public fun <T : Any> Flow<PagingData<T>>.collectAsLazyPagingItems(): LazyPagingItems<T> {
    val lazyPagingItems = remember(this) { LazyPagingItems(this) }
    LaunchedEffect(lazyPagingItems) {
        lazyPagingItems.collectPagingData()
    }
    LaunchedEffect(lazyPagingItems) {
        lazyPagingItems.collectLoadState()
    }
    return lazyPagingItems
}
```

扩展函数 collectAsLazyPagingItems( )从 PagingData 的 Flow 中收集数据，并将其表示在 LazyPaging-
Items 实例中。同时 Compose 提供了 LazyListScope 的扩展函数 items( )，方法定义如下。其参数包含
LazyPagingItems<T>，这样就可以在 LazyColumn 或 LazyRow 中使用 items( )函数进行数据分页加载了。

```
public fun <T : Any> LazyListScope.items(
    items: LazyPagingItems<T>,
    key: ((item: T) -> Any)? = null,
    itemContent: @Composable LazyItemScope.(value: T?) -> Unit
)
```

有了上述 API，开发者在应用中就可以很方便地使用 Paging 库实现数据分页加载了，示例如下：

```
@Composable
fun TestPaging(flow: Flow<PagingData<String>>) {
    val lazyPagingItems = flow.collectAsLazyPagingItems()
    LazyColumn {
        items(lazyPagingItems) {
            Text("Item is $it")
        }
    }
}
```

可以看到，在 LazyColumn 中使用 lazyPagingItems 与使用其他列表数据一样简单。从网络或本地
文件加载数据是异步执行的，在应用中可能需要关注数据加载过程的状态，所以在 LazyPagingItems 中
提供了 loadState 记录分页加载数据的各种状态，应用开发者通过它获取到相关状态，可以根据状态实
现对应的功能逻辑。具体的状态定义和使用方法是 Paging 库中的内容，与在 Android View 中使用
Paging 的数据状态类似，这里不展开讲解，读者可以查阅 Paging 源码了解。

▶▶ 10.1.4　在 Compose 中使用 Hilt

Hilt 是 Android 项目的依赖项注入库，可帮助减少在项目中执行手动依赖项注入的样板代码，它
是基于热门的依赖项注入库 Dagger 构建而成的。Compose 中建议使用 Hilt 实现项目中的依赖项注入，
因为 Hilt 支持 Jetpack 组件 ViewModel，所以 Hilt 能与 Compose 无缝协作。

在 Compose 项目中使用 Hilt，需要在 Gradle 文件中添加以下依赖项：

```
implementation 'androidx.hilt:hilt-lifecycle-viewmodel:1.0.0-alpha01'
kapt 'androidx.hilt:hilt-compiler:1.0.0-alpha01'
```

可以看到，除了依赖 Hilt 库本身，还需要添加一个额外的注解处理器，它会在 Hilt 的注解处理器基础上运行。在自定义的 ViewModel 类上添加 @HiltViewModel 注解，并在其构造函数前添加 @Inject 注解，代码如下所示：

```
@HiltViewModel
class MyViewModel @Inject constructor(defaultVal: Int) : ViewModel() {
    private val _count = MutableLiveData(defaultVal)
    val count: LiveData<Int>
        get() = _count

    fun onValueChanged(value: Int) {
        _count.postValue(value)
    }
}
```

然后通过 viewModel( ) 可组合函数获取该 ViewModel 对象，其用法与 10.1.1 小节中介绍的使用 ViewModel 相同。最后注意，需要在带有 @AndroidEntryPoint 注解的 Activity 或 Fragment 中使用该 ViewModel 实例。

10.2 使用 Compose 进行导航

应用内的页面间跳转是应用的基本操作，简单的应用可能只需要处理同一个 module 内的页面跳转和传值，复杂的应用中可能有多个 module。如何实现跨模块的页面跳转？如何管理多级页面跳转？

Jetpack 库提供了 Navigation 组件，它支持用户导航、进入和退出应用中不同内容片段的交互，无论是简单的按钮单击，还是应用栏和抽屉式导航栏等更复杂的模式，该组件都可实现。Navigation 组件也支持 Compose 应用，开发者可以在利用 Navigation 组件的基础架构和功能的同时，实现可组合项之间的导航。

▶▶ 10.2.1 使用 Navigation 入门

要在 Compose 应用中使用 Navigation，需要在应用模块的 build.gradle 文件中添加以下依赖：

```
dependencies {
    def nav_version = "2.5.1"

    implementation "androidx.navigation:navigation-compose:$nav_version"
}
```

Navigation 组件包括三个关键的组成部分：

- 导航图：在一个集中的位置包含所有导航相关信息的 xml 资源，它包括应用内的所有单个内容区域，以及用户可以通过应用获取的路径。
- NavHost：显示导航图中目标的空白容器。导航组件包含一个默认的 NavHost 实现（NavHost-Fragment），可以显示 Fragment 目标。
- NavController：在 NavHost 中管理应用导航的对象。当用户在整个应用内切换目标页面时，NavController 会安排 NavHost 中的目标内容随之变换。

在应用中导航时，首先向 NavController 传入相应导航图中的特定路径导航至特定目标，或直接导航至某个目标，然后 NavController 便会在 NavHost 中显示相应的目标内容。

NavController 是 Navigation 组件的中心 API，它是有状态的，可以跟踪组成应用屏幕的可组合项的返回堆栈以及每个屏幕的状态。在可组合项中通过 rememberNavController() 方法来创建 NavController 对象。

```
val navController = rememberNavController()
```

为了让所有需要引用它的可组合项可以访问到它，应该在可组合项层次结构中的合适位置创建 NavController。这遵循状态提升的原则，可以使用 NavController 以及通过方法 currentBackStackEntryAsState() 提供的状态作为更新屏幕外的可组合项的可信来源。

每个 NavController 都必须与一个 NavHost 可组合项关联，NavHost 将 NavController 与导航图相关联，导航图用于指定能够在其间进行导航的可组合项目的地。在可组合项之间进行导航时，NavHost 的内容会自动进行重组，导航图中的每个可组合项目的地都与一个路线相关联。路线是一个 String 类型的常量值，用于定义指向可组合项的路径，类似于路由框架中的路由地址，每个目的地都应该有一条唯一的路线。下面通过 NavHost 的方法定义，直观地认识 NavController、NavHost 和导航图之间的关系：

```
@Composable
public fun NavHost(
    navController: NavHostController,
    startDestination: String,
    modifier: Modifier = Modifier,
    route: String? = null,
    builder: NavGraphBuilder.()-> Unit
)
```

从上面的方法签名可以看出，其中参数 NavController、startDestination 和 builder 是关键参数。NavControoler 是前文讲到的 NavController，通过 rememberNavController() 创建；startDestination 指明了导航的初始页面地址，用 String 类型表示；builder 是 NavGraphBuilder 类的扩展函数，使用 Navigation Kotlin DSL 中的 Lambda 语法来构建导航图，具体来说就是使用扩展函数 composable() 向导航结构添加导航目的地可组合项；modifier 是导航图中可组合项通用的一些修饰符；route 参数是指定导航的路径，这里非必须，也可以在 composable() 方法中传入。创建 NavHost 的示例如下：

```
NavHost(navController = navController, startDestination = "profile") {
    composable("profile") { Profile(/* ...*/) }
    composable("friendslist") { FriendsList(/* ...*/) }
    /* ...*/
}
```

如需导航到导航图中的可组合项目的地，必须使用 navigate( )方法，navigate( )接受代表目的地路线的单个 String 参数。示例如下，从导航图中的某个可组合项导航到另一个可组合项，通过 NavController 调用 navigate( )。

```
@Composable
fun Profile(navController: NavController) {
    /* ...*/
    Button(onClick = { navController.navigate("friendslist") }) {
        Text(text = "Navigate next")
    }
    /* ...*/
}
```

应仅在响应用户操作的回调方法中调用 navigate( )，而不能在可组合项中的其他地方调用，避免每次重组时都触发调用 navigate( )。默认情况下，navigate( )会将新的目的地添加到返回堆栈中，如果要修改 navigate 的行为，可以通过向 navigate( )调用其他导航选项来实现，示例如下：

```
// 在导航到"friendslist"目的地之前,将其他的目的地弹出回退栈,直到仅剩下"home"
navController.navigate("friendslist") {
    popUpTo("home")
}

// 在导航到"friendslist"目的地之前,将其他的目的地弹出回退栈,包括"home"
navController.navigate("friendslist") {
    popUpTo("home") { inclusive = true }
}

// 只有当没有导航到过"search"才导航到"search"目的地,
// 避免回退栈栈顶有多个"search"出现
navController.navigate("search") {
    launchSingleTop = true
}
```

▶▶ 10.2.2 携带参数跳转

在 Android View 中页面跳转时，如果需要传递参数，一般是通过 Intent 的 putExtra 系列方法实现的，它的内部实现其实是借助一个 Bundle 对象，存储了待传递参数的 Key-Value。Navigation Compose 也支持携带参数跳转，这需要向 composable( )函数的导航路线中添加参数占位符。如何使用参数占位符进行参数传递？下面从 composable( )函数的定义开始一步一步揭示 Compose 携带参数跳转的使用和原理。

```
public fun NavGraphBuilder.composable(
    route: String,
    arguments: List<NamedNavArgument> = emptyList(),
    deepLinks: List<NavDeepLink> = emptyList(),
    content: @Composable (NavBackStackEntry) -> Unit
)
```

composable( )函数的参数 route 是导航目的地的路线，导航跳转携带参数就需要在这个参数中添加占位符，类似使用 Retrofit 框架定义网络请求参数一样，使用斜杠加大括号添加占位符，示例如下：

```
NavHost(startDestination = "profile/{userId}") {
    composable("profile/{userId}") {...}
}
```

composable( )函数的第二个参数 arguments 就是用来定义导航跳转过程中要携带的参数类型，它会对应占位符名称，具体地为每个参数定义数据类型。默认情况下，如果不在 arguments 中指定参数的类型，那么所有参数都会被解析为字符串。

arguments 中每一条数据的类型是 NamedNavArgument，它包含两个字段：name 和 argument，name 就是与 route 参数中的占位符关联的名称，它需要与对应的占位符名称一致，argument 指定了占位符对应参数的具体类型，包括数据类型、是否可空以及默认值。数据类型由 NavType 进行了封装，提供了 Int、Long、Bool、String 和 Float 以及这些类型对应的数组类型，另外还支持在 xml 文件中定义的导航资源引用类型，它通常是整型的资源 Id 值。这些类型的内部实现也借助了 Bundle 的对应方法。

下面的示例说明了如何给携带的参数设置类型：

```
NavHost(startDestination = "profile/{userId}/{userAge}") {
    composable(
        route = "profile/{userId}/{userAge}",
        arguments = listOf(
            navArgument("userId") { type = NavType.StringType },
            navArgument("userAge") { type = NavType.IntType })
    ) { ...}
}
```

通过参数 route 和 arguments 的设计，已经清楚了导航跳转的参数是如何传递的，那么在导航目标的可组合项中怎么解析得到传递过来的参数呢？composable( )函数的第四个参数是一个 Lambda 函数，它携带类型为 NavBackStackEntry 的参数，NavBackStackEntry 是 NavController 的回退栈中的一个实体代表，它具有生命周期，并且拥有一个 Bundle 类型的 arguments 字段，它就是导航到目标所携带的参数，根据前面定义的参数占位符名称和类型提取具体的参数值。

```
NavHost(startDestination = "profile/{userId}/{userAge}") {
    composable(
        route = "profile/{userId}/{userAge}",
        arguments = listOf(
```

```
        navArgument("userId") { type = NavType.StringType },
        navArgument("userAge") { type = NavType.IntType })
) {
    val userId = it.arguments?.getString("userId")
    val userAge = it.arguments?.getInt("userAge")
    Profile(userId, userAge)
}
}
```

前面主要讲了在导航的目标页面或目标可组合项中，如何定义要接收的参数以及如何获取传递的参数，若要将参数传递到目的地，需要在发起导航的位置调用 navigate( ) 方法传入路线值，并在参数占位符的位置用实际值填充。

```
navController.navigate("profile/Zhangsan/23")
```

以上导航携带的参数都是必需的参数，即在调用方必须都要传值，Navigation Compose 还支持可选的导航参数，若在调用方不给可选参数传值，系统会使用其默认值。设置可选参数有两点需要注意：

1）可选参数必须使用查询参数语法来添加，即类似 "? argName = | argName |" 的形式，注意问号前面不用添加斜杠。

2）可选参数必须具有 defaultValue，或将 isNullable 设置为 true（此时参数默认值将被隐式设置为 null）。

```
composable(
    route = "profile/{userName}/{userAge}? homeTown={homeTown}",
    arguments = listOf(
        navArgument("userName") { type = NavType.StringType },
        navArgument("userAge") { type = NavType.IntType },
        navArgument("homeTown") { defaultValue = "countryside" })
) {
    val userName = it.arguments?.getString("userName")
    val userAge = it.arguments?.getInt("userAge")
    val homeTown = it.arguments?.getString("homeTown")
    Profile(userName, userAge, homeTown)
}
```

虽然 Navigation 支持携带多种数据类型的参数，也支持通过自定义目的地参数将数据附加到导航操作，但官方建议开发者在导航目的地之间传递的数据应尽量少。应该通过传递键值来检索对象，而不是传递对象本身，因为在 Android 上用于保存所有状态的总空间是有限的，如果需要传递大量数据，应优先考虑使用 ViewModel。

▶▶ 10. 2. 3 支持 deep link

前面介绍 composable( ) 函数时还有第三个参数 deepLinks 没有说明，根据其数据类型可以推断，它是 Navigation Compose 用于支持隐式深层链接的。

　　Android 中的深层链接是指将用户从应用外的某个操作直接转到应用内特定目的页面的链接，Navigation 组件支持创建两种不同类型的深层链接：显式深层链接和隐式深层链接。显式深层链接实例使用 PendingIntent 将用户转到应用内的特定位置，通常在应用通知或桌面 Widget 中使用显式深层链接。隐式深层链接是在其他应用中调用该链接，然后将用户引导到目标应用的某个页面中。

　　在 Compose 中实现显式深层链接，需要构建包含可组合项中相关深层链接的 PendingIntent，用如下方式构建深层链接的 PendingIntent：

```
val id = "exampleId"
val context = LocalContext.current
val deepLinkIntent = Intent(
    Intent.ACTION_VIEW,
    "https://www.example.com/$id".toUri(),
    context,
    MyActivity::class.java
)
val deepLinkPendingIntent: PendingIntent? = TaskStackBuilder.create(context).run {
    addNextIntentWithParentStack(deepLinkIntent)
    getPendingIntent(0, PendingIntent.FLAG_UPDATE_CURRENT)
}
```

　　然后像使用任何其他 PendingIntent 一样，使用构建的 deepLinkPendingIntent 在相应深层链接目的地打开应用。

　　Navigation Compose 通过 composable() 函数的参数 deepLinks 接收 NavDeepLink 类型的列表来添加深层链接，使用 navDeepLink() 方法构建 NavDeepLink，它支持接收 URI、Intent 操作和 MIME 类型的参数来匹配深层链接，也支持携带参数，参数通过占位符提供。使用示例如下：

```
val uri = "https://www.example.com"
composable(
    "profile? id={id}",
    deepLinks = listOf(navDeepLink { uriPattern = "$uri/{id}" })
    ) { backStackEntry ->
    Profile(navController, backStackEntry.arguments?.getString("id"))
}
```

　　可以为每个深层链接指定多个匹配类型，但需要注意匹配的优先级顺序依次是 URI 参数、Intent 操作和 MIME 类型。默认情况下，这些深层链接不会向外部应用公开，如需向外部应用提供这些深层链接，必须向应用的 manifest.xml 文件添加相应的 <intent-filter> 元素。如下示例用于支持启用前一段示例中的深层链接：

```
<activity ...>
  <intent-filter>
    <data android:scheme="https" android:host="www.example.com" />
  </intent-filter>
</activity>
```

当在其他应用中触发该深层链接时，Navigation 会自动跳转到本应用内相应的可组合项。

10.3 使用 Compose 中的资源

在实际项目中大量用到各种资源内容，比如文字、图标、字体以及设置文字的颜色和布局的尺寸等，在 App 中如何管理和使用它们是 UI 系统必须考虑的问题。读者应该很熟悉 Android View 系统中管理资源的方式，通过在 res/ 目录下定义各种类型的资源文件目录，然后将资源文件放在合适的目录下，在编译工程代码后，会生成一个 R 文件并在其中为每个资源标识符生成一个 Id，然后在工程代码中通过 R.drawable 或 R.id 等方式访问目标资源内容。本节将介绍如何在 Compose 项目中使用资源。

10.3.1 Compose 的资源管理方式

在 Compose 项目中也可以像 Android View 项目那样管理项目中的所有资源，即在 res/ 目录下按类型创建资源管理目录，然后将项目中的各种资源文件放在对应的目录下，这些资源的管理方式与 Android View 项目完全相同，如图 10-2 所示。

通过这种方式管理的资源文件，在项目被编译后，会为每个资源标识符生成一个资源 Id 并保存在 R 文件中，下一小节将介绍如何在 Compose 代码中使用这些资源。颜色、字符串、主题、尺寸等类型的资源也可以直接定义在 Kotlin 代码文件中，而不用从 xml 文件中加载这些资源，这有利于提升 Compose 项目的编译速度和减少包体积。

在 4.1.1 节讲解 Compose 设置主题时介绍过，当新建 Compose 项目时，会在项目中自动生成 Color.kt、Shape.kt、Type.kt 和 Theme.kt 这几个文件。开发者可以在 Color.kt 文件中定义项目中会用到的颜色值，类似于在 res/values/colors.xml 文件中定义颜色值；在 Shape.kt 文件中定义 UI 控件会使用到的背景形状，它相当于在 res/drawable/ 目录下定义标签为 <shape> 的资源文件；Type.kt 文件用于定义项目中文字排版的样式，它包括文字的字体和字号等属性；在 Theme.kt 文件中定义项目用到的主题样式，开发者还可以设计其他的资源管理文件，定义更丰富的资源类型。

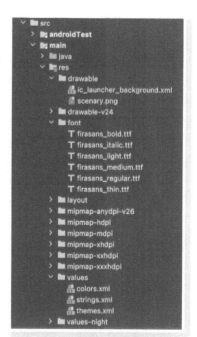

● 图 10-2　资源文件管理示例

对于尺寸定义，开发者可以在项目中直接使用"数字.dp"的形式在控件中设置需要的尺寸，这是因为在 Compose 库中提供了一个实现设备无关像素值的处理类 Dp。它会自动计算一个 Dp 类型的值在不同设备上的实际像素值，这样开发者可以不用关心 UI 在不同尺寸和屏幕像素密度的设备上的适配问题。同样，Compose 库还提供了 TextUnit 类，用于处理文字大小的适配问题，在项目中开发者使用"数字.sp"设置文字的字号即可。

▶▶ 10.3.2　在代码中使用 Compose 的资源

Compose 中的资源管理很灵活，既兼容了 Android View 的资源管理方式，又有自己的特色方式，开发者可以在项目中灵活使用。

1. 字符串

字符串是最常用的资源类型之一，在项目中使用字符串的方式也很多。首先，可以在 Text 控件中直接给 text 参数赋值字符串内容，不用对字符串内容进行特别的管理，示例如下：

```
Text(text = "这就是需要显示的字符串内容")
```

其次，如果用 Kotlin 文件将项目需要的所有字符串内容集中定义，通常在每个字符串常量名称前加上 const val 表明它是编译时常量，那么在代码中使用该字符串资源非常简单，将定义字符串常量的名称赋值给 Text 控件的 text 参数即可，示例如下：

```
const val textSample = "this is a text from Kotlin"
Text(text = textSample)
```

在 Compose 项目中使用上面两种方式访问字符串资源都非常方便，但如果要显示的字符串内容会根据代码条件有所变化，上面第二种方法将不适合，第一种方式也需要在字符串中嵌入"$变量名"来实现，示例如下：

```
var name = "Alex"
var age = 20
Text(text = "他的名字是 $name，年龄：$age")
```

此外，Compose 提供了 stringResource API 访问 xml 文件中的字符串资源。像 Android View 项目中访问 strings.xml 中定义的字符串一样，给 stringResource 传入"R.string.字符串名称"即可获取到该字符串内容。stringResource 也支持给字符串设置变量值，如下示例通过参数传入字符串中需要的变量内容。

```
<resources>
    <string name="congratulate">Happy %1 $s in %2 $d</string>
</resources>

Text(text = stringResource(id = R.string.congratulate, "the Autumn Day", 2022))
```

2. 尺寸

前一节内容提到在 Compose 项目中可以使用"数字.dp"的形式在控件中设置尺寸，并且这种方式能自动适配不同屏幕像素密度和分辨率的设备，使用示例如下：

```
Column(modifier = Modifier.padding(8.dp)) {
    Text(text = "...")
}
```

在 Android View 项目中，通常将项目中可能用到的尺寸值统一定义在 dimens.xml 文件中，然后在布局文件和类文件中使用，Compose 也支持从 dimens.xml 文件中获取尺寸值，通过 dimensionResource API 传入 "R.dimen.尺寸名称" 获得尺寸值，然后在控件中使用该值。示例如下：

```
<resources>
    <dimen name="padding_small">8dp</dimen>
</resources>

val smallPadding = dimensionResource(R.dimen.padding_small)
Column(modifier = Modifier.padding(smallPadding)) {
    Text(text = "...")
}
```

3. 颜色

对于颜色资源，在纯 Compose 项目中建议最好在主题目录下定义颜色，然后通过 MaterialTheme.colors.primary 等可组合项进行访问，具体的使用方法可详见第 4 章中设置主题的颜色值。

如果在老项目中集成 Compose，可以使用 colorResource API 从 res/values/colors.xml 文件中获取颜色。示例如下：

```
<resources>
    <color name="purple_200">#FFBB86FC</color>
</resources>

Text(text = helloWorld, color= colorResource(id = R.color.purple_200))
```

4. 矢量图和静态图

项目中的图片资源往往需要放在 res/drawable/ 目录下面，包括矢量可绘制资源和光栅化图片资源，加载这样的图片资源使用 painterResource API。开发者不用关心可绘制对象的类型，只需在 Image 或 Icon 等可组合项或 paint 修饰符中使用 painterResource 传入资源标识符名称即可。使用如下示例：

```
Image(painter = painterResource(id = R.drawable.scenary), contentDescription = "")
Icon(painter = painterResource(id = R.drawable.abc_vector_test), contentDescription = "")
```

painterResource 可在主线程中解码并解析资源的内容，所以使用它加载图片资源时，无须考虑线程切换的问题。不过需要注意，它只能加载 BitmapDrawable 和 VectorDrawable 类型的 Drawable。

5. 动画矢量图

动画矢量图资源和静态矢量图一样，也是以 xml 文件的形式存放在 res/drawable/ 目录下，不同的是需要使用 AnimatedImageVector.animatedVectorResource API 加载带动画的矢量图。使用这个 API 需要添加以下依赖项：

```
implementation 'androidx.compose.animation:animation-graphics:+'
```

该方法会返回一个 AnimatedImageVector 实例，所以不能直接在 Image 和 Icon 可组合项中使用它来展示动画，通过 rememberAnimatedVectorPainter 方法创建可在 Image 和 Icon 可组合项中使用的

Painter。rememberAnimatedVectorPainter 方法的布尔值 atEnd 参数指示是否要在所有动画结束时绘制图像，如果与可变状态结合使用，更改这个值就会触发相应的动画。使用如下示例：

```
val image = AnimatedImageVector.animatedVectorResource(R.drawable.animated_vector)
val atEnd by remember { mutableStateOf(false) }
Image(
    painter = rememberAnimatedVectorPainter(image, atEnd),
    contentDescription = ""
)
```

6. 图标

图标资源是指 Material 风格的具有指示作用的标识符号，在 Jetpack Compose 中通过 Icons 对象使用这些 Material 图标。它们包括五种不同的主题：Filled、Outlined、Rounded、TwoTone 和 Sharp，每种主题包含相同的图标，即同一个样式的图标有五种不同的主题实现，不同的主题表现为不同的视觉风格。在实际项目中，应该选择一种主题，并在整个应用中保持使用这一主题，确保应用风格的一致性。

要绘制图标，可以使用 Icon 可组合项，该可组合项将应用色调并提供与图标匹配的布局尺寸。使用如下示例：

```
import androidx.compose.material.Icon
Icon(Icons.Rounded.Menu, contentDescription = "description")
```

一些最常用的图标可用作 androidx.compose.material 依赖项的一部分，例如上面使用的 Menu，如需使用其他 Material 图标，则需要将 material-icons-extended 依赖项添加到项目的依赖文件中：

```
dependencies {
  implementation "androidx.compose.material:material-icons-extended:$compose_version"
}
```

注意，material-icons-extended 是一个大型库，可能会影响构建的 apk 大小，因此，可以考虑在正式 build 中使用 R8/Proguard 来移除未使用的资源。另外，它还可能会增加开发过程中项目的构建时间和 Android Studio 的预览加载时间。

7. 字体

在 4.2.2 小节介绍文字的样式中讲过，Compose 库中提供了一些默认的字体，开发者在项目中如果要使用自定义的或特别的字体，就需要将相应的字体文件放到 res/font/ 文件夹中，然后使用 Font API 加载每种字体，并使用同一类型的字体创建一个 FontFamily，这样就可以在 TextStyle 实例中使用该 FontFamily 来创建自己的 Typography。使用如下示例：

```
val firasansFonts = FontFamily(
    Font(R.font.firasans_bold, FontWeight.Bold),
    Font(R.font.firasans_italic, FontWeight.Normal, FontStyle.Italic),
    Font(R.font.firasans_light, FontWeight.Light),
    Font(R.font.firasans_medium, FontWeight.Medium),
```

```
    Font(R.font.firasans_regular, FontWeight.Normal),
    Font(R.font.firasans_thin, FontWeight.Thin)
)
val myTypography = Typography(
defaultFontFamily = firasansFonts,
/* ......*/
)
```

10.4 无障碍服务

　　无障碍功能是所有应用的重要组成部分，无论是要开发新应用，还是改进现有的应用，都应该考虑应用组件的无障碍功能。通过集成无障碍功能和服务，可以提高应用的易用性，尤其是对于残障用户。

　　视力受损、色盲、听力受损、精细动作失能的人，以及有认知障碍和其他残疾的人可以使用Android设备来处理他们日常生活中的各种事务。如果能够在开发应用时考虑无障碍功能，那么便可以改善用户体验，对具有这些需求以及其他无障碍功能需求的用户来说更是如此。使用 Compose 编写的应用也支持无障碍服务，以便有不同需求的用户使用，无障碍服务用于将屏幕上显示的内容转换为更适合有特定需求的用户使用的格式。

▶▶ 10.4.1　无障碍服务的属性支持

　　应用通过使用 Android 框架中的 API 公开有关其界面元素的语义信息来支持无障碍服务，每项无障碍服务都可以选择向用户描述应用的最佳方式。Android 提供了几种无障碍服务，包括 TalkBack 和开关控制。TalkBack 是借助 Android 设备上的谷歌屏幕阅读器，通过用户发出的简单手势，获取屏幕上控件的焦点，然后 TalkBack 会将控件内容读出来。"开关控制"可让用户使用一个或多个开关与自己的 Android 设备进行互动，不必使用触摸屏。

　　Compose 使用语义属性向无障碍服务传递信息，语义属性提供有关界面元素的信息。大多数内置可组合项（如 Text 和 Button）使用从可组合项及其子项推断得出的信息填充这些语义属性，某些修饰符也会设置某些语义属性。有时框架需要更多信息，才能了解如何向用户描述界面元素。

　　读者已经理解，Compose 中的组合将描述应用的界面，并通过运行可组合项来生成，它是一种描述界面的可组合项的树结构。在组合旁边存在一个名为语义树的并行树，如图 10-3 所示，它以无障碍服务框架可以理解的方式来描述应用的界面，无障碍服务使用该树向有特定需求的用户描述应用。

　　语义树不包含有关如何绘制可组合项的信息，而是包含关于可组合项语义含义的信息。如果所开发的应用是由 Compose 基础库和 Material 库中的可组合项和修饰符组成的，系统会自动为其填充并生成语义树，添加自定义低级别可组合项时，开发者必须手动提供其语义。

　　有时，生成的语义树无法正确或完全表示屏幕上元素的含义，这种情况下可以调整语义树，假设自定义了一个日历可组合项，用户可选择日期元素，如图 10-4 所示。

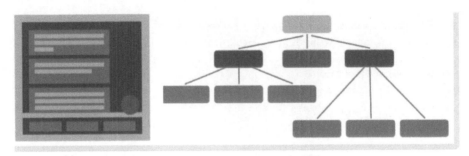

● 图 10-3 典型的界面层次结构及其语义树

整个日历实现为单个低级别的可组合项，使用
Layout 可组合项直接绘制为 Canvas，如果开发者不实现
其他任何操作，无障碍服务将无法接收到足够的有关可
组合项内容以及用户在日历中选择的信息。如果用户单
击包含 17 的日期，则无障碍服务框架只会接收整个日历
控件的说明信息，在这种情况下，TalkBack 无障碍服务
只会读出"日历"，稍微好点儿的话，可能会读出某月日
历，而用户可能需要知道具体选中了哪一天。如需使此
可组合项更没有障碍，开发者需要手动添加语义信息。

Month						
1	2	3	4	5	6	7
8	9	10	11	12	13	14
15	16	17	18	19	20	21
22	23	24	25	26	27	28
29	30					

● 图 10-4 自定义的日历可组合项

具有一定语义含义的界面树中的所有节点在语义树中都有一个并行节点，语义树中的节点包含这
些属性，这些属性传达了对应可组合项的含义。例如，Text 可组合项包含语义属性 text，这是该可组
合项的含义；Icon 包含一个 contentDescription 属性（需要开发者设置），该属性以文字形式传达 Icon
的含义。基于 Compose 基础库构建的可组合项和修饰符已经设置了相关属性，开发者仍然可以使用
semantics 和 clearAndSetSemantics 修饰符自行设置或替换属性。例如，可以向节点添加自定义无障碍
操作，为可切换元素提供备用状态说明，或指明某个文字可组合项应被视为标题。

▶▶ 10.4.2 无障碍服务的常见用例

要使应用能被有无障碍服务需求的用户所使用，需要在开发应用时，依据一些准则或者最佳做法
来实现无障碍功能的关键元素。

1. 提升文字显示效果

对于应用中的每组文字，建议将色彩对比度（即文字
颜色与文字后面的背景颜色之间感知到的亮度差异）设为
高于特定阈值。确切阈值取决于文字的字体大小以及文字
是否以粗体显示，如果文字小于 18pt，或者文字为粗体且
小于 14pt，则色彩对比度应至少为 4.5 : 1。对于其他所有
文字，色彩对比度应至少为 3.0 : 1。图 10-5 显示了文字与

● 图 10-5 左图低于建议的色彩对比度，
右图具有足够高的色彩对比度

背景色彩对比度的两个示例。

2. 考虑最小触摸目标尺寸

屏幕上可供用户点击、触摸或可与用户互动的所有元素都应足够大，让用户能够进行可靠的互动。调整这些元素的尺寸时，应确保将最小尺寸设置为 48dp。

Checkbox、RadioButton、Switch、Slider 和 Surface 等 Material 组件在内部设置此最小尺寸，但仅在相应组件可接收用户操作时设置。例如，当 Checkbox 的 onCheckedChange 参数设为非 null 值时，会添加内边距，以让宽度和高度至少为 48dp；而当该参数设为 null 时，则不会添加内边距，因为用户无法直接与该组件互动，如图 10-6 所示。

在界面设计中使用 Switch、RadioButton 或 Checkbox 等选择控件时，通常可单击的范围大于这些控件的范围，这就需要将可点击行为向上传给父级容器，将可组合项的单

● 图 10-6　左图设置 onCheckedChange 参数为非 null 值，右图设置为 null 值

击回调设置为 null，并为父级可组合项添加一个 toggleable 或 selectable 修饰符，然后在修饰符的 Lambda 函数中实现点击行为。使用如下示例：

```
@Composable
fun MyCheckableRow() {
    MaterialTheme {
        var checked by remember { mutableStateOf(false) }
        Row(
            Modifier
                .toggleable(
                    value = checked,
                    role = Role.Checkbox,
                    onValueChange = { checked = !checked }
                )
                .padding(16.dp)
                .fillMaxWidth()
        ) {
            Text("Option", Modifier.weight(1f))
            Checkbox(checked = checked, onCheckedChange = null)
        }
    }
}
```

当可单击的可组合项尺寸小于最小触摸目标尺寸时，Compose 仍可以增大触摸目标尺寸，通过增大触摸目标尺寸，以使其覆盖到可组合项边界之外来实现这一点。

3. 添加单击标签

单击标签是可组合项的点击行为的语义描述，通过单击标签可以描述用户与可组合项互动时发生的情况，无障碍服务使用单击标签来向有特定需求的用户描述应用。

可以通过 clickable 修饰符的参数 onClickLabel 来设置单击标签：

```
@Composable
fun ArticleListItem(openArticle: ()-> Unit) {
    Row(
        Modifier.clickable(
            onClickLabel = stringResource(R.string.action_read_article),
            onClick = openArticle
        )
    ) {
        // ..
    }
}
```

如果使用低级别的 API 无法访问到 clickable 修饰符，可以在语义修饰符 semantics 中设置单击标签，示例如下：

```
@Composable
fun LowLevelClickLabel(openArticle: ()-> Boolean) {
    val readArticleLabel = stringResource(R.string.action_read_article)
    Canvas(
        Modifier.semantics {
            onClick(label = readArticleLabel, action = openArticle)
        }
    ) {
        // ..
    }
}
```

4. 描述视觉元素

对于图片或图标内容，Android 框架不能自动了解其显示的内容，在提供应用的无障碍服务时，开发者应传递视觉元素的文字性说明内容。比如在一个功能区域中有一个图标可以响应用户单击并将当前页面内容分享给好友，但若仅仅是图标，Android 框架不能确定它的功能并向有视觉障碍的用户提示，此时需要额外的文字描述该视觉元素。

在 Image 和 Icon 可组合项中都有 contentDescription 参数，用于描述视觉元素。开发者可以使用本地化的字符串赋值给该参数。示例如下：

```
@Composable
fun ShareButton(onClick: ()-> Unit) {
  IconButton(onClick = onClick) {
    Icon(
      imageVector = Icons.Filled.Share,
      contentDescription = stringResource(R.string.label_share)
    )
  }
}
```

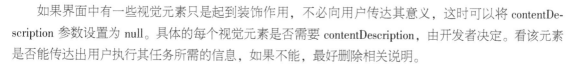

如果界面中有一些视觉元素只是起到装饰作用，不必向用户传达其意义，这时可以将 contentDescription 参数设置为 null。具体的每个视觉元素是否需要 contentDescription，由开发者决定。看该元素是否能传达出用户执行其任务所需的信息，如果不能，最好删除相关说明。

5. 合并元素

借助 TalkBack 和开关控制等无障碍服务，用户可以在屏幕上的各个元素之间移动焦点。开发者务必以正确的粒度聚焦界面元素。如果屏幕上每一个低级别可组合项均独立聚焦，用户必须与屏幕上的每一个聚焦的元素互动后，才能在屏幕上移动，过密的互动可能会阻塞用户的操作；但如果元素过度合并，用户可能不知道哪些元素属于同一个类别。

对于可组合项中的 clickable 修饰符，Compose 将自动合并其包含的所有元素。对于列表项也是如此，系统将合并列表项中的元素，无障碍服务会将它们视为一个元素。

假设有一组可组合项，它们组成了一个逻辑组，但该逻辑组不可单击，也不是列表项的组成部分，若希望无障碍服务将它们视为一个元素，应该如何实现呢？可以在 semantics 修饰符中使用 mergeDescendants 参数指示 Compose 合并这些元素。这样，无障碍服务将仅选择合并后的元素，并且后代的所有语义属性都将合并。

6. 添加自定义操作

在应用中可能显示某种列表，列表中的每一项可能包含一项或多项操作，有的操作可能在每一项都有相同的语义，比如删除或收藏当前项，使用屏幕阅读器时，这些相同的操作会被反复聚焦，使得浏览列表变得单调乏味。

向可组合项添加自定义无障碍操作，可以将列表中不同项的相同操作归为一组，并将列表项中相关操作的语义清除，无障碍服务就不会响应该组件的交互，这样无障碍服务浏览列表变得更容易。比如新闻资讯类应用中，以列表显示可以阅读的文章，同时每个列表项包含一项操作，当用户单击右侧的叉号按钮时，提示用户将会减少看到此类主题的资讯，如图 10-7 所示。

整个列表项布局通过 Row 包装，右侧的叉号用 IconButton 实现，默认情况下，Row 和 IconButton 可组合项都可单击，它们都会由 TalkBack 聚焦。需要取消列表项中 IconButton 的交互响应，使用 clearAndSetSemantics 修饰符告知无障碍服务不要与此 Icon 互动；移除 IconButton 的语义后，单击它将无法再执行操作，如果需要它继续响应操作，可以在修饰符 semantics 中添加一项自定义操作。实现这个列表项的示例代码如下：

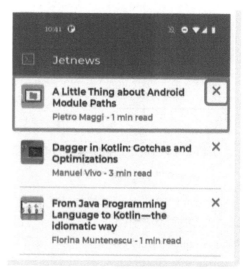

● 图 10-7　添加自定义操作示例场景

```
@Composable
fun PostCardHistory(post: Post, navigateToArticle: (String) -> Unit) {
```

```
// ...
val showFewerLabel = stringResource(R.string.cd_show_fewer)
Row(
    Modifier
        .clickable(
            onClickLabel = stringResource(R.string.action_read_article)
        ) {
            navigateToArticle(post.id)
        }
        .semantics {
            customActions = listOf(
                CustomAccessibilityAction(
                    label = showFewerLabel,
                    action = { openDialog = true; true }
                )
            )
        }
) {
    // ...
    CompositionLocalProvider(LocalContentAlpha provides ContentAlpha.medium) {
        IconButton(
            modifier = Modifier.clearAndSetSemantics { },
            onClick = { openDialog = true }
        ) {
            Icon(
                imageVector = Icons.Default.Close,
contentDescription=stringResource(R.string.cd_show_fewer)
            )
        }
    }
}
// ...
}
```

这样，就可以使用 TalkBack 中的自定义操作弹出菜单来应用该操作。

7. 描述元素的状态

一些界面元素在用户交互过程中有状态的变化，例如，可选择的可组合项可能处于"已选中"或"未选中"状态。提供无障碍服务可以在可组合项中通过语义修饰符定义状态描述的属性，即 stateDescription，Android 框架通过它读取可组合项的状态。使用示例如下：

```
@Composable
private fun TopicItem(itemTitle: String, selected: Boolean, onToggle: ()-> Unit) {
    val stateSubscribed = stringResource(R.string.subscribed)
    val stateNotSubscribed = stringResource(R.string.not_subscribed)
    Row(
        modifier = Modifier
```

```
        .semantics {
            stateDescription = if (selected) stateSubscribed
                    else stateNotSubscribed
        }
        .toggleable(
            value = selected,
            onValueChange = { onToggle()}
        )
    ) {
        /* ...*/
    }
}
```

8. 定义标题

在应用中有时会采用可滚动容器在不切换屏幕的情况下显示更多的内容，比如在一个屏幕内显示一篇新闻内容，包括主标题、副标题、作者信息和正文等内容，如图 10-8 所示。

● 图 10-8 新闻内容显示示例

具有无障碍需求的用户将很难浏览这类屏幕，为了协助用户进行浏览，开发者可以指明哪些元素是标题。在上面的示例中，每个子部分标题都可定义为便于访问的标题，某些无障碍服务（例如 Talkback）使用户能够直接在标题之间浏览。

在 Compose 中可以通过定义可组合项的语义属性来指示可组合项是一个标题。

```
@Composable
private fun Subsection(text: String) {
  Text(
    text = text,
    style = MaterialTheme.typography.h5,
    modifier = Modifier.semantics { heading() }
  )
}
```

更高级的无障碍服务使用场景可能需要将某些 Material 的组件用自定义的版本来替换，即创建自定义的无障碍服务组件。开发者自定义 Composable 组件已经轻车熟路了，在自定义无障碍服务组件时，还是需要牢记无障碍功能注意事项。

假设要将 Material 的 CheckBox 替换为自定义的实现，开发者可能很容易忘记添加 triStateToggleable 修饰符，用于处理该组件的无障碍属性。

一般来讲，创建自定义的无障碍 Composable 组件可以遵循以下几个原则：

- 查看要实现的组件在 Material 库中的实现，并模仿可以发现的任何无障碍行为。
- 大量使用 Foundation 级修饰符（而不是界面级修饰符），因为 Foundation 级修饰符包含开箱即用的无障碍功能注意事项。
- 务必使用多种无障碍服务检测已实现的自定义组件，以验证其行为。

10.5 测试 Compose

程序开发总是离不开测试，通过测试逻辑验证程序功能的稳定性和健壮性，测试界面或屏幕可用于验证 UI 代码的行为是否正确，在开发过程的早期阶段捕获错误，以提高应用的质量。

Compose 作为一种 UI 框架，与 Android View 实现 UI 的方式有所不同，测试使用 Compose 创建的界面也与测试基于 View 实现的界面有所不同。Compose 提供了一组测试 API，用于查找元素、验证其属性以及执行用户操作；Android View 创建界面时明确定义了视图的属性，它占用一个矩形空间，具有标识符、位置、内边距、外边距等属性。

Compose 中只有一些可组合会向界面层次结构发出界面，它的界面测试使用语义与界面层次结构进行交互。语义是指为一部分界面赋予意义，一部分界面可以是单个可组合项，也可以是整个屏幕内的任何部分内容。语义树与界面层次结构一起生成，并对其进行描述。在 10.4.1 小节中已介绍了典型的界面层次结构及其语义树，语义框架主要用于确保可访问性，测试和无障碍服务都会利用语义提供的有关界面层次结构的信息。

要做 Compose 界面测试，需要在模块的 build.gradle 文件中添加以下依赖项：

```
androidTestImplementation("androidx.compose.ui:ui-test-junit4:$compose_version")
debugImplementation("androidx.compose.ui:ui-test-manifest:$compose_version")
```

此模块包含一个 ComposeTestRule 和一个名为 AndroidComposeTestRule 的 Android 实现。通过这个规则，可以设置 Compose 内容或访问 Android Activity。

▶▶ 10.5.1 测试 API

测试框架与 UI 元素交互的方式主要有以下三种：

- 通过查找器选择一个或多个元素，以进行断言或对这些元素执行操作。
- 通过断言验证元素是否存在或者是否具有某些属性。
- 通过操作在元素上注入模拟的用户事件，例如单击或其他手势。

其中一些测试 API 通过接受 SemanticsMatcher 来引用语义树中的节点。

1. 查找器

ComposeTestRule 提供了一些查找器 API，使用 onNode 和 onAllNodes 分别选择一个或多个节点，也可以使用便捷查找器进行最常见的搜索，例如 onNodeWithText、onNodeWithContentDescription 等。API 及使用示例如下：

（1）选择单个节点

```
composeTestRule.onNode(<<SemanticsMatcher>>, useUnmergedTree = false): SemanticsNodeInteraction
```

单个节点示例：

```
composeTestRule.onNode(hasText("Button"))
// 等同于 onNodeWithText("Button")
```

（2）选择多个节点

```
composeTestRule.onAllNodes(<<SemanticsMatcher>>): SemanticsNodeInteractionCollection
```

多个节点示例：

```
composeTestRule.onAllNodes(hasText("Button"))
// 等同于 onAllNodesWithText("Button")
```

（3）使用未合并的树

有一些节点会合并其子项的语义信息，例如下面包含两个 Text 元素的自定义按钮会合并这两个 Text 元素的标签：

```
@Composable
fun MyButton() {
    Text("Hello")
    Text("World")
}
```

可以使用 printToLog( ) 来显示其语义树：

```
composeTestRule.onRoot().printToLog("TAG")
```

语义树 Log 输出如下：

```
Node #1 at (...)px
  |-Node #2 at (...)px
    Role = 'Button'
    Text = '[Hello, World]'
    Actions = [OnClick, GetTextLayoutResult]
    MergeDescendants = 'true'
```

如果需要匹配未合并的树的节点，可以将 onRoot 方法的 useUnmergedTree 参数设为 true：

```
composeTestRule.onRoot(useUnmergedTree = true).printToLog("TAG")
```

这样，语义树 Log 中就会输出两个 Text 元素：

```
Node #1 at (...)px
  |-Node #2 at (...)px
    OnClick = '...'
    MergeDescendants = 'true'
      |-Node #3 at (...)px
      | Text = '[Hello]'
      |-Node #5 at (83.0, 86.0, 191.0, 135.0)px
        Text = '[World]'
```

useUnmergedTree 参数在所有查找器中都可用，例如，在 onNodeWithText 查找器中使用：

```
composeTestRule.onNodeWithText("World", useUnmergedTree = true).assertIsDisplayed()
```

2. 断言

断言是很多测试框架都会提供的测试 API，Compose 中可以通过对带有一个或多个匹配器的查找器返回的 SemanticsNodeInteraction 调用 assert() 来检查断言：

```
// 单个匹配器
composeTestRule
  .onNode(matcher)
  .assert(hasText("Button")) // hasText is a SemanticsMatcher
// 多个匹配器之间用 and 或者 or 连接
composeTestRule
  .onNode(matcher).assert(hasText("Button") or hasText("Button2"))
```

还可以对最常见的断言使用便捷函数，例如 assertExists、assertIsDisplayed、assertTextEquals 等，可以在使用时查找官方文档获取提供的便捷函数。

有一些断言函数用于检查一系列节点上的断言，例如：

```
// 检查匹配的节点数
composeTestRule
  .onAllNodesWithContentDescription("Beatle").assertCountEquals(4)
// 找到至少有一个匹配节点
composeTestRule
  .onAllNodesWithContentDescription("Beatle").assertAny(hasTestTag("Drummer"))
```

```
// 要求所有节点匹配
composeTestRule
    .onAllNodesWithContentDescription("Beatle").assertAll(hasClickAction())
```

3. 操作

如果要在节点上注入操作，可以调用 performXXX( ) 函数，每一项操作调用一个 perform 函数，不能在一个 perform 函数内部将多项操作连在一起。使用如下示例：

```
composeTestRule.onNode(...).performClick()
// 操作示例
performClick(),
performSemanticsAction(key),
performKeyPress(keyEvent),
performGesture { swipeLeft()}
```

4. 匹配器

测试 Compose 代码的匹配器包括分层匹配器和选择器。

（1）分层匹配器

使用分层匹配器可以在语义树层级中向上或向下移动并执行简单的匹配，主要包括找到父节点、兄弟节点、祖先或子孙节点，定义如下：

```
fun hasParent(matcher: SemanticsMatcher): SemanticsMatcher
fun hasAnySibling(matcher: SemanticsMatcher): SemanticsMatcher
fun hasAnyAncestor(matcher: SemanticsMatcher): SemanticsMatcher
fun hasAnyDescendant(matcher: SemanticsMatcher):  SemanticsMatcher
```

使用分层匹配器的示例如下：

```
composeTestRule.onNode(hasParent(hasText("Button")))
    .assertIsDisplayed()
```

（2）选择器

在测试中使用选择器，以提高一些测试的可读性，使用如下示例：

```
composeTestRule.onNode(hasTestTag("Players"))
    .onChildren()
    .filter(hasClickAction())
    .assertCountEquals(4)
    .onFirst()
    .assert(hasText("John"))
```

▶▶ 10.5.2 同步测试

默认情况下，Compose 测试会与界面同步。通过 ComposeTestRule 调用断言或操作时，测试将预先同步，直到界面树处于空闲状态。通常不需要执行任何操作，但是也要注意一些极端情况。

同步测试时，可以使用虚拟时钟将 Compose 应用时间提前。这意味着 Compose 测试不会实时运行，从而能够尽快通过测试。如果不使用同步测试的方法，则不会发生任何重组，并且界面会暂停。如以下示例代码，注意其中的注释内容：

```
@Test
fun counterTest() {
    val myCounter = mutableStateOf(0)
    var lastSeenValue = 0 // 用来记录重组次数
    composeTestRule.setContent {
        Text(myCounter.value.toString())
        lastSeenValue = myCounter.value
    }
    myCounter.value = 1 // 状态发生改变了,但是不会重组

    // 此断言将失败,因为没有触发重组
    assertTrue(lastSeenValue == 1)

    // 此断言将通过,因为通过 composeTestRule 调用断言触发了重组
    composeTestRule.onNodeWithText("1").assertExists()
}
```

以上同步测试的规则仅适用于 Compose 层次结构，而不适用于应用的其余部分。

1. 停用自动同步测试

当使用 ComposeTestRule［如 assertExists( )］调用断言或操作时，应用测试将会与 Compose 界面同步。如果在某些情况下需要停止这种同步并自行控制时钟，例如，开发者可以控制时间，以便在界面仍处于繁忙状态时，对动画进行精确截图，那么需要停用自动同步功能，将 mainClock 中的 autoAdvance 属性设置为 false：

```
composeTestRule.mainClock.autoAdvance = false
```

一般情况下，开发者需要自行将时间提前。使用 advanceTimeByFrame( )方法仅提前一帧，使用 advanceTimeBy( )提前一段特定时间：

```
composeTestRule.mainClock.advanceTimeByFrame()
composeTestRule.mainClock.advanceTimeBy(milliseconds)
```

2. 空闲资源

Compose 可以将测试和界面进行同步，这样各项操作和断言都会在空闲状态完成，系统会根据需要等待或提前时钟。但是，某些异步操作的结果会影响界面状态，而这些异步操作可以在测试无法感知的情况下在后台运行。

开发者可以在测试中创建并注册这些空闲资源，以便在确定受测应用是忙碌还是空闲时，将这些资源考虑在内。除非需要注册其他空闲资源（例如运行的后台任务未与 Espresso 或 Compose 同步），否则无须执行任何操作。

这个 API 与 Espresso 的空闲资源非常相似，用于指示受测对象是空闲还是忙碌。开发者可以使用

Compose 的测试规则注册 IdlingResource 的实现。示例如下：

```
composeTestRule.registerIdlingResource(idlingResource)
composeTestRule.unregisterIdlingResource(idlingResource)
```

3. 手动同步

在某些情况下，必须将 Compose 界面与测试的其他部分或测试的应用同步。使用 waitForIdle API 等待 Compose 空闲，注意 autoAdvance 属性的取值不同其意义不同：

```
composeTestRule.mainClock.autoAdvance = true // 默认值
composeTestRule.waitForIdle()// 使时钟前进,直到 Compose 空闲
composeTestRule.mainClock.autoAdvance = false
composeTestRule.waitForIdle()// 仅等待空闲资源变为空闲状态
```

需要注意，在这两种情况下，waitForIdle 还将等待待定的绘图和布局通过。此外，还可以将时钟提前，直到满足 advanceTimeUntil( ) 的特定条件为止。如下所示：

```
composeTestRule.mainClock.advanceTimeUntil(timeoutMs) { condition }
```

请注意，给定条件应当检查受到此时钟影响的状态（仅适用于 Compose 状态）。依赖于 Android 的测量或绘制（即 Compose 外部的测量或绘制）的任何条件应使用更为宽泛的概念，例如 waitUntil( )：

```
composeTestRule.waitUntil(timeoutMs) { condition }
```

▶▶ 10.5.3 测试常见模式

Compose 测试提供了一些测试模式，比如独立单元测试、在设置自己的内容后访问 activity 和资源、自定义语义属性和验证状态恢复。

1. 独立单元测试

ComposeTestRule 可启动显示任何可组合项的 activity：整个应用、单个屏幕或者最小元素，即 Compose 测试支持任何级别的界面单元，但最好检查可组合项是否被正确封装，以及是否独立工作，从而使界面测试更容易且更有针对性。

这也不意味着只能创建单元界面测试，根据开发者的测试需要，对范围涵盖更大的界面进行测试也非常重要。

2. 在设置自己的内容后访问 activity 和资源

通常需要使用 composeTestRule.setContent 设置受测内容，还需要访问 activity 资源，例如，断言显示的文本与字符串资源是否匹配。如果 setContent 已经被 activity 调用，则无法再对使用 createAndroid-ComposeRule( ) 创建的规则进行调用。

解决这个问题的一种常见模式是使用空 Activity 来创建 AndroidComposeTestRule，比如使用 ComponentActivity。注意，需要将 ComponentActivity 添加到应用的 AndroidManifest.xml 文件中。

```
class MyComposeTest {
    @get:Rule
```

```
val composeTestRule = createAndroidComposeRule<ComponentActivity>()
@Test
fun myTest() {
    composeTestRule.setContent {
        MyAppTheme {
            MainScreen(uiState = exampleUiState, /* ...*/)
        }
    }
    val continueLabel = composeTestRule.activity.getString(R.string.next)
composeTestRule.onNodeWithText(continueLabel).performClick()
    }
}
```

3. 自定义语义属性

可以创建自定义语义属性，向测试提供相关信息。下面举例定义一个新的 SemanticsPropertyKey 并使用 SemanticsPropertyReceiver 使之可用。

```
// 创建一个 Long 类型的语义属性，key 为 PickedDate
val PickedDateKey = SemanticsPropertyKey<Long>("PickedDate")
var SemanticsPropertyReceiver.pickedDate by PickedDateKey
```

然后可以通过 semantics 修饰符使用该属性：

```
val datePickerValue by remember { mutableStateOf(0L) }
MyCustomDatePicker(
    modifier = Modifier.semantics { pickedDate = datePickerValue }
)
```

在测试中，可以使用 SemanticsMacher.expectValue 断言该属性的值：

```
composeTestRule
    .onNode(SemanticsMatcher.expectValue(PickedDateKey, 1445378400))
    .assertExists()
```

4. 验证状态恢复

应该验证在重新创建 activity 或进程后，Compose 元素的状态是否会正确恢复。可以使用 StateRestorationTester 类执行此类检查，而无须依赖 activity 重新创建。

借助该类，可以对可组合项的重新创建进行模拟。这对验证 rememberSaveable 的实现特别有用。

```
class MyStateRestorationTests {
    @get:Rule
    val composeTestRule = createComposeRule()
    @Test
    fun onRecreation_stateIsRestored() {
        val restorationTester = StateRestorationTester(composeTestRule)
        restorationTester.setContent { MainScreen() }
        // TODO: 执行修改状态的逻辑
```

```
        // Trigger a recreation
        restorationTester.emulateSavedInstanceStateRestore()
        // TODO: 验证状态已被正确地恢复
    }
}
```

最后，开发者少不了对所开发代码的调试，通常调试业务逻辑代码可以通过断点单步运行调试或者输出关键日志，而对于 Compose 测试代码的调试，主要方法是通过输出语义树日志来查看语义树信息，在测试过程中可以调用 composeTestRule.onRoot（）.printToLog（）来输出语义树，输出内容示例如下：

```
Node #1 at (...)px
  |-Node #2 at (...)px
  OnClick = '...'
  MergeDescendants = 'true'
    |-Node #3 at (...)px
    | Text = 'Hi'
    |-Node #5 at (83.0, 86.0, 191.0, 135.0)px
      Text = 'There'
```

10.6 小结和训练

本章从 Compose 与其他 Jetpack 库的结合使用开始，后面依次介绍了 Compose 中的资源管理和使用、无障碍服务的使用以及测试 API，这些内容都是客户端 App 开发者在实际需求中经常使用的部分，掌握了这些内容的使用，就可以使用 Compose 愉快地开发实际项目了。

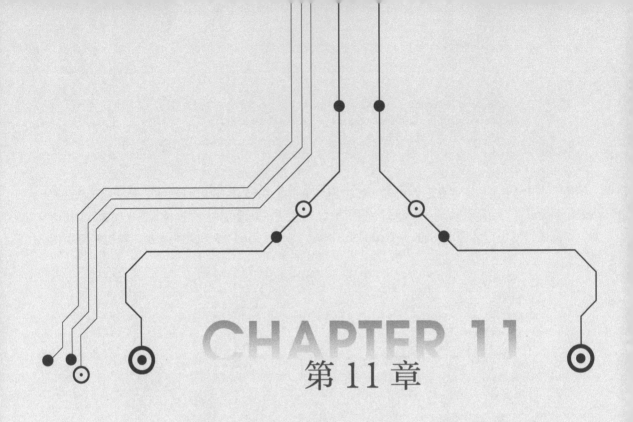

第 11 章

DApp实战项目：技术圈子

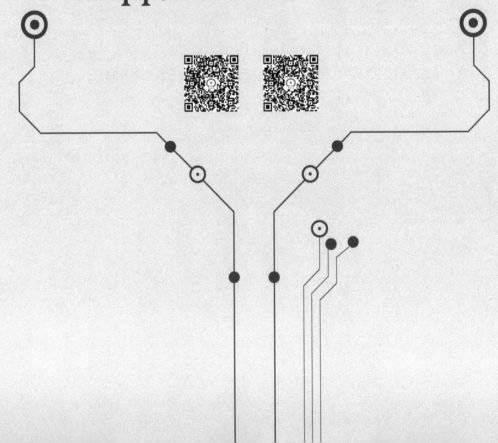

本章将通过一个"技术圈子"的实战项目来复习之前所学的 Compose 知识，包括常用 Composable 组件的使用、路由跳转、动画、视频播放、富文本等。"技术圈子"是一个比较完整的技术社区类项目，在本章内容中，笔者会把每个有代表性的功能讲解一遍。由于篇幅有限，同类型页面不做二次赘述。但这个项目最终可能是一个完整可用而且实用的 DApp（Decentralized Application，去中心化 App），笔者会将此项目开源到本书代码库中，有兴趣的读者也可参与进来，共同探索完成一个开创性的产品。

值得一提的是，技术圈子 App 并不是传统意义上的 App，而是一款 DApp。因此本章除了带读者实践巩固 Compose 基础知识之外，还会为大家简单介绍 Web3 领域的 DApp 相关知识。

11.1 项目介绍

"技术圈子"是一款以技术交流以及相关数字资产交易为属性的技术社区类产品，包含技术文章、视频、人脉、问答、个人中心几大部分，除提供技术相关内容的浏览、阅读、评论、视频播放、问答互动等功能之外，还具备去中心化的付费阅读、打赏、数字资产管理等功能。本节将通过项目整体介绍，结合产品选型图以及项目的工程结构，对技术圈子项目做介绍。

▶▶ 11.1.1 项目概览

技术圈子整体项目分五大部分：文章、视频、人脉、问答、我的。所有一级入口在 App 首页的底部 Tab 下。整体项目结构如图 11-1 所示。

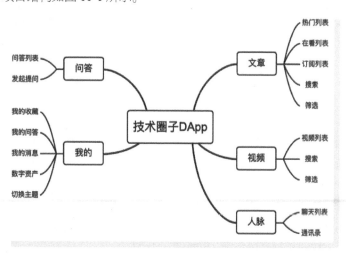

● 图 11-1 技术圈子整体项目结构

文章 Tab 下是技术文章列表，有热门列表、在看列表、订阅列表等几大类。文章列表中每一项单击均可进入文章详情页，详情页中可阅读、评论、点赞、收藏和分享。某些付费文章需要通过去中心化的数字货币进行支付才可阅读，点赞部分也是使用去中心化积分系统来管理。另外这里还预留了搜索、筛选的功能，目前先不做实现，后续会迭代实现。通过典型的信息流可以实践 Compose 的常用布局、图文组件使用等，同时也会学习 Web3 领域 DApp 开发相关知识。

视频 Tab 下是视频列表，在屏幕焦点区域的视频可在列表内自动播放，也可选择全屏播放。列表和全屏播放器都具备基本的播放展示和控制功能。视频列表中的搜索和筛选功能同样作为预留入口，暂不实现。在视频模块中可以实践如何在 Compose 中播放视频。

人脉列表展示的是与自己相关的好友最近聊天记录，按时间倒序排列。这是较传统和常见的社交类模块，包含通信录、IM 聊天页面、好友请求等。人脉部分不是本书重点，仅演示最近聊天记录列表和聊天详情。

问答列表中展示根据用户画像推荐的热门问答列表，也可发起提问。这里使用 WebView 的形式展示，可以实践在 Compose 中如何嵌入 WebView。

我的模块中包含我的收藏、问答、消息、数字资产，以及切换主题。数字资产主要包含自己产出的内容收入、点赞积分。在我的模块中，将实践主题切换和 Web3 入门。

▶▶ 11.1.2　业务模块

读者通过上节内容已经了解了技术圈子项目整体的组成，分为以下几大业务模块：文章、视频、人脉、问答、我的。下面分别展开，就每个业务模块做进一步介绍。

文章部分主要包含文章列表、文章详情。其中文章列表可选择在看（已收藏文章）、热门（默认选型）、订阅几大不同分类。另外也可搜索或根据标签进行筛选（暂不实现）。文章列表如图 11-2 所示。

单击某一篇文章后可进入文章详情页。如图 11-3 所示，文章详情页除文章主体内容之外，还包含评论、点赞、收藏和分享（收藏和分享暂不实现）。点赞功能不是传统的中心化点赞，而是去中心化点赞，利用智能合约，对此文章进行点赞积分奖励。关于智能合约，将在 11.2 节做相关介绍；点赞部分的实现将在 11.4 节中详述。

在视频列表中的每一项主要包含视频基本信息：标题、标签、视频简介，如图 11-4 所示。当滑动列表使某个视频移动到视觉焦点区时，视频自动开始播放。单击视频区域可实现暂停或继续播放。底部有视频控制区域，还可全屏播放。视频的搜索、筛选功能同样在本书撰写期间暂不实现，后续完善。

● 图 11-2　文章列表

● 图 11-3　文章详情页

● 图 11-4　视频列表

人脉列表是一个小型的社交产品模块，如图 11-5 所示。本书着重通过人脉模块演示聊天记录列表、会话列表相关的 UI 页面搭建，以及 Compose 中动画的使用，实际的 IM 功能暂不做实现。

问答广场这个模块重点在于演示如何在 Compsoe 中嵌入 WebView，当前展示一个知名问答社区的 Web 页面。当然，后续可能会把这部分做成一款真实完善的问答社区模块。

图 11-6 展示了我的模块，包含了个人信息、数字资产、切换主题等功能。重点是数字资产部分，涉及 Web3 智能合约的读操作，后续会详细讲解。

● 图 11-5　人脉列表　　　　　　　　　● 图 11-6　我的模块

▶▶ 11.1.3　工程结构

"技术圈子"的主体项目结构如图 11-7 所示，包名 com.compose.awsome.techchat 下为容器 Activity，子包分别按照 model（数据模型）、net（网络请求）、route、ui（页面视图部分）、viewmodel、web3 几大部分进行归类。

com.compose.awsome.techchat.model 下是数据模型实体类，其内部又细分为以下子包：article（文章）、frindes（人脉）、video（视频）、me（我的）、web3（Web3 相关）。每个子包下都是对应业务模块所需要的数据模型。

com.compose.awsome.techchat.net 下是网络请求模块，本项目使用 Retrofit2 网络库，后端部分当前

使用了模拟的一些数据，将需要请求的数据存储在了云服务器。

com.compose.awsome.techchat.rout 包下是路由能力，保存了 App 的所有路由标识和映射。

com.compose.awsome.techchat.ui 下是本项目的核心部分，内部是所有 App 中的 Compose 页面和组件，内部同样按照 article、theme、video 来进行分包。

com. compose. awsome. techchat. viewmodel 下是使用 Jetpack ViewModel＋LiveData 架构的所有 ViewModel 集合。ViewModel 是 Android Jetpack 组件库中的一个组件，在 Android MVVM 模式中被广泛使用。其在 Compose 中也有很好的支持，技术圈子项目主要通过 Compose 与 ViewModel、LiveData 结合来实现状态管理。

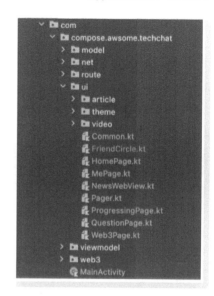

● 图 11-7　"技术圈子"主体项目结构

com.compose.awsome.techchat.web3 单独分成一个独立包，是因为本项目将 Web3 部分作为特色来实现，并且 Web3 模块总有一些与智能合约相关的处理对包名有特殊要求，这部分将会在后续详细讲解。

提到 Web3 就需要读者具备一些相关知识储备，如果读者对此没有过了解，下节内容将带大家对 Web3 进行初步的认识和学习。

11.2　Web3 极简介绍

在开始技术圈子项目代码编写之前，有个重要的知识需要补充一下，那就是 Web3。Web3 是一个相对比较新的领域，涉及的知识也非常多，由于其不是本书的主题，本节内容仅以客户端应用层视角来简单讲解。

Web3，即 Web3.0，也就是第三代互联网，是关于万维网发展的一个概念。其最新版本的定义是以太坊的联合创始人加文·伍德（Gavin Wood）在 2014 年提出的，这个版本的定义是：基于区块链的去中心化网络生态。随着互联网的发展，人类已经经历了 Web1 和 Web2 时代，大多数人都见证了互联网技术为我们的生活带来的巨大变化。

本节内容将通过 Web3 的基本概念、DApp 的概念，以及智能合约的概念和 Solidity 语言，带读者浅尝 Web3 这一当下火热技术领域的魅力。如果有幸使读者产生了深入学习 Web3 的兴趣并付诸实践，就再好不过了。

▶▶ 11.2.1　什么是 Web3

在了解 Web3 之前，有必要先梳理一下什么是 Web1 和 Web2。图 11-8 列举了每个阶段有代表性的产品。

● 图 11-8　三代互联网的部分代表产品

　　Web1 是中心化的只读网络。以雅虎、谷歌，以及新浪、搜狐、网易等门户网站为代表，属于中心化的只读网络，平台作为中心来发布内容，用户只可读取，不能写入。

　　Web2 是中心化的读写网络。平台作为中心向用户提供服务，用户可基于平台进行浏览搜索、内容创作、交流沟通等活动。Web2 时代正当时，代表性产品有 FaceBook、Twitter、微信、抖音、快手等。与 Web1 相比，Web2 有体验好、可读写的优势，但是发展至今，人们发现，这样中心化的平台也存在一些缺点或局限：

- 不同平台之间数据隔离，账号体系各自独立。
- 不可避免地产生行业巨头垄断现象。
- 安全性完全依赖平台，个人信息等安全问题不好保障。
- 中心化平台本身对用户数据存在控制权，数据或内容不真正属于用户。

　　Web3 是基于区块链的去中心化网络生态。用户可以把自己的数据保存到区块链上，自己发布、保管信息。Web3 建立在点对点的计算机网络基础设施上，不需要通过中心化的巨型服务器进行分发。除具备 Web2 的可读可写特点之外，Web3 还具有以下优点：

- 去中心化：把数据真正归还给用户，用户自己有数据的处置、交易等权限。
- 数据安全性强：基于区块链的分布式账本技术可提供一种相对安全的安全方案，用户数据加密后存储在分布式账本上。区块链不可篡改，保证用户的数据安全和价值归属。
- 信息永久保存：用户在区块链上的操作记录永久存在。
- 开放性强：用户行为不受中心化机构限制，Web3 内部基于不同基础设施的应用之间，可以被"跨链"协议解决互联互通，账号可通用，有望彻底打破原有互联网巨头"各立山头"的局面。

　　任何事物都不是只有一面，Web3 作为一个概念，被人们赋予了许多美好的期望，但是它同时还存在一些缺陷或隐患：

- 法律和监管风险：由于去中心化和加密特性，Web3 领域的行为是难以被监管和审查的，这非常容易滋生违法犯罪等行为。
- 无中心化平台兜底：由于数据绝对安全，所以用户的密码等敏感信息完全依赖用户自己保存，如果发生丢失、遗忘等情况，将会永远无法使用该账户。

- 速度缓慢：由于区块链的信息修改需要等待链上信息同步之后才生效，因此相比传统互联网来说会缓慢很多，影响用户体验和效率。这是当下区块链技术仍需克服的一个难题。

如图 11-9 所示，三个阶段对信息或数据的流转方式有所不同。一句话总结：Web1 是只读信息；Web2 是读取+写入信息；Web3 是读+写+拥有信息。

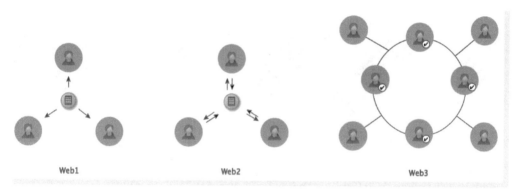

- 图 11-9　三个阶段对信息或数据的流转方式不同

在当下 Web3 似乎已经成了包罗万象的术语，代表了一个全新的、更加透明和公平的互联网形态，目前尚属于发展初期，它是为让互联网更去中心化、可验证、安全而发起的一组广泛的运动和协议。Web3 的愿景是实现无服务器、去中心化的互联网，即用户掌握自己身份、数据和命运的互联网；Web3 将启动新全球数字经济系统，创造新业务模式和新市场，打破平台垄断，推动广泛的、自下而上的创新。

▶▶ 11.2.2　什么是 DApp

提到 Web3 和 DApp，就不得不提区块链。区块链是一种去中心化的数据记录。它是由一个又一个区块组成的链条。每天都有大量的交易，也有很多人帮忙记录交易信息，一定时间内的信息会被打包在一起，叫作区块，区块都包含了上一个区块的哈希值，从第一个区块连接到当前区块，形成链条。区块链是一个分布式账本，也是一个共享数据库。任何人只要接入区块链网络，就可以成为此区块链的一个节点。

DApp 是建立在区块链基础上的应用，属于 Web3 的应用层。用户可以像使用普通 App 一样使用 DApp。DApp 的出现使得接触和使用 Web3 的门槛大大降低了。当前 DApp 多种多样，包含了金融、游戏、社交媒体等。

DApp 在前端或终端与传统 App 相似，在 UI、交互等方面没有特殊之处，但是它们背后的后端系统是截然不同的。传统 App 依赖中心化服务器，借助于 Http 等协议，前端通过请求、推送等形式，在中心化服务器获取数据，展示给用户。而 DApp 的运行依赖的是分布式网络，前端通过与区块链上的节点进行连接，实现数据的读写操作，如图 11-10 所示。传统 App 在服务器需要通过 Java、Python、Node.js 等语言写好代码并部署到服务器上，实现与前端的数据交互；而 DApp 需要通过智能合约来完成，如图 11-11 所示。

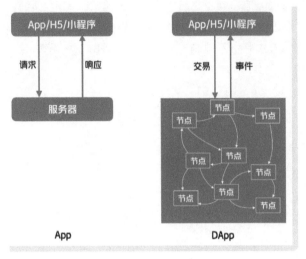

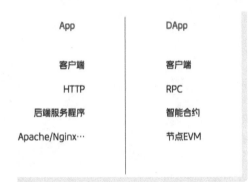

● 图 11-10 传统 App 和 DApp 的后端差异　　　● 图 11-11 传统 App 和 DApp 的后端通信链路

从更广泛的角度看，DApp 的范围包含了前端应用、智能合约、数据存储。前端应用 UI 部分与传统应用一致：Web 网页端使用 HTML、JavaScript 等技术搭建，客户端应用程序使用 OC/Swift、Java/Kotlin 等技术来编写；而 DApp 前端的数据交互部分需要借助 Web3.js、Web3j 等 SDK 与链上智能合约进行交互，智能合约将在下一个小节单独讲解。当前市面上大多数 DApp 是使用 Web 网页的形式实现的，这是因为开发成本较低，可快速验证。相信随着 Web3 的发展，越来越多体验良好的客户端 DApp 也会相继出现。

▶▶ 11.2.3　智能合约

简单来说，智能合约（Smart Contracts）是在区块链平台上执行的一种应用程序。如类比 C/S（客户端-服务器）结构的 App 产品，它属于服务器的程序，用来与客户端进行数据交互，当前流行的智能合约是部署在以太坊上的。图 11-12、图 11-13 分别示意了智能合约的概念以及智能合约与区块链的关系。智能合约一般具有以下特点：

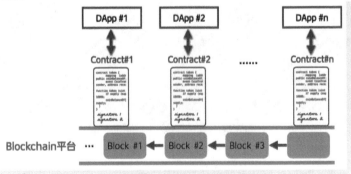

● 图 11-12　智能合约　　　　　　　● 图 11-13　部署在区块链中的智能合约

- 区块链上的应用经常和交易有关。
- 交易完成需要双方达成协议共识，通过合约条款来落实。

作为一种"合约"，并且是"智能"的，智能合约具备以下优势：

- 自动执行，降低成本，可从根本上规避人为错误。
- 合约程序部署在区块链上，无法更改。
- 合约程序由区块链执行，所有交易记录被保存，增加了交易信任度。
- 去掉了中间人，去掉了中间商。
- 有助于探索业务模式，开拓新的市场。

传统交易和智能合约的区别如图 11-14 所示。

传统交易
依赖中间商/托管机构

基于区块链的交易
依赖智能合约，自动化执行

● 图 11-14 传统交易和智能合约的区别

关于如何编写一个智能合约，本书将在下节内容中以 Solidity 语言为例进行演示。在编写完智能合约之后，后续的运作流程是怎样的？如图 11-15 所示，包含以下几步：

- 部署合约，一般是部署在以太坊等区块链平台上。
- 当合约中对应的事件发生时，自动执行合约中的条款。
- 一般来讲，合约执行会导致财产等所有权的转移。
- 合约执行的结果，导致资产结算交割，这里分两种情况：如果资产是链上的，则直接在链上完成数字化资产交割；如果涉及线下实体资产，则需要完成实体资产的交割。

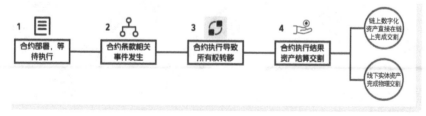

| 1 合约部署，等待执行 | 2 合约条款相关事件发生 | 3 合约执行导致所有权转移 | 4 合约执行结果资产结算交割 | 链上数字化资产直接在链上完成交割 |
| 线下实体资产完成物理交割 |

● 图 11-15 智能合约的运作流程

▶▶ 11.2.4 Solidity 简介

本小节介绍当下比较流行的智能合约编写语言——Solidity。需要注意的是，智能合约并不是只能通过 Solidity 来编写，其他语言如 JavaScript、Go 等都可以编写智能合约。只是 Solidity 是专门用来编写智能合约，是由前以太坊核心开发者开发出来的。

　　Solidity 是面向对象的一门高级编程语言，是专门用来编写以太坊区块链网络下智能合约程序的编程语言，使用体验与 C++、JavaScript、Python 等接近。Solidity 编写的程序最终被编译为在以太坊虚拟机（EVM）上运行的字节码。这些字节码被部署在以太坊或其他 EVM 兼容的区块链上。Solidity 的开发可以使用官方在线的 IDE：Remix（https://remix.ethereum.org），也可以使用 Visual Studio 等。

　　下面的代码片段展示了最简单的一个智能合约：合约中 storedValue 的读和写。

```
pragma solidity ^0.4.0;

contract SimpleStorage {
    constructor()public {}

    uint storedValue;
    function setValue(uint x) public {
        storedValue = x;
    }
    function getValue()public view returns (uint) {
        return storedValue;
    }
```

　　Solidity 的组成主要就是一组数据（状态）和一组代码（函数），它们位于以太坊区块链的一个特定地址上。其中第一行代码是标识 Solidity 的使用版本，这一行代表了此智能合约是使用 Solidity 0.4.0 编写的，并且使用 0.4.0 以上、0.5.0 以下版本运行也没问题。

　　关键字 contract 告诉编译器你正在声明一个智能合约，如果熟悉其他面向对象的编程语言，那么可以将合约视为类。

　　用 construct 关键字声明的函数是构造函数，用于初始化合约的状态变量。合约中构造函数是可选的，如果不带参数，则可不声明构造函数。

　　变量 storedValue 被称为"状态变量"，它持有合约的状态。与其他程序不同，智能合约应用程序即使在程序未运行时也会保持其状态。数据与应用程序一起存储在区块链中，这意味着区块链网络中的每个节点都在区块链上维护和同步智能合约的本地副本数据。Solidity 中的常用数据类型有数字（int/unit）、布尔（bool）、字符串（string）、地址（address，存储以太坊地址，通常以 0x 值开头）、数组等。

　　setValue 和 getValue 是函数，在 Solidity 中函数的关键字是 function。与其他编程语言一样，函数是一段可重用代码的包装，接收输入（参数），可返回输出（返回值）。

　　Solidity 函数的定义如下，由关键字 function 声明，后面跟函数名、参数、可见性、返回值的定义：

```
function functionName(parameter-list) scope returns(uint value1, uint value2
) {
    uint a = 1; // 局部变量
```

```
    uint b = 2;
    //函数代码块
    //函数可返回多个值
    return(a, b);
}
```

关于 Solidity 基本概念，本书先介绍这么多，读者若感兴趣，可自行查阅官方文档等资料了解更多详细使用方式。后续的实战代码中还会涉及技术圈子中用到的智能合约的编写以及客户端的访问。

11.3 首页

技术圈子首页与市面上主流 App 相类似，首页通过底部 Tab 来切换不同的模块入口，包含了所有技术圈子的模块，即文章列表、视频列表、人脉列表、问答页面、我的（个人中心）。本节分别通过主要代码展开讲解首页这几个模块的实现。

▶▶ 11.3.1 页面容器

首页容器主要分两大部分：主体页面部分和底部导航栏。其中主体页面部分放入了 Pager 容器，使用 AppViewModel 中的 currentPage 状态来管理当前首页正在展示的页面和底部导航栏选中项。Pager 除底部和顶部外占满了屏幕，Pager 容器参考了 https://gist.github.com/adamp/07d468f4bcfe632670f305ce3734f511。首页页面容器部分代码如下，这里省去了 Pager 的具体实现：

```
@Composable
fun Home(navHostController: NavHostController) {
 val appViewModel: AppViewModel = viewModel()
 AwesomeTechTheme(theme = appViewModel.theme) {
   Box {
     Column(Modifier.fillMaxSize()) {
       val pagerState: PagerState = run {
         remember(appViewModel.theme) { PagerState(maxPage = 4) }
       }
       Pager(pagerState, Modifier.weight(1f)) {
         when (page) {
           0 -> {
             ArticleList(navHostController)
           }
           1 -> {
             VideoList(navHostController)
           }
           2 -> {
             FriendCirclePge(navHostController)
           }
           3 -> {
             QuestionPage()
```

```
            }
          4 -> {
            MinePge(navHostController)
          }
        }
      }
      pagerState.currentPage = appViewModel.currentPage
      HomeBottomBar(pagerState.currentPage) {
        appViewModel.currentPage = it
        pagerState.currentPage = it
      }
    }
  }
 }
}
```

其中底部导航栏 HomeBottomBar 是一个无状态可组合项（Stateless Composable），依赖首页 Home 调用中状态的改变来更新视图。这部分代码如下：

```
//技术圈子底部导航栏
@Composable
fun HomeBottomBar(current: Int, currentChanged: (Int) -> Unit) {
  AwesomeTechBottomBar {
    HomeBottomItem(
      Modifier
        .weight(1f)
        .clickable { currentChanged(0) },
      if (current == 0) R.mipmap.home_page_selected else R.mipmap.home_page_normal,
      "文章",
      if (current == 0) NewsTheme.colors.iconCurrent else NewsTheme.colors.icon
    )
    HomeBottomItem(
      Modifier
        .weight(1f)
        .clickable { currentChanged(1) },
      if (current == 1) R.mipmap.icon_video_selected else R.mipmap.icon_video_normal,
      "视频",
      if (current == 1) NewsTheme.colors.iconCurrent else NewsTheme.colors.icon
    )
    //......
  }
}

//一个 Tab 选项
@Composable
fun HomeBottomItem(
  modifier: Modifier = Modifier,
```

```
@DrawableRes iconId: Int,
title: String,
tint: Color
) {
Column(
  modifier.padding(0.dp, 8.dp, 0.dp, 8.dp),
  horizontalAlignment = Alignment.CenterHorizontally
) {
  Image(painterResource(iconId), null, Modifier.size(24.dp))
  Text(title, fontSize = 11.sp, color = tint)
}
}


//首页底部使用：
HomeBottomBar(pagerState.currentPage) {
  appViewModel.currentPage = it
  pagerState.currentPage = it
}
```

▶▶ 11.3.2 文章列表

文章列表这部分状态管理在 ArticleViewModel 中，ArticleViewModel 中除了继承自 BaseViewModel 的页面加载 Loading 状态之外，还有当前选中的头部分类标签 currentTag、文章列表请求到的后端数据 articlesLiveData（使用 LiveData 来管理），以及发起文章列表请求，相关代码如下：

```
class ArticleViewModel : BaseViewModel() {
    var currentTag by mutableStateOf(2)
    val articlesLiveData = MutableLiveData<ArticleResponse>()
    fun fetchArticleList() {
        launch {
            val articlesModel = ApiService.getArticles()
            articlesLiveData.value = articlesModel
        }
    }
}
```

文章列表主体部分分为头部区域（在看、热门、订阅几个分类标签）和列表区域，头部区域固定写了三个分类标签，单击对应标签之后，更新 ArticleViewModel 的 currentTag，currentTag 决定了分类标签下的选择状态（底部横线是否展示）以及列表显示的内容。头部区域 CategoryArea 实现较简单，这里就不贴出代码了。列表的不同分类标签目前仅做效果演示用，对请求到的文章列表进行了重排序展示。列表中每一项都是较常规的图文排列，也不单独贴出。文章列表部分代码如下：

```
@Composable
fun ArticleList(viewModel: ArticleViewModel) {
    val state by viewModel.awesomeTechStateLiveData.observeAsState()
    val articlesModel by viewModel.articlesLiveData.observeAsState()
```

```
    LoadingPage(state = state!!,
        loadInit = {
            viewModel.fetchArticleList()
        }, contentView = {
            Column(Modifier.fillMaxSize()) {
                CategoryArea(viewModel)
                Box(
                    Modifier
                        .background(NewsTheme.colors.background)
                        .fillMaxSize()
                ) {
                    articlesModel?.data?.let { ArticleList(it.news, viewModel) }
                }
            }
        })
}


//具体列表
@Composable
fun ArticleList(articleItems: List<ArticleItem>, viewModel: ArticleViewModel) {
    LazyColumn(
        Modifier
            .background(NewsTheme.colors.listItem)
            .fillMaxWidth()
    ) {
        item {
            Image(
                //头部 banner,这里仅演示
                painter = rememberImagePainter(data = imgUrl),
                contentDescription = "pic", modifier = Modifier
                    .padding(8.dp, 4.dp, 8.dp, 4.dp)
                    .height(160.dp).fillMaxWidth(),
                contentScale = ContentScale.Crop
            )
        }

        var showList = articleItems
        when(viewModel.currentTag) {
            //仅作为效果演示,对列表简单排序处理
            1 -> showList = articleItems.reversed()
            2 -> showList = articleItems
            3 -> showList = articleItems.drop(2)
        }

        itemsIndexed(showList) { index, item ->
            ArticleListItem(item)
            if (index < articleItems.size - 1) {
```

```
                Divider(
                    startIndent = 8.dp,
                    color = NewsTheme.colors.chatListDivider,
                    thickness = 0.8f.dp
                )
            }
        }
    }
}
```

▶▶ 11.3.3　视频列表

视频列表的样式和状态管理与文章列表比较类似，特殊之处在于列表中有一项可以处于播放视频状态，若无手动控制，则自动播放可见项的第一个。

同文章列表类似，视频列表也是使用 ViewModel + LiveData 的形式来管理状态，由同样继承自 BaseViewModel 的 VideosViewModel 类来管理。除了页面数据加载状态 awesomeTechStateLiveData、视频列表后端返回的数据模型 videoLiveData 之外，还有一个 playListIndex 状态，这个状态通过 Int 型数据标识了当前列表中需要播放的视频位置。列表中当前只允许在视觉头部位置的自动播放或者用户手动触发播放，并且只有一项播放。其中自动播放位置的决策是借助 DisposableEffect 监听 LazyColumn 的滚动结束状态，更新当前自动播放项为列表首个可见卡片位置。

```
@Composable
fun VideoList(videos: List<VideoItem>, viewModel: VideosViewModel) {
    val listState = rememberLazyListState()
    if (listState.isScrollInProgress) {
        DisposableEffect(Unit) {
            onDispose {
                //滚动结束,更新当前播放项为列表首个可见的视频卡片
                viewModel.playListIndex.value = listState.firstVisibleItemIndex
            }
        }
    }
    LazyColumn(
        Modifier
            .background(NewsTheme.colors.listItem)
            .fillMaxWidth(),
        listState
    ) {
        itemsIndexed(videos) { index, order ->
            val pauseIconVisibleState = mutableStateOf(true)
            if (index == viewModel.playListIndex.value) {
                pauseIconVisibleState.value = false
            }
            val pageInVisible = mutableStateOf(false)
```

```
            val appViewModel: AppViewModel = viewModel()
            pageInVisible.value = appViewModel.currentPage == 1
            VideoListItem(order, viewModel, index, pauseIconVisibleState, pageInVisible)
            if (index < videos.size - 1) {
                Divider(
                    startIndent = 8.dp,
                    color = NewsTheme.colors.chatListDivider,
                    thickness = 0.8f.dp
                )
            }
        }
    }
}
```

视频卡片的所有代码不再贴出，这里重点与读者分享一下播放器的代码，视频播放器借助了谷歌的 exoplayer，使用了 Compose 嵌入 AndroidView 的能力：

```
@Composable
fun VideoPlayer(
    videoUrl: String,
    currentFocusIndex: MutableState<Int>,
    index: Int,
    pauseIconVisibleState: MutableState<Boolean>,
    pageInVisible: MutableState<Boolean>
) {
    val context = LocalContext.current
    val exoPlayer = remember {
        SimpleExoPlayer.Builder(context)
            .build()
            .apply {
                val dataSourceFactory: DataSource.Factory = DefaultDataSourceFactory(
                    context,
                    Util.getUserAgent(context, context.packageName)
                )
                val source = ProgressiveMediaSource.Factory(dataSourceFactory)
                    .createMediaSource(Uri.parse(videoUrl))
                this.prepare(source)
            }
    }

    if (index == currentFocusIndex.value && !pauseIconVisibleState.value &&
pageInVisible.value) {
        exoPlayer.playWhenReady = true
        exoPlayer.play()
    } else {
        exoPlayer.pause()
    }
```

```
exoPlayer.videoScalingMode = C.VIDEO_SCALING_MODE_SCALE_TO_FIT
exoPlayer.repeatMode = Player.REPEAT_MODE_ONE

DisposableEffect(
    Box(modifier = Modifier.fillMaxSize()) {
        AndroidView(factory = {
            PlayerView(context).apply {
                hideController()
                useController = false
                resizeMode = AspectRatioFrameLayout.RESIZE_MODE_ZOOM
                player = exoPlayer
                layoutParams = FrameLayout.LayoutParams(
                    ViewGroup.LayoutParams.MATCH_PARENT,
                    ViewGroup.LayoutParams.MATCH_PARENT
                )
            }
        }, modifier = Modifier.clickable {
            if (exoPlayer.isPlaying) {
                pauseIconVisibleState.value = true
                exoPlayer.pause()
            } else {
                currentFocusIndex.value = index
                pauseIconVisibleState.value = false
            }
        })
        if (pauseIconVisibleState.value)
            Image(
                painterResource(R.mipmap.ic_player_play),
                null,
                Modifier
                    .align(Alignment.Center)
                    .size(60.dp)
            )
    }
) {
    onDispose {
        exoPlayer.release()
    }
}
}
```

▶▶ 11.3.4　问答广场

首页中的人脉列表布局和内部元素较简单，这里不再赘述。本节讲述一下问答广场 Tab 下对应的页面。此页面为 WebView，目的是演示 Compose 中如何嵌入一个 WebView 以展示 H5 形式的页面，这里暂时加载了知名问答社区知乎（https://zhihu.com）。问答广场的具体形式后续可能会随着技术圈

子项目进行迭代，读者这里重点关注如何在 Compose 中使用 WebView 展示 H5 页面即可。Awesome-
TechWebView 代码如下：

```
@Composable
fun AwesomeTechWebView(modifier: Modifier = Modifier,
                    url:String,
                    onBack: (webView: WebView?) -> Unit,
                    onProgressChange: (progress:Int)->Unit = {},
                    initSettings: (webSettings: WebSettings?) -> Unit = {},
                    onReceivedError: (error: WebResourceError?) -> Unit = {}) {
    val webViewChromeClient = object: WebChromeClient() {
        override fun onProgressChanged(view: WebView?, newProgress: Int) {
            //回调网页内容加载进度
            onProgressChange(newProgress)
            super.onProgressChanged(view, newProgress)
        }
    }
    val webViewClient = object: WebViewClient() {
        override fun onPageStarted(view: WebView?, url: String?,
                    favicon: Bitmap?) {
            super.onPageStarted(view, url, favicon)
            onProgressChange(-1)
        }
        override fun onPageFinished(view: WebView?, url: String?) {
            super.onPageFinished(view, url)
            onProgressChange(100)
        }
        override fun shouldOverrideUrlLoading(
            view: WebView?,
            request: WebResourceRequest?
        ): Boolean {
            if(null == request?.url) return false
            val showOverrideUrl = request.url.toString()
            try {
                if (!showOverrideUrl.startsWith("http://")
                    && ! showOverrideUrl.startsWith("https://")) {
                    //处理非 http 和 https 开头的链接地址
                    Intent(Intent.ACTION_VIEW, Uri.parse(showOverrideUrl)).apply {
                        addFlags(Intent.FLAG_ACTIVITY_NEW_TASK)
view?.context?.applicationContext?.startActivity(this)
                    }
                    return true
                }
            }catch (e:Exception){
                return true
            }
            return super.shouldOverrideUrlLoading(view, request)
```

```
        }

        override fun onReceivedError(
            view: WebView?,
            request: WebResourceRequest?,
            error: WebResourceError?
        ) {
            super.onReceivedError(view, request, error)
            onReceivedError(error)
        }
    }
    var webView:WebView? = null
    val coroutineScope = rememberCoroutineScope()
    AndroidView(modifier = modifier,factory = { ctx ->
        WebView(ctx).apply {
            this.webViewClient = webViewClient
            this.webChromeClient = webViewChromeClient
            //调用方通过 webSettings 对 WebView 进行相关配置
            initSettings(this.settings)
            webView = this
            loadUrl(url)
        }
    })
    BackHandler {
        coroutineScope.launch {
            //自行控制单击了返回按键之后,是关闭页面还是返回上一级页面
            onBack(webView)
        }
    }
}


// WebView 的使用如下:
@Composable
fun QuestionPage(onBack: ()-> Unit) {
    Column(Modifier.fillMaxSize()) {
        QuestionTopBar()
            Box(
                Modifier
                    .fillMaxSize()
            ) {
                AwesomeTechWebView(
                    modifier = Modifier.fillMaxSize(),
                    url = "https://zhihu.com",
                    initSettings = { settings ->
                        settings?.apply {
                            javaScriptEnabled = true
                            useWideViewPort = true
```

```
                            loadWithOverviewMode = true
                            setSupportZoom(true)
                            builtInZoomControls = true
                            displayZoomControls = true
                            javaScriptCanOpenWindowsAutomatically = true
                            cacheMode = WebSettings.LOAD_NO_CACHE
                        }
                    }, onBack = { webView ->
                        if (webView?.canGoBack() == true) {
                            webView.goBack()
                        } else {
                            onBack()
                        }
                    }
                )
            }
        }
    }
```

11.4 文章详情

在文章详情部分重点向读者介绍详情页跳转路由、详情页富文本展示、点赞动画，以及 Web3 交互形式的打赏功能。常规页面布局和组件使用与前文内容有重合，故不做多余讲解。

▶▶ 11.4.1 页面路由

文章详情页是从首页文章列表中单击跳转进入的，技术圈子 App 所有页面均使用 Compose 来实现，不同页面之间的跳转通过 Navigation 来实现。

在 MainActivity.kt 的 onCreate() 生命周期函数中，在 setContent 中传入的根视图处通过 NavHost + composable 提前预置了需要跳转的所有页面。需要注意的是，作为 NavHost 参数的 navController，需要同时传递给所有跳转的页面，所有页面均通过 navController 来进行页面导航跳转。这里文章详情页 ARTICLE_DETAIL 中由于需要传递文章 id 参数，因此需要添加参数占位符 {articleID}，以便接收到跳转时所携带的此参数值，通过参数传递给详情页的可组合项：

```
setContent {
    val navHostController = rememberNavController()
    NavHost(
        navController = navHostController,
        startDestination = RouteConfig.ROUTE_PAGE_HOME
    ) {
        composable(RouteConfig.ROUTE_PAGE_HOME) {
            Home(navHostController)
```

```
        }

        composable(
            route = "${RouteConfig.ROUTE_PAGE_ARTICLE_DETAIL}/{articleID}",
            arguments = listOf(
                navArgument("articleID") {
                    type = NavType.LongType
                })
        ) {
            it.arguments?.let { it1 ->
                ArticleDetail(
                    navHostController,
                    it1.getLong("articleID")
                )
            }
        }

    }
}
```

在单击文章列表中的某一项时，需要通过 navHostController 跳转到文章详情页，并且携带文章 id 参数，文章详情页接收到此参数，通过它来请求文章详情数据：

```
@Composable
fun ArticleListItem(
    item: ArticleItem, navHostController: NavHostController
) {
    Row(
        Modifier
            .fillMaxWidth()
            .clickable(onClick = {
                navHostController.navigate("${RouteConfig.ROUTE_PAGE_ARTICLE_DETAIL}/$
{item.id}")
            })
    ) {
        //.....
    }
}
```

▶▶ 11.4.2　文章主体

文章主体页面结构相对较复杂，但是拆分之后，读者会发现每个模块都是简单的图、文、按钮等组合，需要注意的是 Column 中的内容长度大概率会超过一屏，因此需要使用 Modifier.verticalScroll 来使其竖向滚动。顶部栏目下方使用了 Box 容器，它可以实现可组合项叠加的效果（类似于 Android 传统视图中的 FrameLayout），原因是底部评论和操作区域需要浮动于文章主体上方。简化后的 Compose 树代码如下：

```
Column(Modifier.fillMaxSize()
.verticalScroll(rememberScrollState())) {
    AwesomeTechTopBar()
    Box() {
        Column() {
            //标题
            Text()
            //作者和日期
            Row()
            //简介
            Text()
            //文章主体
            Text()
            //文章备注
            Text()
            //订阅操作区
            Row()
            //评论
            LazyColumn()
        }
        //评论和操作区,需要置于 Box 的底部
        Row(modifier = Modifier
                .fillMaxWidth()
                .align(Alignment.BottomCenter)) {

        }
    }
}
```

在文章详情页面中，文章主体部分不是普通样式的文本，而是富文本，如图 11-3 所示。这里选择使用 Markdown 来实现。Markdown 是一种轻量级标记语言，它允许人们使用易读易写的纯文本格式编写文档。Markdown 的语法十分简单，常用的标记符号不超过 10 个，可实现的格式有标题、段落、引用、列表、链接、代码等。Compose 的 Text 默认是不支持 Markdown 格式解析的，这里使用开源项目 DailyTags 来实现（https://github.com/DmytroShuba/DailyTags），它支持常用的 Markdown 标记，其大致原理是通过解析 Markdown 关键字，将其内容转换为 AnnotatedString，实现对应的富文本样式。相关的使用方式如下：

```
val rules = MarkdownRules.toList()
val parser = SimpleMarkupParser()
val content = parser
    .parse(articleDetail.content, rules)
    .render()
    .toAnnotatedString()

Text(
```

```
    content,
    modifier = Modifier.padding(8.dp),
    fontSize = 16.sp,
    color = AwesomeTechTheme.colors.textPrimary,
)
```

▶▶ 11.4.3　点赞动画

笔者在技术圈子的点赞按钮处实现了单击之后文章主体区域红心动画的效果，如图 11-16 所示。借用这个功能与读者一起回顾练习如何在 Compose 中实现动画效果。动画这部分在第 7 章中学习过，Compose 提供了一些可组合项中直接使用的低级别的动画，包括 nimate * AsState、updateTransition 和 rememberInfiniteTransition。这里使用 updateTransition 方式来实现。

● 图 11-16　点赞动画效果

这里附上动画部分代码：

```
var transitionState by remember {
mutableStateOf(MutableTransitionState(LikedStates.Disappeared))
}

Icon(
```

```
        painterResource(R.mipmap.ic_article_detail_like),
        "点赞",
        Modifier
            .align(Alignment.CenterVertically)
            .clickable {
                transitionState = MutableTransitionState(LikedStates.Initial)
            }
)

Box(
    Modifier.fillMaxSize()
) {
    if (transitionState.currentState == LikedStates.Initial) {
        transitionState.targetState = LikedStates.Liked
    } else if (transitionState.currentState == LikedStates.Liked) {
        transitionState.targetState = LikedStates.Disappeared
    }

    val transition = updateTransition(transitionState = transitionState, label = null)
    val alpha by transition.animateFloat(
        transitionSpec = {
            when {
                LikedStates.Initial isTransitioningTo LikedStates.Liked ->
                    keyframes {
                        durationMillis = 500
                        0f at 0
                        0.5f at 100
                        1f at 225
                    }
                LikedStates.Liked isTransitioningTo LikedStates.Disappeared ->
                    tween(durationMillis = 200)
                else -> snap()
            }
        }, label = "alpha"
    ) {
        if (it == LikedStates.Liked) 1f else 0f
    }

    val scale by transition.animateFloat(
        transitionSpec = {
            when {
                LikedStates.Initial isTransitioningTo LikedStates.Liked ->
                    spring(dampingRatio = Spring.DampingRatioHighBouncy)
                LikedStates.Liked isTransitioningTo LikedStates.Disappeared ->
                    tween(200)
                else -> snap()
            }
```

```
        }, label = "scale"
    ) {
        when (it) {
            LikedStates.Initial -> 0f
            LikedStates.Liked -> 4f
            LikedStates.Disappeared -> 2f
        }
    }

    Icon(
        Icons.Filled.Favorite,
        "点赞",
        Modifier
            .align(Alignment.Center)
            .graphicsLayer(
                alpha = alpha,
                scaleX = scale,
                scaleY = scale
            ),
        tint = Color.Red
    )
}

enum class LikedStates {
    Initial,
    Liked,
    Disappeared
}
```

▶▶ 11.4.4　打赏合约

点赞带有打赏的功能，这个打赏功能是"去中心化的"：是借助 Web3 智能合约来完成的。具体来说，就是给这篇文章打赏需要通过智能合约，给对应的文章映射的区块链地址进行打赏+1，目前打赏这里采取积分制。后续还可能迭代为打赏虚拟货币等形式。另外这里仅演示使用，先不做具体的地址映射，固定每次打赏都进行+1 操作。智能合约代码也非常简单，仅仅对 unit256 类型的 likeCount进行+1 和读取操作：

```
pragma solidity =0.5.10;
contract AwesomeTech {
    uint256 public likeCount;
    function doLike()public {
        likeCount ++;
    }
    function getLikeCount()public view returns (uint256) {
```

```
        return likeCount;
    }
}
```

这个合约如何部署呢？这里使用在线 IDE Remix 为例，当编写好上述合约之后，保存为 Awesome-Tech.sol 文件，选中左侧菜单中的 Solidity Compiler（编译），单击 Compile XXX.sol，无编译错误之后，可以看到编译成功的对号和日志信息，如图 11-17 所示。

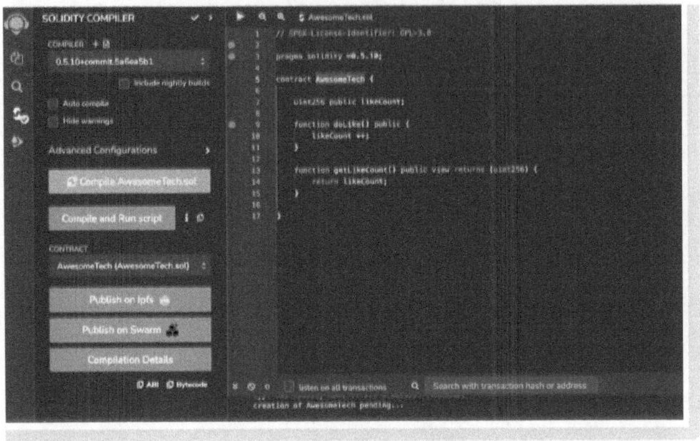

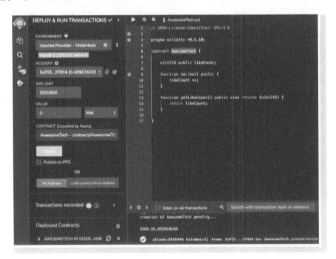

● 图 11-17　Remix 编译

之后切换左侧菜单栏到 DePloy（部署），在部署环境 ENVIRONMENT 中选择一个 Web3 钱包进行链接，这里选择的是 MetaMask，部署和写入时会自动和浏览器 MetaMask 进行关联。选择好账号和 Gas Limit 之后，单击部署（Deploy）按钮，在 Web3 钱包确认之后会看到部署成功的日志，并且在 Deployed Contracts 下可以看到合约部署的地址，这个地址需要在 DApp 访问合约时使用，如图 11-18 所示。需要注意的是，每次部署、写入都需要扣除数字资产，在测试阶段可以使用测试网络来进行，

● 图 11-18　Remix 部署

避免不必要的损失，这里使用的是 Sepolia 测试网络。

合约部署结束之后就可以访问合约，进行相关数据的读和写了。那么客户端如何访问智能合约呢？下一个小节将继续讲解。

▶▶ 11.4.5　打赏操作

技术圈子客户端在进入文章详情页后，先会通过 Web3J 执行智能合约的 getLikeCount 函数读取当前点赞数，读取成功后展示。在用户进行打赏时，通过 Web3J 执行智能合约的 doLike 函数，对合约中的点赞数+1。那么客户端具体如何通过 Web3J 来访问智能合约呢？

首先需要将智能合约编译到 Kotlin/Java 格式，通过映射桥接到智能合约。这里是借用 Java SDK Web3J，有两种方式可选：第一种是直接使用 RawTrasaction 进行创建；第二种可将合约代码转换成 Java Bean。实际操作中第二种比较方便，这里使用第二种方式。在图 11-16 的编译区域左下侧有 ABI 和 Bytecode，二者都可直接复制。复制后把 ABI 保存为 awesometech.abi，把 Bytecode 中的 object 内容保存为 awesometech.bin。进入 web3j 的安装目录下的 bin 目录，将这两个文件复制进来，然后执行如下指令：

```
web3j solidity generate -b awesometech.bin -a awesometech.abi -o src/ -p com.compose.awsome.
techchat.web3
```

就会在此目录下生成 com/compose/awsome/techchat/web3/ Awesometech.java 这个 Java 文件，直接复制此 Java 文件到工程对应目录即可（包名需要保持一致）。此时即可在项目中使用 Awesometech 类了，智能合约中的函数在这里均有同名函数可供调用。

我们再回到打赏操作中。在进入文章详情页时，需要初始化 Web3j，这里在 ViewModel 中进行：

```
fun initWeb3() {
    launch {
        web3j = Web3j.build(HttpService(Web3Constants.ROPSTEN_URL))
    }
}
```

这里需要说明一点，初始化时使用了 HttpService，为什么借助 Http 来初始化？直接访问区块链当然不需要 Http，但是需要借助以太坊钱包等，下载全节点数据，非常耗时，infura 等提供一种服务，让客户端可以通过访问云端的节点，不用下载所有的区块数据，借助它可以直接连接到全节点。ArticleViewModel 中的 doLike 函数实现代码：

```
fun doLike() {
    viewModelScope.launch(Dispatchers.IO) {
        //第一个参数是智能合约的地址,参数 credentials 是自己的私钥信息,
        //gasPrice 是以太坊内计算消耗 1 个 gas 对应多少 Gwei 的标准量
        //gasLimit 是消耗 gas 的上限单位
        val awt: Awesometech = Awesometech.load(
            Web3Constants.AWESOME_TECH_CONTRACT_ADDRESS,
```

```
        web3j,
        credentials,
        gasPrice,
        gasLimit
    )
    //transactionReceipt 中可以获取到此次交易的详细信息
    val transactionReceipt = awt.doLike().send()
  }
}
```

读取数据 getLikeCount 同样需要通过 Awesometech.load 的方式获取到 Awesometech 的实例，之后通过 getLike().send() 直接获取到返回的 BigInteger 类型数字值。获取到之后即可更新相关状态，更新点赞数的视图内容。具体视图和交互部分这里省略，读者可查阅相关源码。

11.5 本章小结

本章通过"技术圈子"实战项目，首先为读者简单介绍了 Web3、智能合约以及 DApp 等相关知识，然后通过项目中几个典型的模块，分别回顾了常用图文、布局、样式等可组合项的使用方式，以及路由跳转、手势、动画、视频等知识的实践，也演示了如何写一个最简单的 Web3 应用。

由于篇幅有限，很多细节无法在此展开来讲，比如视频全屏、人脉列表和个人纵向、主题切换、点赞的交互细节（智能合约请求中不再发起新的请求，并且通过抖动动画告知用户）等。所有的细节都可以在源码中找到。源码链接如下：

https://github.com/guoxiaojiang/awesome_compose/tree/main/awesome_compose_techcircle

当然，截止本书截稿时，技术圈子 DApp 仍然是一个半成品：初期更多是为了实战 Compose 的知识以及 Web3 领域的探索。离正式可用产品还有一定距离，比如还需要登录注册体系（包含区块链用户体系）、完整实用的智能合约等。笔者希望为读者提供以 Compose 为画笔、以 Web3 为画布，可施展自己无限想象和创意的创作空间，让我们共同撬开这个领域的宝藏之门吧。